실험 KIT로 쉽게 배우는

아두이노로 코딩배우기

아두이노 기초부터 앱인벤터 활용하기

이진우 · 이지공 공저

光 文 閣
www.kwangmoonkag.co.kr

머리말

개발자에서 교육의 길로 들어서다.

저자는 전자공학 대학원을 졸업하고, 벤처기업으로 회사생활을 시작하였다. 수많은 임베디드 개발자들처럼 연구실에서 밤낮으로 열심히 프로젝트들을 수행했었다. 대학 강단에 설 수 있는 기회가 주어져 많은 학생을 만나볼 수 있었고, 교육에 관해 소소한 관심을 가질 수 있었다. 특히, 아두이노를 지난 2013년부터 시작하면서 학생들에게 꼭 필요했던 접근성에 놀라움을 금할 수 없었다. 그 당시 주변에서는 부정적인 만류들이 있었지만, 현재는 완전히 역전되었다. 아두이노의 교육적 활용 가치는 앞으로도 끊임없이 논쟁이 될 수 있지만, 저자는 이렇게 감히 말씀을 드린다.

"아두이노를 활용한 코딩과 하드웨어 입문의 대체 교육 프로그램은 현재까지 없다."

"등산을 힘들게 아래부터 정상까지 올라가는 것(교육 목표 달성)도 좋겠지만, 낙오자가 발생하는 것보다는 낙오자 없이 케이블카(아두이노 활용)로 올라가 먼저 정상에서의 좋은 경치를 보여주면 어떨까? 그리고 다시 등반하게 유도하는 것이다."

이러한 신념으로 현재까지 저자는 아두이노 옹호자로서 교재 개발에 힘써 오고 있다. 앞으로 다양한 교재들로 독자들과 만날 날을 기대해 본다.

컴퓨팅적 사고력을 키워 창의적 인재 양성

본 교재는 코딩 교육의 취지에 맞춰 중 · 고등학교, 대학생 등 제어기에 대한 지식이 없는 입문자들도 쉽게 배울 수 있도록 그동안의 수업을 통해 경험했던 내용들을 담아 쉽게 접근할 수 있도록 구성하였다. 본 교재를 통해 코딩과 하드웨어 입문의 시작점이 되었으면 하는 저자의 바람이 있으며, 더 심화된 내용을 배울 수 있는 입문서가 되었으면 한다. 본인이 계획한 프로젝트를 수행할 때, 교재에서 언급하는 순서에 따라 실습을 하다 보면, 문제 해결 방법에 쉽게 접근할 수 있도록 구성을 하였다. 특히, 앱인벤터를 활용한 앱 제작을 통해, 프로젝트의 완성도를 보다 높일 수 있을 것이다. 이러한 과정을 통해 자연스럽게 창의적이며 문제 해결 능력이 향상됨을 기대해 본다.

저자 씀

본 교재에서는 아두이노 및 앱인벤터2를 활용한 코딩을 배우기 위해 실습 위주로 구성을 하였다. 실습을 위해서는 아두이노 관련 하드웨어가 준비되어야 한다. 교재의 내용을 살펴보면 알 수 있듯이, 저자의 회사에서 개발한 교육용 키트(베이스보드 활용)를 활용한 방법과 브레드보드를 활용해서 실습이 가능하도록 구성을 하였다.

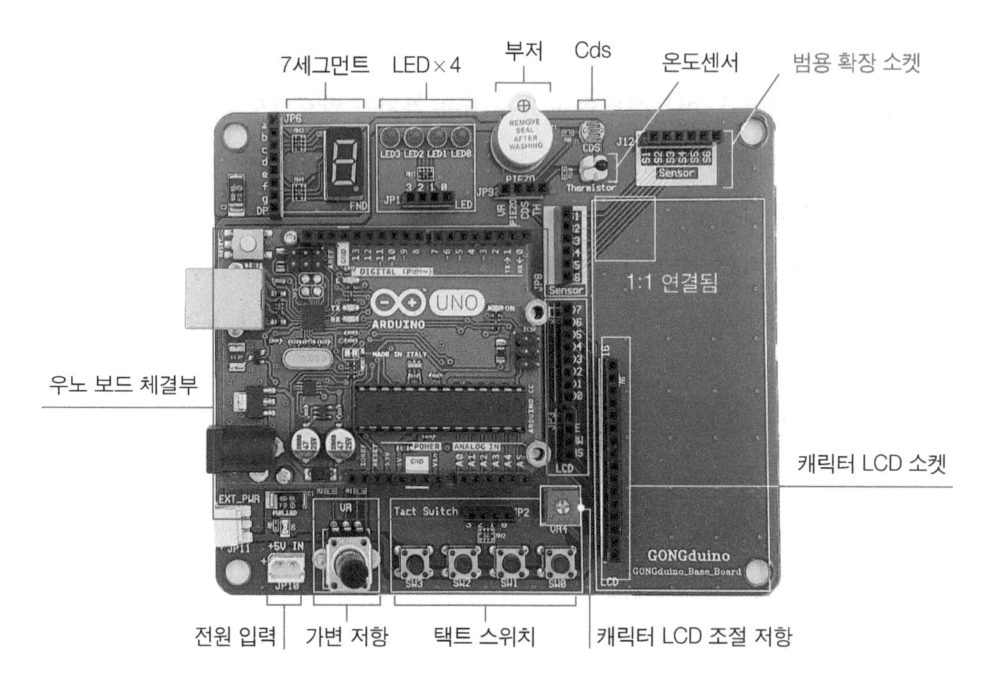

[본문 그림 4-2] 자사의 교육용 키트 각 소자

[본문 그림 4-2]에서 볼 수 있듯이 “공두이노 베이스보드”라고 불리는 보드를 사용하여 실습을 하면, 편리하게 실습을 할 수 있고, 코딩에 많은 시간을 투자해 좋은 효과를 거둘 수 있다. 하지만, 일반 브레드보드를 사용하고자는 학습자를 고려해, 교재에서는 베이스보드를 활용한 예를 먼저 설명하고, 다음에 브레드보드를 사용한 경우로 나누어 순차적으로 설명을 한다. 다음의 [본문 그림 4-6]와 [본문 그림 4-7]을 살펴보자.

베이스보드 활용

[본문 그림 4-6] 베이스보드 활용 배선하기

브레드보드 활용

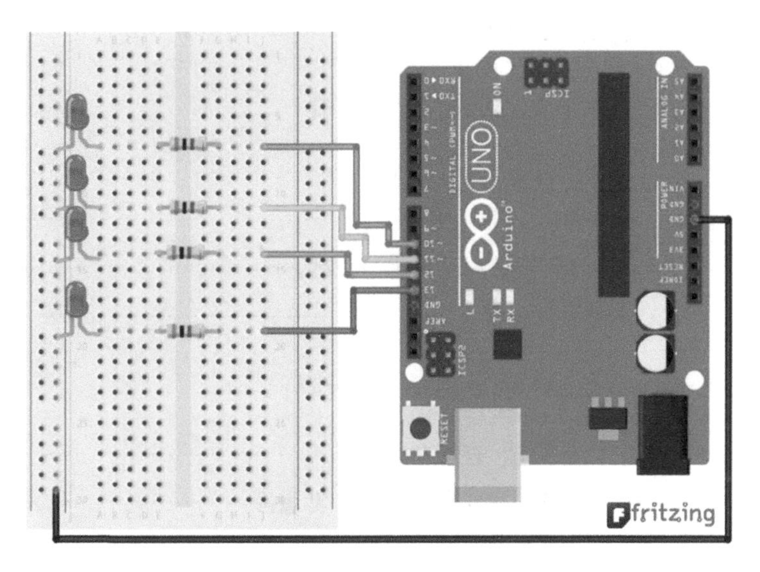

[본문 그림 4-7] 브레드보드 활용 배선하기

[본문 그림 4-6]와 [본문 그림 4-7]같이, 베이스보드를 이용하거나, 브레드보드를 활용한 배선의 경우처럼 학습자의 선택의 폭을 넓혀 학습하기 편하도록 하였다.

베이스보드 없이도, 아두이노 학습이 가능하도록 구성을 하였다.

교육용 키트의 구성품 및 구매 방법은 교재 마지막 페이지를 참고한다.

차례

PART

01

LEARN CODING WITH ARDUINO

코딩 첫걸음

코딩 첫걸음

1 컴퓨터와 마이컴의 이해

컴퓨터가 무엇인가 물으면 가정, 학교, 회사 등에서 거의 매일 사용하고 있는 개인용 PC(Personal Computer)라고 답할 것이다. 혹은 여러분들이 항상 들고 다니는 스마트폰(Smart Phone), 태블릿(Tablet), 스마트 워치(Smart Watch) 등을 언급할 것이다. 그렇다면 마이컴(Micro Controller, 마이크로 컨트롤러)은 무엇인가?

[그림 1-1] 개인용 컴퓨터와 CPU

[그림 1-1]은 노트북이라고 부르는 개인용 컴퓨터이다. 외형적으로 보면 모니터, 키보드, 마우스 등으로 되어 있고, 내부에는 메인 기판에 CPU 칩셋, RAM 메모리, 하드디스크, CD-ROM 등이 케이블이나 커넥터를 통해 연결되어 있다. 여기에 사용되는 CPU를 마이크로 프로세서(Mirco Processor)라 부른다.

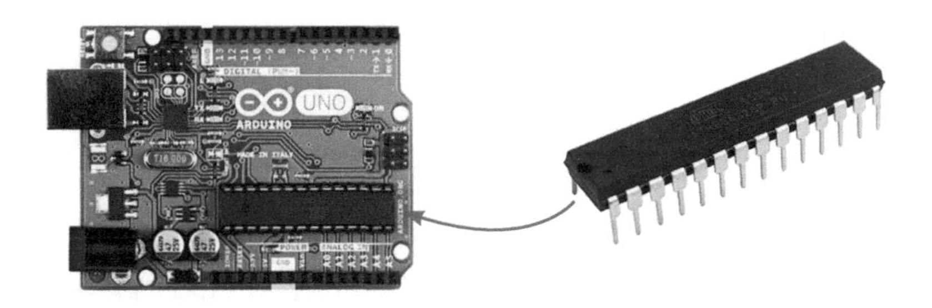

[그림 1-2] 아두이노 우노(버전명: R3)　　[그림 1-3] ATmega328P CPU

[그림 1-2]는 손바닥 안에 들어가는 크기의 아두이노 우노 R3의 모습이고, [그림 1-3]은 아두이노 우노에 사용되는 ATmega328P라는 모델의 CPU이다.

[그림 1-2]를 보면 크기나 형태 면에서 PC와 크게 다르다. 우노에 사용된 [그림 1-3]의 CPU는 원 칩(One chip) 마이크로 컴퓨터라 부르는데, 이를 마이크로 컨트롤러(Micro controller) 혹은 간략히 '마이컴'이라고 부른다. 원 칩이란 CPU 코어, 메모리(Flash, SRAM, EEPROM), 프로그램 가능한 입출력 담당 로직 등을 하나의 칩 안에 담은 것을 일컫는다. 이 칩은 [그림 1-3]과 같이 소켓 등에 꽂을 수 있는 PIN 형태로 패키징(포장, Package)을 하여 사용되고 있다.

정리하면, PC를 배운다는 것은 PC에 응용 프로그램을 설치하고, 문서를 작성하거나 도면을 그리거나 게임 등을 하는 행위를 말한다. 이것들이 가능한 것은 PC 내의 CPU의 덕택이다. 마찬가지로 작은 컴퓨터(아두이노 우노)를 배우는 것은 마이컴의 덕택이고, 이 마이컴을 활용해 로봇을 움직이거나, 게임기를 만들거나 드론을 날릴 수 있는 것이다.

이제 이 작은 컴퓨터에 직접 코딩을 해서 여러분들이 상상하는 모든 것들을 만들어 보자.

2 코딩이란?

어떻게 로봇을 움직일까? 아두이노 우노를 사용해서 로봇을 움직일 수 있을까? 그렇다면 어떻게?

마이컴을 이해할 때 PC와의 비교는 중요하다. 여러분들이 PC에 게임을 설치할 때를 생각해 보자. 누군가가 배포한 게임 프로그램을 하드디스크에 저장하고 실행할 것이다. 마찬가지로 로봇을 움직이기 위해서는 여러분들이 만든 코드(프로그램)를 마이컴에 저장시켜야 할 것이다. PC용 게임 프로그램도 프로그래밍 언어로 만들었고, 마이컴에 저장되는 것도 마찬가지로 프로그래밍 언어로 만들어진다.

프로그래밍 언어는 왜 필요한가?

[그림 1-4] 인간 to 인간의 언어

[그림 1-5] 인간 to 기계의 언어(프로그래밍 언어)

[그림 1-4]와 같이 인간과 인간의 의사소통을 위해서는 각 나라의 언어(Language)가 사용된다. 이 언어를 배우는 것은 문자 · 발음 · 문법 등일 것이다.

그럼 인간과 기계와의 의사소통을 위해서는 어떤 언어가 필요할까? 이 언어를 프로그래밍 언어(Programming Language)라고 부른다. 인간의 대화는 소리나 문자 등을 통해 전달시킬 수 있지만, 기계와의 대화는 부득이하게 문자로 작성된 글을 다운로드할 수밖에 없다.

그렇다면 여기에 사용되는 문자와 문법은 무엇인가? 문자는 영문자로 되어 있고, 문법은 C언어 문법에 따른다. 이 규칙에 따라 프로그래밍을 하는 것을 코딩(Coding)이라고 한다. 하지만 마이컴(CPU)은 반도체이기 때문에 0과 1의 값만을 저장할 뿐이다. 따라서 C언어 문법에 따라 코딩한 것을 최종적으로 0과 1의 데이터값으로 변경하여 메모리에 저장하는데 이러한 과정을 컴파일(Compile)이라고 한다.

여러분들은 아두이노를 배우면서 코딩(아두이노에서는 '스케치(sketch) 작성'이라고 함)을 하고, 컴파일을 마친 뒤 마이컴에 프로그램을 다운로드[아두이노에서는 '업로드(upload)'라고 함]해서 원하는 결과를 얻을 수 있다.

단계별로 차근차근 따라 하다 보면, 아두이노를 활용한 프로젝트를 수행할 수 있는 자신감을 얻을 것이다.

PART

02

LEARN CODING WITH ARDUINO

아두이노 소개

아두이노 소개

1 아두이노(Arduino)란?

아두이노 공식 홈페이지를 살펴보자. 구글 크롬 브라우저 사용을 권장한다. 공식 홈페이지는 www.arduino.cc이다.

[그림 2-1] 아두이노 공식 로고

아두이노는 이탈리아 말로 '믿음직한 친구'라는 뜻으로 2005년 이탈리아 교수 마시모 반지(Massimo Banzi)에 의해 만들어진다. 대학생들이 마이컴을 배우는 데 어려움을 느끼는 점을 착안해 전자공학이나 소프트웨어를 전공하지 않은 비전공자들도 배우기 쉽고, 저렴한 마이컴 개발 환경을 만들고자 한 것이다.

아두이노를 배우고자 한다면, 아래 2가지 요소만 준비되면 된다.

하드웨어 준비물	소프트웨어 준비물
아두이노 보드와 USB 케이블	아두이노 IDE

[그림 2-2] 아두이노 학습을 위한 2가지 준비물

준비물은 크게 보면, 하드웨어적인 면과 소프트웨어적인 면에서 고려해 볼 수 있다. 하드웨어는 아두이노 우노 보드(기타 다양한 아두이노 시리즈의 보드들이 있다.)와 PC와의 연결을 위한 USB 케이블만 있으면 된다. 이 하드웨어 준비물은 별도로 구매를 해야 한다.

소프트웨어는 **아두이노 통합 개발 환경**(아두이노 IDE, Arduino IDE)이라고 불리며, 코드 작성, 컴파일, 업로드, 시리얼 모니터링 등을 하나의 창에서 가능하게 해준다. 이 소프트 웨어는 공식 홈페이지에서 무료로 다운받아 사용한다.

아두이노는 다른 마이컴 개발 장치들에 비해 몇 가지 장점을 가지고 있다.

1) 저렴한 가격대와 다양한 보드 종류 지원

다른 마이컴 개발 환경에 비해 상대적으로 가격이 저렴하다. 공개되어 있는 회로도를 바탕으로 직접 제작할 수도 있고, 다양한 아두이노 시리즈의 보드들을 쉽게 구매할 수 있다.

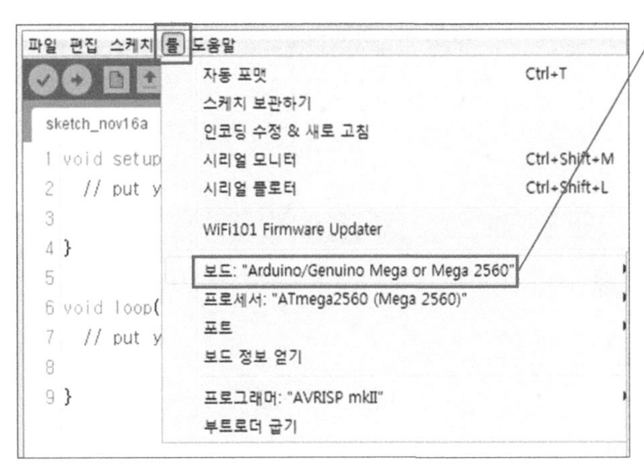

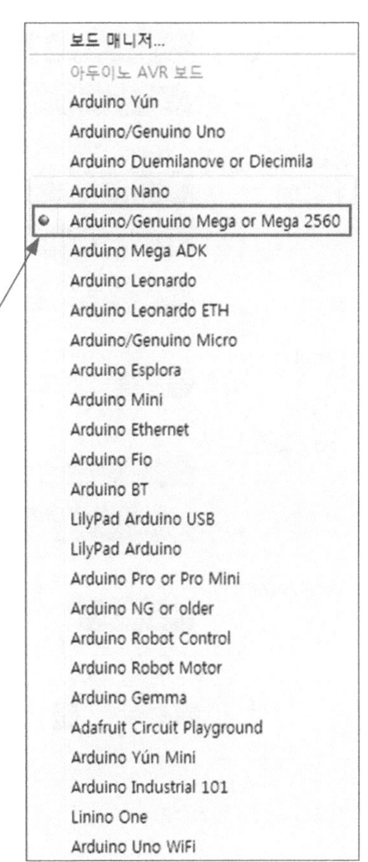

[그림 2-3] 아두이노 IDE에서 사용 가능한 보드 종류

아두이노 IDE의 툴→보드를 클릭하면 [그림 2-3]의 우측 그림과 같이 아두이노에서 판매하는 다양한

보드류들을 볼 수 있다. 각 보드들의 특성은 별도로 규격을 확인해서 적용 여부를 판단해야 한다.

본 교재에서는 가장 보편적으로 사용되고 있는 아두이노 우노(그림 2-2)를 가지고 학습을 한다. 우노를 활용한 다양한 자료 및 소스 등 기술 지원이 용이하므로 많은 사용자 층을 가지고 있다. 다양한 아두이노 시리즈의 제품군들은 아래의 사이트에서 참조하자.

www.arduino.cc의 PRODUCTS→ARDUINO를 선택해 보자.

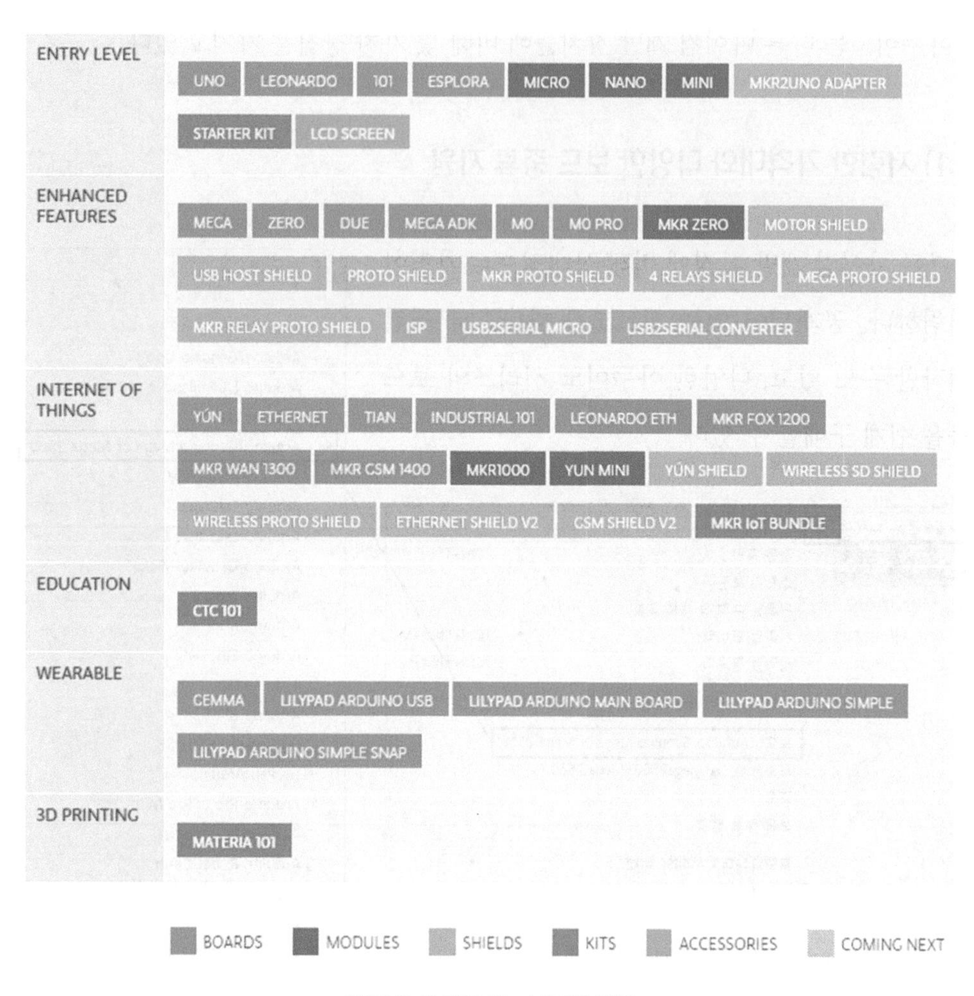

[그림 2-4] 아두이노 보드의 종류

2) 다양한 크로스 플랫폼 지원

다양한 크로스 플랫폼(Cross platform)을 지원한다는 말은 크로스 컴파일링(Cross Compling)이 지원된다는 의미인데, 이는 마이컴을 활용한 제품 개발에 있어 필수 조건이다. (크로스 컴파일에 대해서는 다음에 자세히 살펴보자.)

일단은 간단히 '아두이노 IDE를 설치 가능한 PC의 OS는 어떤 것들이 있는가?'라는 정도만 알고 넘어가자.

일반적인 마이컴 개발 환경(IDE)은 대부분이 윈도우즈(Microsoft사) 환경에서만 지원하지만, 아두이노 IDE는 윈도우즈와 Macintosh OS X 및 리눅스(Linux) 운영 체제에서도 사용 가능하다는 말이다.

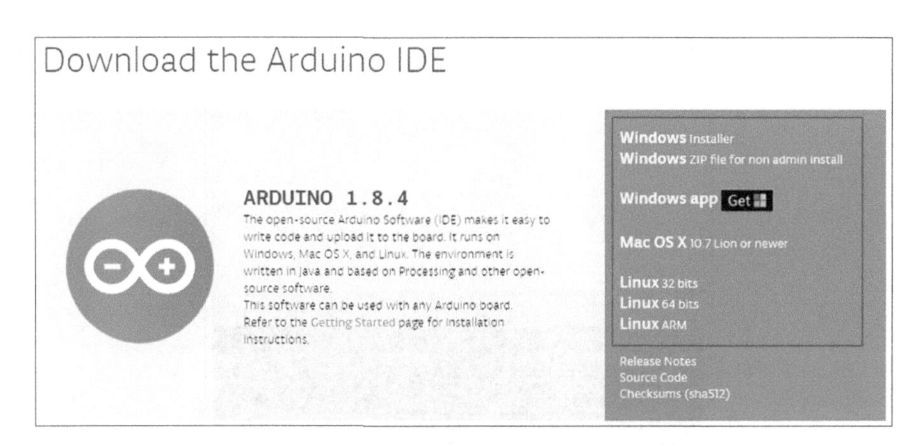

[그림 2-5] 다양한 운영 체제에서 아두이노 IDE 설치 가능

본 교재에서는 윈도우즈 환경하에서 아두이노 프로그램(그림 2-2)인 '아두이노 IDE'를 설치하여 사용할 것이다.

3) 간단하고 쉬운 코딩 환경 지원

[그림 2-6]의 아두이노 IDE를 보면, 화면의 정 중앙(백색)에 코드를 입력하는 부분과 상단의 아이콘 및 메뉴 바들로 구성되어 있다.

백색 부분의 에디터(Editor) 창에 코드를 입력하고 윗부분의 아이콘을 사용해 컴파일 및 업로드를 한다. 또한, 우측 상단의 돋보기 모양의 아이콘을 누르면, 시리얼 모니터링 기능도 간단하다.

복잡했던 마이컴 개발 환경을 최대한 간단하도록 구성하기 위해 꼭 필요한 항목들만 뽑아서 만든 듯한 느낌을 지울 수 없다. 하지만 이 정도의 환경에 익숙해진다면 보다 전문적인 개발 환경에서도 쉽게 적응하리라 생각이 든다. 아두이노의 본래 목적에 맞는 개발 환경이라 할 수 있다.

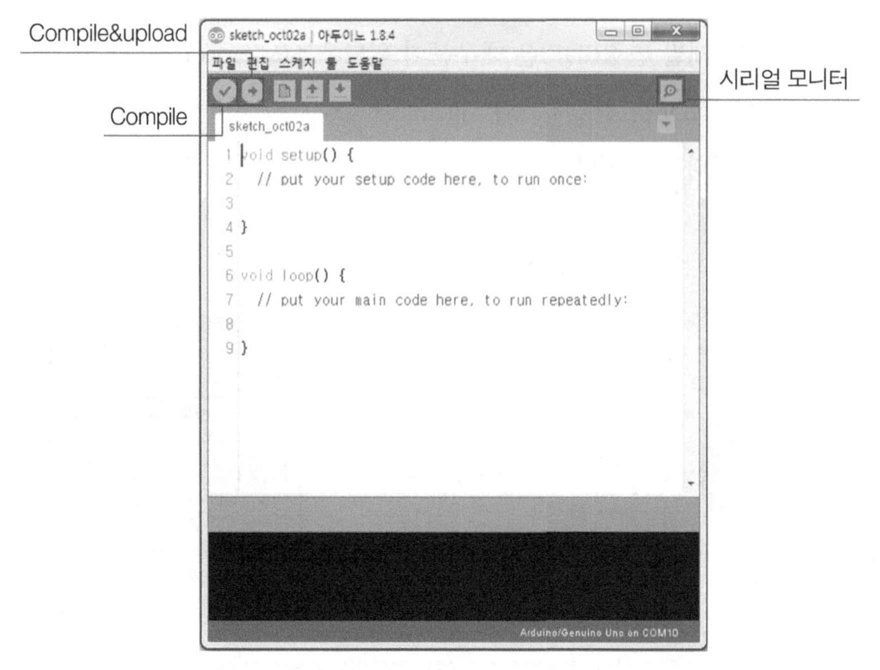

[그림 2-6] 단순한(Simple & Easy) 아두이노 IDE 화면 모습

4) 오픈 소스 기반의 코딩 지원

앞서 [그림 2-6]에서 아두이노 IDE의 단순화된 모습을 살펴봤다. 사용자는 간단한 코딩을 통해 소스를 만들고, 아두이노 우노에 업로드하여 원하는 결과를 얻을 수 있을 것이다.

여기서 '간단한 코딩'이라는 말은 아두이노 보드를 제어하여 다양한 프로젝트를 수행할 때, 아두이노에서 제공하는 함수들(Functions) 및 라이브러리(Libraries)를 사용하면 쉽게 코딩을 할 수 있다는 말이다. 다양한 아두이노 함수 및 라이브러리에 대한 정보는 아래의 사이트에서 참조하자.

www.arduino.cc의 LEARNING→REFERENCE를 선택해 보자.

또한, 아두이노 IDE에서 사용하는 컴파일러는 avr-gcc 컴파일러를 사용한다. 이를 고려하여 C++로 작성된 라이브러리를 추가하여 기존 소스를 수정, 확장 및 배포 가능하다. 또한, AVR C 기반의 코드를 직접 입력하여 사용 가능하다.

5) 오픈 소스 기반의 하드웨어 제작 가능

아두이노 보드의 회로도가 오픈되어 무료로 사용 가능하다. 자신의 목적에 맞게 재수정 및 설계하여 PCB를 만들 수 있다. 아두이노 호환 보드들도 이와 같은 이유로 제작되어 판매되고 있다. 또한, 저렴하게 브레드보드에 꾸며 테스트해 볼 수도 있다.

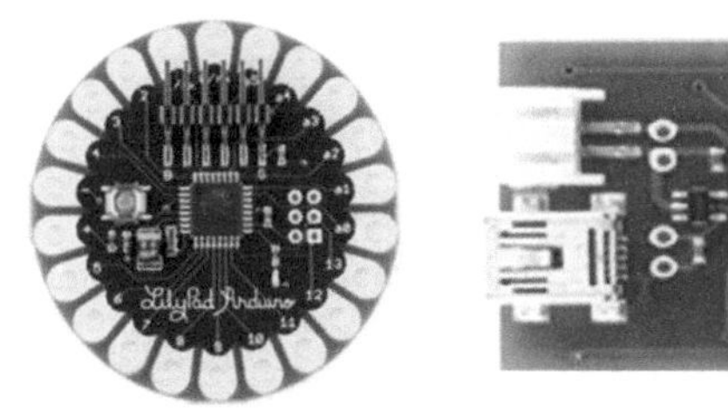

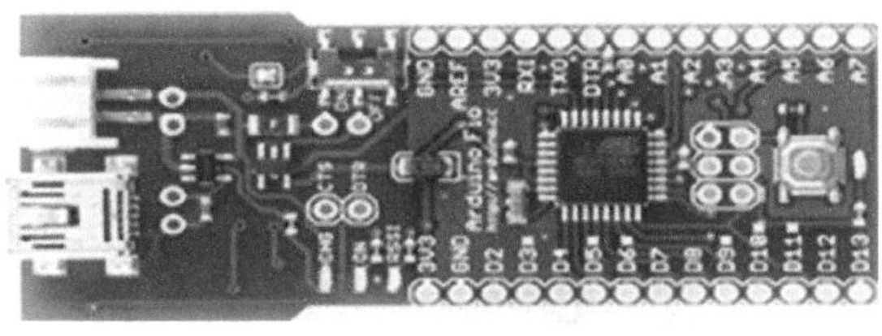

[그림 2-7] 아두이노 릴리패드(Aduino LilyPad)와 피오(Aduino Pio)

보다 다양한 아두이노 보드 종류 및 호환 보드들은 다음 사이트에서 확인할 수 있다. www.arduino.cc의 PRODUCTS→ARDUINO를 선택하면, 하단에 나와 있다.

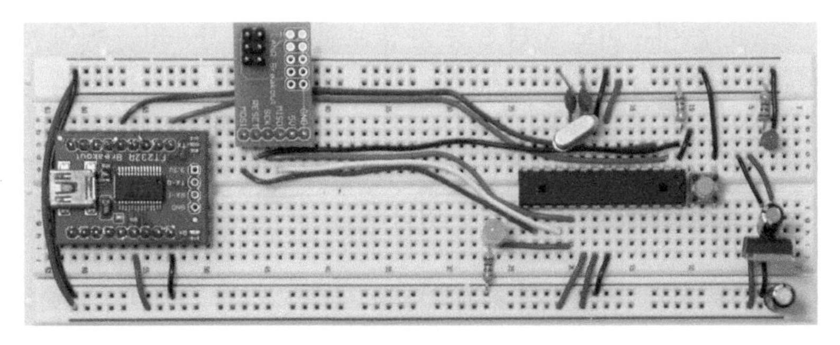

[그림 2-8] 브레드보드를 사용해 아두이노 우노 보드 만들기(출처: 공식 사이트)

[그림 2-8]과 같이 공개된 회로도를 참고하여 브레드보드에 직접 아두이노 우노 보드를 만들어 볼 수도 있다. 참조할 수 있는 아두이노 우노 R3의 회도는 구글 등에서 '아두이노 우노 R3 회로도'라고 검색해서 확인할 수 있다.

2 아두이노 개발 환경 꾸미기

아두이노를 사용하기 위해서는 앞서 말한 것과 같이 하드웨어와 소프트웨어를 준비해야 한다. 하드웨어는 별도로 구매해서 준비하고, 소프트웨어는 아두이노 공식 홈페이지 www.arduino.cc 사이트에서 무료로 내려받아 사용한다.

1) 하드웨어 준비

하드웨어는 아래 그림과 같이 우노 보드와 USB 케이블이면 된다.

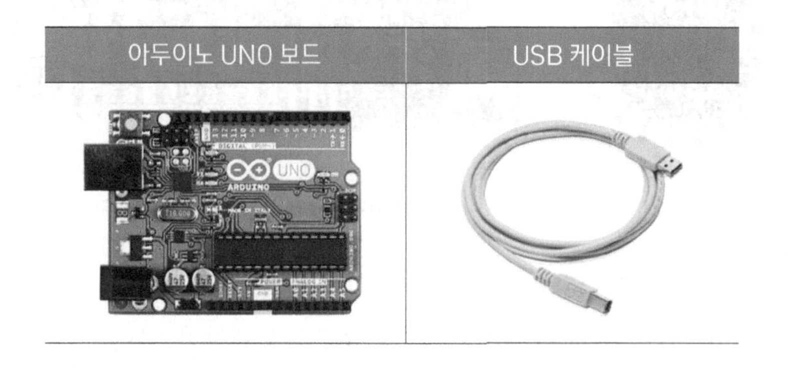

아두이노 우노 R3는 아두이노 시리즈 중 가장 보편적으로 사용되는 메인 보드이다. 다양한 아두이노 보드들도 사용 가능하다. 예를 들면 아두이노 나노(작은 사이즈의 적은 핀 수)냐, 메가 2560 보드(큰 사이즈의 많은 핀 수)냐는 보드의 사이즈나 입 · 출력 핀 수 등을 고려해 선택하여 사용할 수 있다.

[그림 2-9] 아두이노 NANO와 아두이노 MEGA 2560

아두이노 나노와 같은 작은 사이즈의 보드는 브레드보드에 꽂아서 테스트를 해야 하는 불편한 점이 있지만, 최종 완성된 시스템의 작은 사이즈를 고려한다면 적용해 볼만 하고, 메가 보드의 경우에는 많은 입·출력 소켓들을 가지고 있어 활용도가 높다. 아두이노 나노에 적용된 CPU는 우노와 같은 ATmega328이고, 메가 보드에 사용된 CPU는 ATmega-2560을 사용하고 있다. 보드 각각의 자세한 스펙 등은 www.arduino.cc의 PRODUCTS→ARDUINO를 선택해 확인할 수 있다.

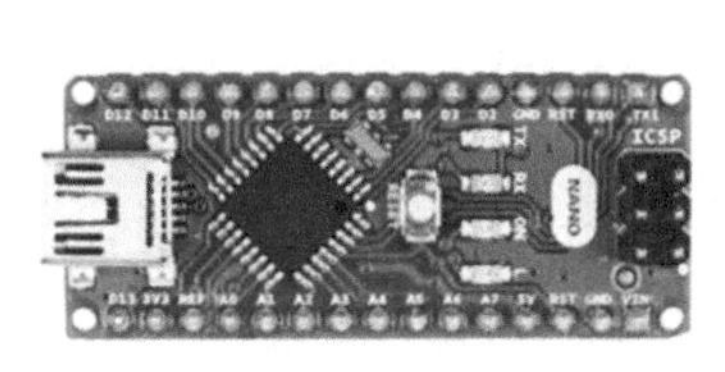

[그림 2-10] 아두이노 NANO와 아두이노 UNO R3

[그림 2-10]은 나노와 우노를 보여주고 있다. 동일한 CPU인 ATmega328을 사용하지만, CPU의 모양이 다른 형태를 보이는 것은 IC의 패키지 형태를 달리해서 만들어졌기 때문이다.

아두이노 우노를 잘 다루게 되면, 다른 보드들도 쉽게 접근할 수 있으니 너무 걱정할 필요는 없을 듯하다. 아두이노 우노 R3의 스펙에 대해 알아보자.

항목	세부 내용
마이컴 명	ATmega328P-PU(28핀)
Digital I/O 핀 수	14핀(PWM기능 6핀 포함)
Analog 입력 핀 수	6핀
I/O핀당 허용 전류 값	20mA (5V전원 공급 시)
3.3V핀 전류 허용치	50mA
동작 클럭	16MHz 크리스털
메모리	플래시 메모리 32KBytes, SRAM 2KBytes, EEPROM 1KBytes
USB인터페이스 칩	ATmega16u2
보드 공급 전원	USB 전원(5V) 또는 외부 DC 7~12V 전원 잭

[표 2-1] 아두이노 우노 R3의 스펙

[표 2-1]은 우노 보드 전체에 대한 스펙(사양, Specification)이지만, 대부분이 CPU인 ATmega328P에 대한 스펙이다. CPU에 대해 상세하게 공부를 하고 싶다면 검색엔진에서 'ATmega328P full datasheet'라고 검색해서 PDF 문서를 다운받아서 읽어보기 바란다. 위 표의 내용에 해당하는 각 항목들은 이 교재에서 전반적으로 다루므로 자주 위 표의 내용을 추후에 다시 확인해 보기 바란다.

위 표에서 우리가 현 단계에서 알아 둘 사항은 전원 부분이다. USB 케이블로 PC와 우노를 연결하면 5V의 전원이 보드에 인가되며, 이 전원에 의해 CPU가 동작한다. 만약 외부에서 전원 포트[DC 잭(jack)이라고도 함]에 DC 7~12V 어댑터 등을 연결하여 전원을 공급하더라도 CPU는 반드시 5V 전원에 의해 동작한다는 사실이다. 항시 CUP에 일정 전압을 공급해 줄 수 있는 것은 우노 보드 내에 내장된 5V 레귤레이터(Regulator)가 그 역할을 하고 있다.

아두이노 우노 R3 보드에 대한 회로도를 참고하고 싶다면 검색 엔진에 '아두이노 우노 R3 회로도'라고 검색을 해보면 아두이노 공식 사이트에서 PDF 문서를 제공하고 있다.

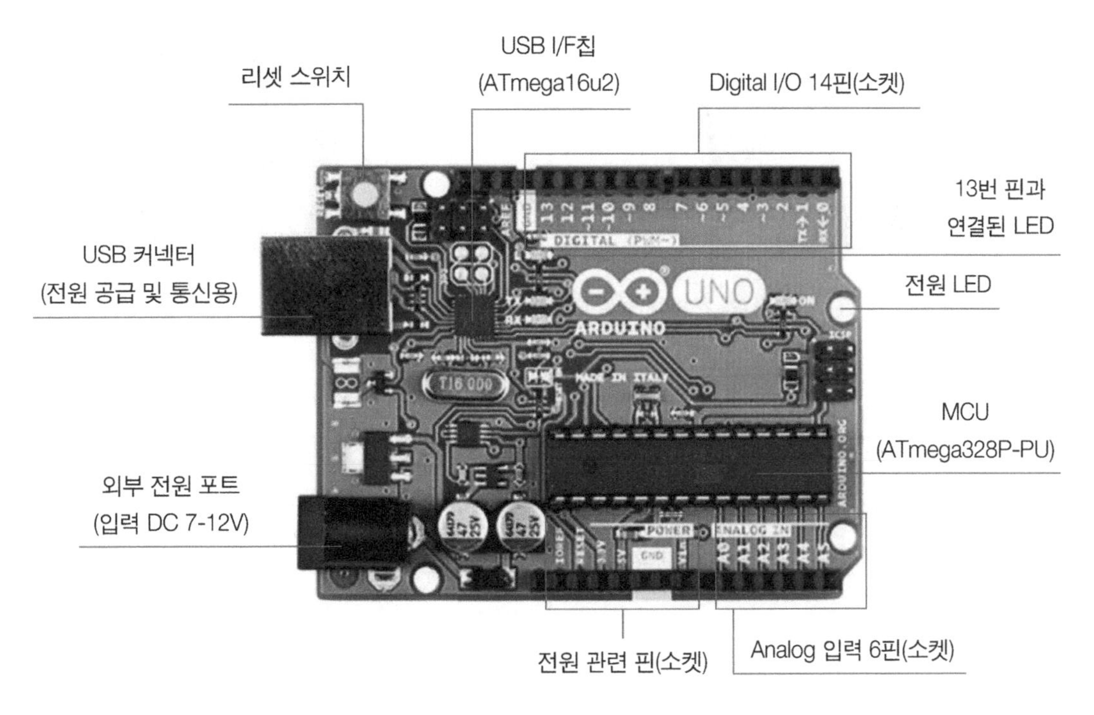

[그림 2-11] 아두이노 UNO R3 보드의 세부 명칭

[그림 2-11]의 우노 보드를 보면, 전원 공급은 좌측의 USB 포트나 DC 잭을 통해 이루어진다. CPU ATmega328P에는 5V가 공급되며, 헤더 소켓 ([그림 2-11]의 하단 전원 관련 핀)에도 VCC(5V), GND(0V), Vin 등의 전원이 연결되어 있다. 특히, Vin은 DC잭에서 공급된 전원과 직접 연결되어 있기 때문에 유용하게 사용할 수 있다. DC 잭에 12V 어댑터를 연결하면, Vin 소켓에 12V의 전원이 출력된다.

각 명칭은 하얀색 실크 인쇄되어 있다. 각 부분의 명칭을 될 수 있으면 암기하는 것이 편리할 것이다.

2) 소프트웨어 설치

설치 프로그램은 MS사의 Windows를 기준으로 설명한다.

개발 환경은 [그림 2-12]에서 보는 것과 같이 연결하여 사용할 것이다. PC에 설치해야 할 프로그램은 2가지이다.

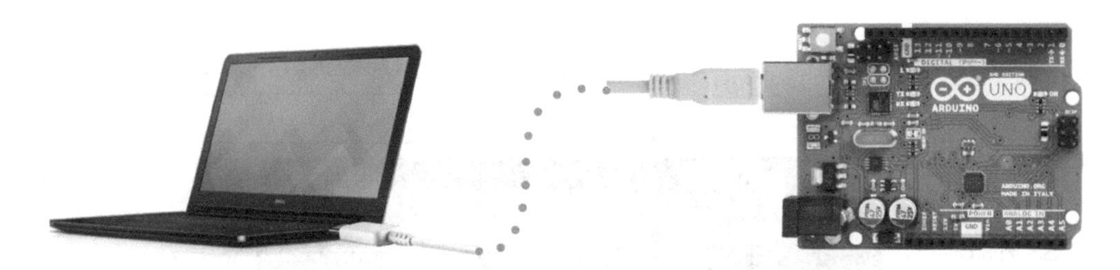

[그림 2-12] 사용자 PC와 우노 보드 연결 사용

앞서 말한, 아두이노의 특징 중 하나인 크로스 플랫폼(Cross platform)을 구성하기 위한 것이다. PC와 아두이노 보드와의 연결을 통해 코딩한 결과를 업로드 가능한 이러한 환경을 크로스 컴파일(Cross compiling)이 가능한 환경이라 한다.

따라서 이러한 환경을 구축하기 위해서는 아래와 같이 2가지의 프로그램을 설치해 주어야 한다.

- 아두이노 IDE 설치(www.arduino.cc에서 다운로드): 코딩을 하고 컴파일을 한 후 업로드까지 가능하도록 해주는 프로그램으로서 아두이노에서 무상 제공하는 프로그램이다.
- 'Arduino Uno R3' 인식 USB 드라이버 파일 설치: PC에 우노 보드를 인식시키기 위한 USB 드라이버 파일이다. 엄밀하게 말하면, 이 프로그램은 PC와 우노 보드 간의 통신이 가능하도록 해주는 역할을 하는 보드 내의 USB HOST 컨트롤러 칩(ATmega16u2)에 대한 정보를 PC에 등록시켜 주는 것이다.

추후에 드라이버 소프트웨어 설치 완료 후 PC와 연결 시 '장치 관리자'에서 확인해 보면 'Arduino Uno'라고 장치명이 나타나는데, 이 뜻은 우노 보드를 PC가 인식했다는 말이며, 정상적으로 연결되었음을 알려 주는 것이다. 이 장치의 명칭(Arduino Uno)도 이미 USB HOST 칩의 메모리에 저장되어 있던 것을 PC에 전송시켜 보여주는 것이다.

(1) 아두이노 IDE 설치하기

① 크롬을 이용해 아두이노 공식 홈페이지 (www.arduino.cc)에 접속한다.

② 아두이노 공식 홈페이지 상단의 'SOFTWARE'를 클릭한다.

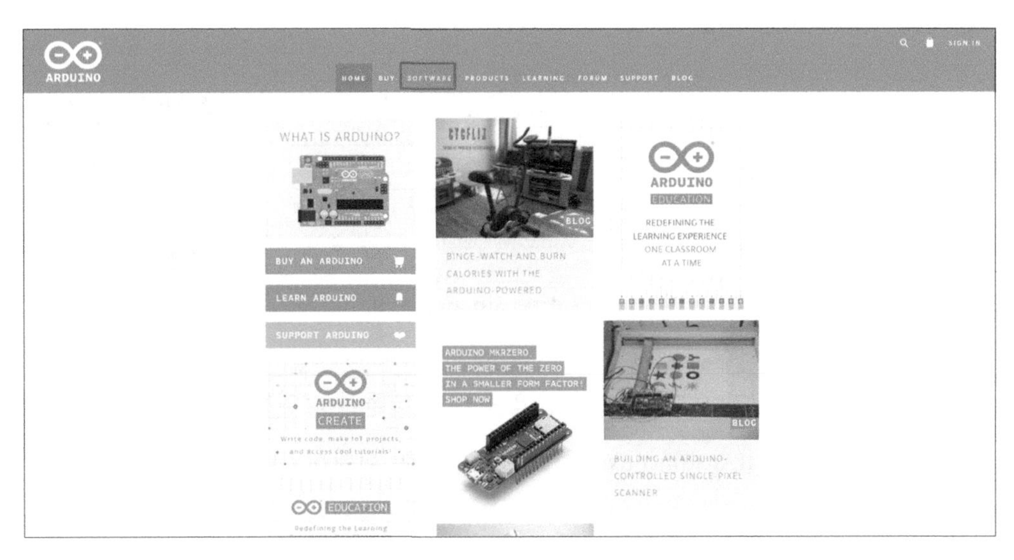

[그림 2-13] 아두이노 공식 홈페이지

③ 아두이노 공식 홈페이지 'SOFTWARE'에 들어가면 'Download the Arduino IDE'에서 'Windows ZIP file for non admin install'를 클릭한다. [그림 2-14]를 보면, 1.8.4는 버전을 뜻하는데 굳이 최신 버전이 아니더라도 상관이 없지만, 되도록이면 최신 버전을 설치하고, 추후에 버전이 업되더라도 한번 설치한 것을 사용해도 큰 무리는 없다. Windows installer를 이용해 설치해도 상관은 없지만, 위 zip 파일은 압축된 것을 다른 PC에 재복사해서 사용해도 문제가 없기 때문에 편리하다.

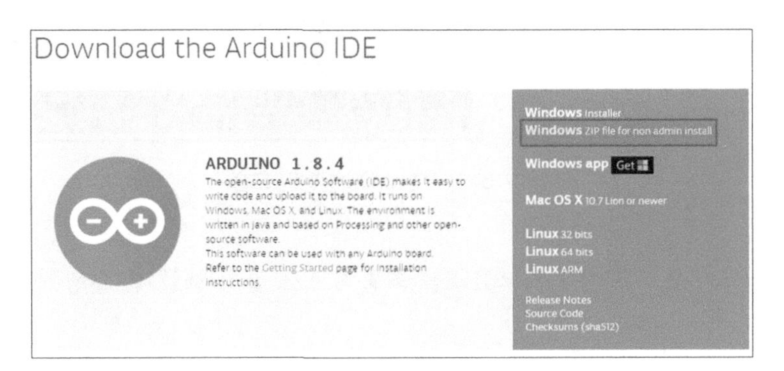

[그림 2-14] Windows용 아두이노 IDE(ZIP 파일) 선택

④ 다운로드가 완료되면 적당한 곳에 압축을 푼 다음에, 압축을 푼 폴더를 윈도우즈 바탕화면에 옮긴다. (바탕화면이 아닌 폴더에 풀어도 상관없다.)

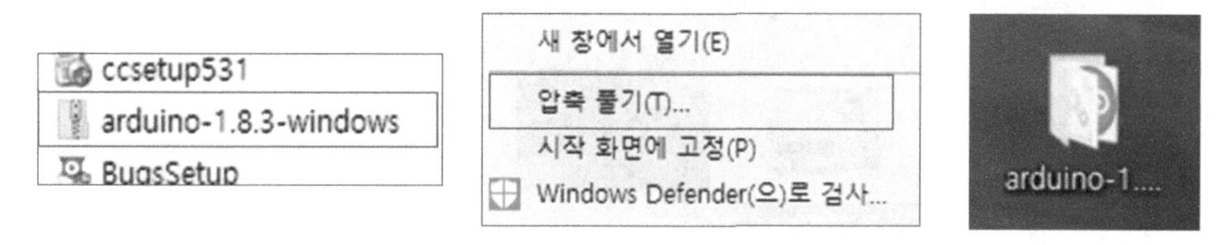

[그림 2-15] ZIP 파일 압축 풀기

⑤ 폴더 안에 들어가 보면, 다음과 같은 하위 폴더들과 파일들을 볼 수 있다. 아두이노 실행 파일(Arduino.exe)을 더블클릭하여 실행시킨다.

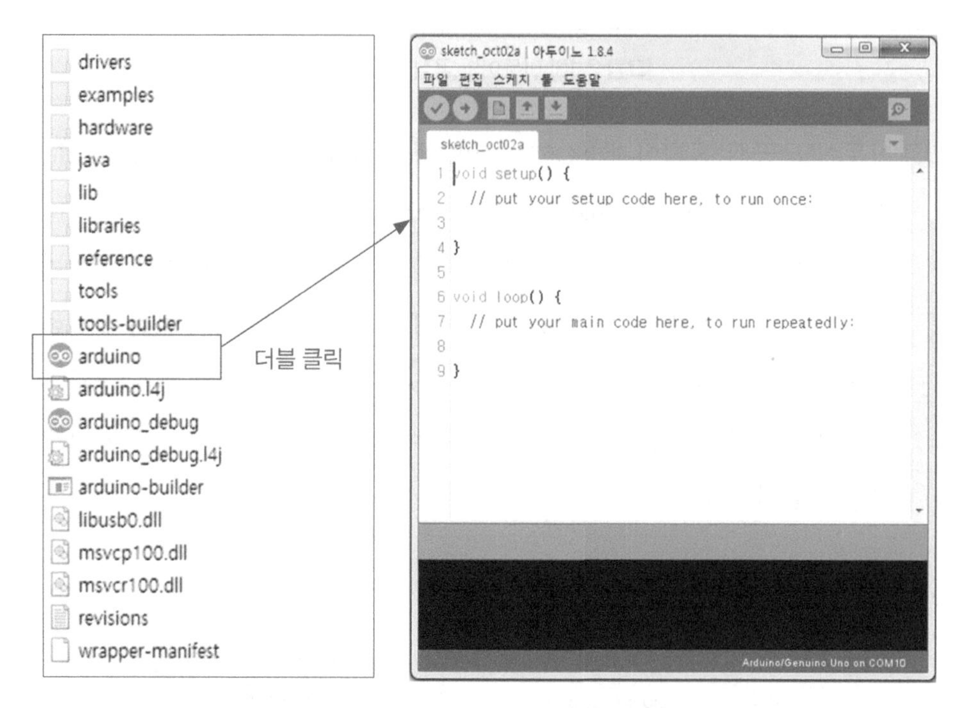

[그림 2-16] 아두이노 IDE 실행된 모습

[그림 2-16]의 우측은 아두이노 IDE를 최종적으로 설치 완료 후 실행된 모습이다.

(2) Arduino Uno R3 인식 USB 드라이버 파일 설치

아두이노 IDE를 설치 완료한 후, [그림 2-12]처럼 아두이노 보드에 USB 케이블을 연결한 뒤, PC와 연결해본다. 다음의 순서에 따라 진행해 보자.

① 장치 관리자를 열고, 우노 보드 인식이 잘 되는 지 확인한다.

PC에서 우노 보드를 인식하는지 확인하는 단계이다. PC의 OS는 외부 장치가 연결될 때 연결된 장치의 이름 및 특징을 알고 있어야 한다. 예를 들면 16G USB 메모리 카드를 꽂으면 이 장치에 대한 이름과 메모리 크기를 고려해 이동식 디스크 장치로 인식하는 것과 같은 원리이다. 이 단계를 거친 후에 장치와 데이터 교환이 이루어지기 때문이다. 윈도우즈 장치 관리자에서 확인해 보자.

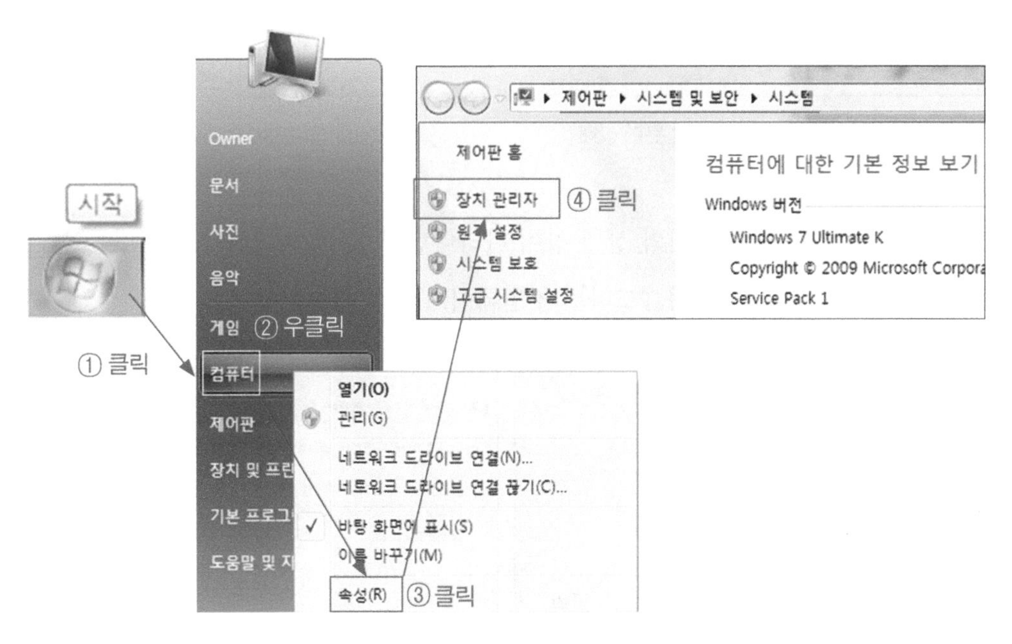

[그림 2-17] 장치 관리자에서 연결 확인하기

장치 관리자는 [그림 2-17]과 같이 시작 메뉴→컴퓨터→오른쪽 마우스 클릭→속성에서 찾을 수 있다. 혹은 제어판→시스템 및 보안→시스템에서 찾을 수도 있다.

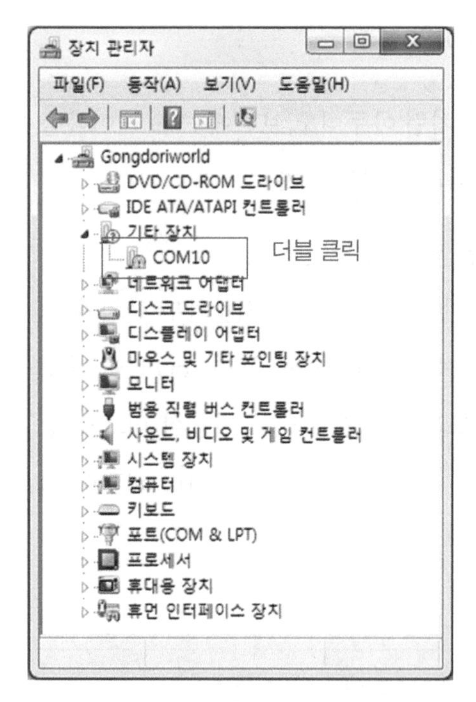

[그림 2-18] 우노 보드를 인식하지 못한 상태

[그림 2-18]과 같이 PC가 장치를 인식하지 못할 때 노란색 느낌표를 표시한다. 이 상태는 PC의 윈도우즈가 장치의 드라이버 설치를 요구하고 있는 것이다.

COM10을 더블클릭하거나 우클릭한다.

② 장치 미인식되었을 때, 다음과 같이 해당 드라이버 파일을 설치한다.

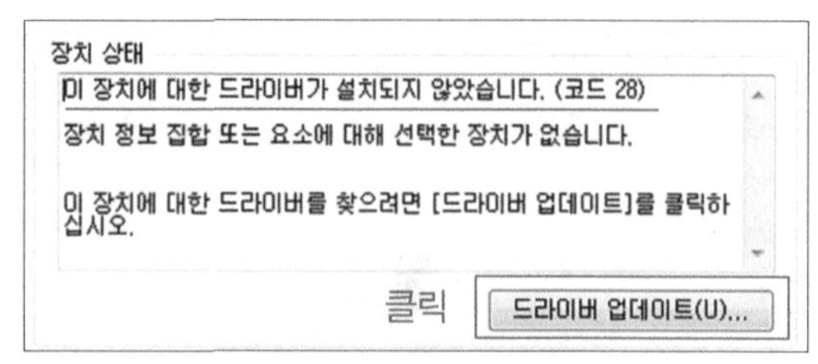

[그림 2-19] 드라이버 업데이트 요구

[그림 2-19]와 같이 장치의 상태 창이 나타나면서, 장치에 대한 드라이버를 설치하라는 메시지가 나타난다. '드라이버 업데이트'를 클릭한다.

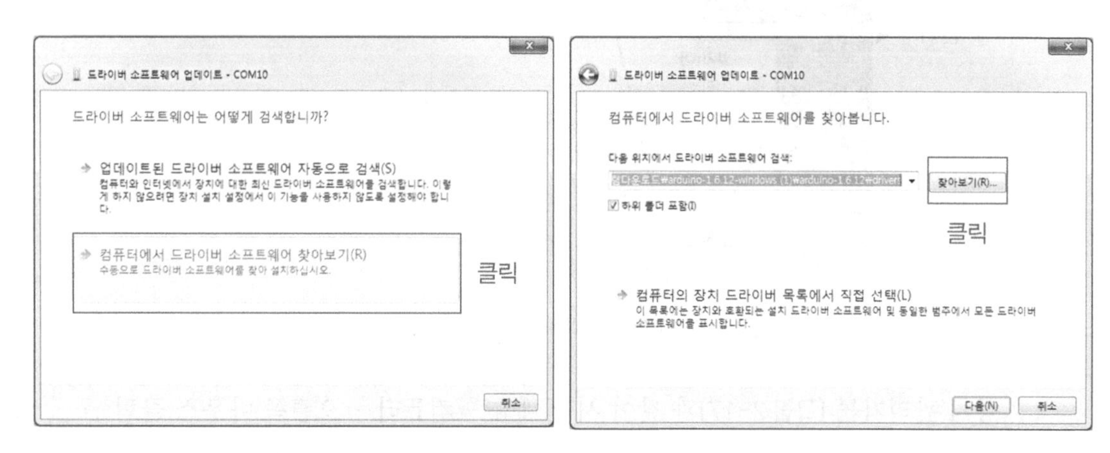

[그림 2-20] 컴퓨터에서 드라이버 소프트웨어 찾기 선택

③ [그림 2-20]처럼 찾아보기 버튼을 눌러, 아두이노 drivers 폴더를 지정한다.

[그림 2-21] 아두이노 IDE 설치 폴더 내의 drivers 폴더

[그림 2-21]의 위치는 아두이노 IDE를 설치했던 폴더의 하부에 위치하고 있다. 즉 arduino-1.8.4-windows→arduino-1.8.4→drivers까지 선택을 해준다. 위 폴더의 내용 중 FTDI사의 USB 호스트 칩과 실리콘 랩사의 USB 호스트 칩(CP210X)에 대한 드라이버 파일이 존재함을 알 수 있다.

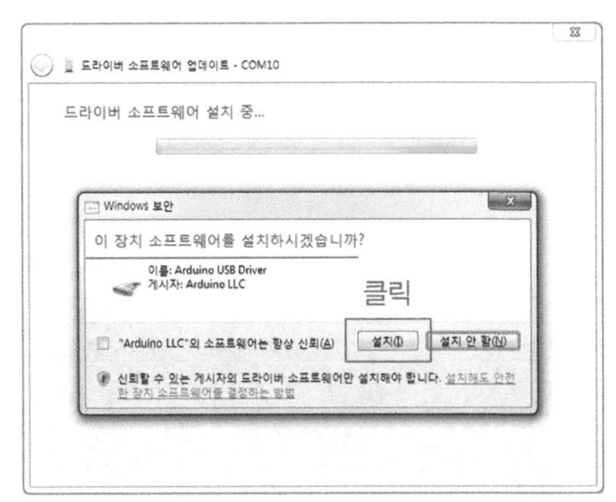

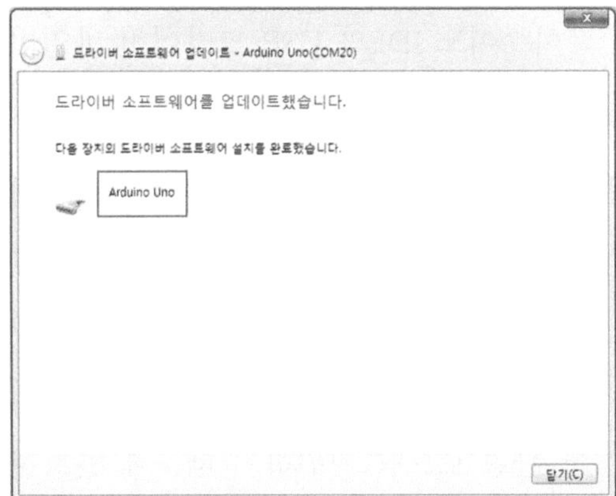

[그림 2-22] 드라이버 소프트웨어 설치 완료

④ 장치 관리자에서 다시 확인해 본다.

우노에서 USB 케이블을 제거한 후, 다시 연결하고 장치 관리자에서 [그림 2-23]처럼 인식되는지 확인한다. 재차 반복적으로 케이블을 제거 후 연결하면 장치 관리자 창이 갱신되면서 그림처럼 COM 포트에 Arduino Uno(COM20)으로 인식됨을 확인할 수 있다. COM20은 아두이노 우노 보드와 PC와의 데이터 통로라고 생각하면 되고, 이 장치(우노 보드)의 이름은 Arduino Uno이다.

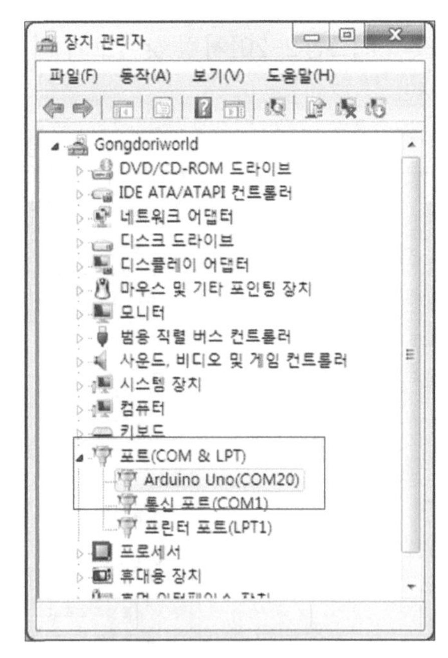

[그림 2-23] 장치 관리자에서 확인

드라이버 파일은 PC에 한 번 설치한 후에는 재설치가 필요없다. 참고로 사용자의 PC에 따라 COM 번호가 다르게 나타날 수 있고, 정상적으로 인식한 결과이다.

이로써 중요한 두 가지의 프로그램 설치가 완료되었으며, PC에서 우노 보드를 정상적으로 인식하게 되었다.

3) 아두이노 IDE와 우노 보드 최종 연결하기

아두이노 IDE와 USB 드라이버 파일이 정상적으로 설치되었다. 이제 아두이노 IDE를 실행시켜서 우노 보드와 연결시켜 보자.

아두이노 IDE는 우노 보드뿐 아니라, [그림 2-3]에서 볼 수 있듯이 다양한 아두이노 관련 보드를 지원하기 때문에 반드시 '아두이노 우노'를 선택해 주어야 한다.

[그림 2-24] 도구에서 보드 및 포트 확인하기

앞선 [그림 2-23]에서 본 장치 관리자의 COM20과 [그림 2-24]의 상단 바에서 도구 → 포트 → COM20(Arduino/Genuino Uno)의 번호가 서로 맞는지 확인하고 COM20 (Arduino/Genuino Uno)을 선택한다. 또한, 사용하고 있는 우노 보드가 [그림 2-24] 처럼 선택되어 있는지 확인해 주어야 한다.

[그림 2-25] 상태 바에서 연결 상태 확인

모든 설정이 완료되면 [그림 2-25]처럼 아두이노 IDE의 하단 상태 바에 설정된 상태가 나타난다. 정리하면 아두이노 IDE에서 우노 보드를 COM20에 연결하고, 코드를 컴파일 후 문제가 없으면 업로드할 준비가 최종 완료되었다.

3 오류 해결하기

오류 발생 시 대체 방법에 대해 설명한다.

1) 컴파일(Complie) 동안에 오류 발생

작성한 코드를 우노에 업로드(Upload)하기 전에 작성한 코드의 오류 검출을 위한 컴파일을 실행해야 한다. 오류가 없으면 정상적으로 업로드가 이루어지지만, 아래 그림과 같은 오류가 발생할 수도 있다.

[그림 2-26] 에러 메시지 확인하기

검은 창에 오류 내용이 출력되는데 크기가 작아 잘 보이지 않는다. 이럴 경우 '복사 오류 메시지'를 한 번 클릭하면 자동 복사가 되며 메모장 등에 복사(Ctrl+V)하여 확인할 수 있다. 또는 주황색 부분을 마우스로 위로 확대(↕)하여 확인할 수도 있다.

(1) 오류 종류 확인

① 컴파일 오류의 경우

프로그램을 작성할 때, 잘못된 명령어나 구문 오류 등이 발생되어 컴파일 과정을 수행하지 못한 상태 ⇒ 프로그램을 잘 살펴보고 잘못된 부분을 수정하고 다시 컴파일한다.

② not in sync 오류의 경우

하드웨어의 연결이 잘못되어 있거나, 시리얼 포트 설정이 잘못되어 연결이 되지 않아 보드에 업로드하지 못한 상태 ⇒ 하드웨어 확인, 케이블과 포트 확인하여 다시 연결한다.

2) 업로드(Upload) 동안에 오류 발생

컴파일은 정상이지만, 업로드가 원활하지 않을 경우, [그림 2-24]의 보드와 포트가 인식되었는지 확인해 보고, 우노 보드의 USB 케이블을 제거 후 다시 연결해 보자. 문제가 해결되지 않으면, 우노 보드에 꾸몄던 회로에서 전원 부분(+5V)의 점퍼 연결을 해제 후에 업로드를 재시도해 본다. (우노 보드의 전류 부족 시 간혹 업로드가 되지 않는다.)

여분의 정상 상태의 우노 보드가 있으면, 문제가 염려될 때 바꿔가면서 확인해 보면 편하게 개발을 할 수 있을 것이다.

PART 03

L E A R N
C O D I N G
W I T H
A R D U I N O

아두이노 스케치 작성 준비

1. 아두이노 스케치 이해
2. 아두이노의 C-언어 문법
3. 아스키(ASCII) 코드 소개
4. 부품의 이해

아두이노 스케치 작성 준비

1 아두이노 스케치 이해

아두이노 IDE로 작성한 프로그램 코드를 '스케치(Sketch)'라고 한다. 아두이노 IDE에서 상단 메뉴의 [파일]→[예제]→[01. Basics]→[Blink]을 클릭한다.

Blink.ino

```
1  void setup() {
2      pinMode(13, OUTPUT);
3  }
4  void loop() {
5      digitalWrite(13, HIGH);
6      delay(1000);
7      digitalWrite(13, LOW);
8      delay(1000);
9  }
```

위 소스 코드는 Blink.ino의 스케치(Sketch)이고, 확장자는 ino를 사용한다. 아두이노 스케치(코드)의 구조는 다음의 2가지 함수를 기본으로 사용한다.

1) void setup( ) { }

이 함수는 프로그램이 실행하기 전에 설정하여야 할 사항들(연결된 소자에 따른 입·출력 핀, 시리얼 통신, 라이브러리 등)을 명시한다. 간단히 말해, 환경 설정에 대한 내용들이다. 코드라인 2의 내용을 보자.

```
2    pinMode(13, OUTPUT);
```

이 내용은 '13번 핀을 출력'으로 사용하겠다는 하드웨어 환경 설정이다. pinMode() 함수는 디지털 입·출력 핀의 입력(INPUT)과 출력(OUTPUT)을 결정하는 함수이다. 그리고 이 setup() 함수는 프로그램이 실행되면 단 한 번만 실행되고, loop() 함수로 넘어간다. 즉 2번째 줄 명령어를 단 한 번만 실행한다는 말이다.

setup() 함수 밑에 loop()함수가 위치하게 한다.

2) void loop( ) { }

아두이노 우노가 반복적으로 실행하는 코드 부분을 기술한다. 마이컴 보드는 전원이 ON 되면서 OFF 될 때까지 계속적인 반복 동작을 하게 된다.

```
5      digitalWrite(13, HIGH);
6      delay(1000);
7      digitalWrite(13, LOW);
8      delay(1000);
```

즉 5~8번 라인을 한 줄씩 차례대로 위에서 아래로 무한 반복한다는 의미이다. 2번 줄에서 환경 설정했던, 13번 핀의 상태를 1초 동안 HIGH, LOW 상태로 유지시켜, 우노 보드의 13번에 연결된 LED를 1초 간격으로 깜박거리게 만든다.

정리하면, Blink.ino 코드를 실행하면 가장 먼저 setup() 함수를 실행하고, 다음에 loop() 함수를 실행한다. 이때 setup() 함수는 한 번만 실행되고, loop() 함수를 무한 반복하는 특징을 가진다. 이러한 특징은 아두이노 프로그램의 가장 중요한 특징으로 모든 스케치(코드)에 동일하게 적용된다.

아두이노 IDE의 [파일]→[새 파일]을 계속 클릭해 보면, 새로운 스케치 창이 반복적으로 팝업되고, 그 내부의 내용을 보면, 위 2개의 함수가 기본적으로 제공됨을 확인할 수 있다.

sketch_oct06a

```
1  void setup() {
2      // put your setup code here, to run once:
3
4  }
5
6  void loop() {
7      // put your main code here, to run repeatedly:
8
9  }
```

위 예제의 sketch_oct06a.ino는 파일명을 지정하지 않았기 때문에 임의로 지정된 것이며, 계속적으로 새 파일을 열면, sketch_oct06b, sketch_oct06c 등과 같이 다른 이름으로 열린다. 추후에 파일명을 정해 주면 된다.

아울러 스케치 내부를 보면, setup(), loop() 함수가 기본적으로 쓰여 있음을 알 수 있다. 주석(//)을 삭제하고 코딩을 하면 된다.

2 아두이노의 C-언어 문법

아두이노는 C-언어 문법에 맞춰 코드를 작성하고, 저장해야 한다. 문법에 어긋날 때 바로잡아 줄 수 있도록 도움을 주는 프로그램이 아두이노 IDE이다. 아두이노 IDE

에서 스케치를 작성하고, 오류 검사를 한 뒤 문제가 없으면 CPU에 스케치를 저장(업로드)하게 된다.

몇 가지 C-언어 문법에 대해 다루고자 한다. 자세한 내용은 www.arduino.cc의 LEARNING→REFERENCE에서 확인할 수 있다.

1) 선언(Declaration)이란?

C-언어에서 선언은 변수와 함수 선언이 있다.

변수 선언은 CPU의 메모리를 차지하게 될 변수의 크기(byte 단위)를 결정하는 것으로, 플래시 메모리의 크기를 고려해서 지정해 주어야 한다. 아두이노 우노 CPU의 경우 스케치가 저장되는 공간인 플래시 메모리 크기는 32Kbytes이지만 500Byte는 이미 부트 로더(Bootloader)가 사용하고 있어, 이를 제외한 부분만 사용할 수 있다.

물론 32Kbytes의 플래시 메모리 사이즈가 작지는 않지만, 코드의 길이가 길어지거나, 변수의 수가 많아지면 용량이 부족해질 수 있으므로 변수를 효율적으로 사용하는 습관이 필요하다. 대표적인 변수 형(Type)의 종류는 다음과 같다.

boolean	char	unsigned char	byte	int
unsigned int	word	long	unsigned long	short
float	double	string	array	void

2) 함수 선언(Function Declaration)이란?

아두이노의 기본 필수 함수인 setup()과 loop() 함수 이외의 다양한 사용자 함수들을 작성할 필요가 있다. 다음의 경우로 함수 선언의 형식을 설명한다.

multiply.ino

```
1   void setup() {
2       // put your setup code here, to run once:
3
4   }
5
6   void loop() {
7       // put your main code here, to run repeatedly:
8
9   }
10
11  int multiply(int x, int y){
12     int result;
13     result = x*y;
14        return result;
15  }
```

위 코드에서 새롭게 선언된 사용자 함수인 multiply() 함수가 사용되었다. setup()이나 loop() 함수는 실행 완료 후 결과를 사용하지 않으므로[반환(return)값이 없다고 한다] void로 함수 데이터 형을 선언하였다. 하지만 multiply() 함수의 경우에는,

int multiply(int x, int y)		
int	multiply	(int x, int y)
함수 결과 데이터 형	함수이름	(parameter1, parameter2)

의 형태로 함수 선언이 이루어진다. 이 함수가 한 번 실행되고 나면 최종적으로 result 변수에는 그 결괏값이 저장이 된다. result 값은 int형의 메모리 크기를 할당받게 된다.

3) 제어문(Control)의 종류

if	if { } else { }	for
switch … case	while	do … while
break	continue	return

4) 산술 연산자(Arithmetic)

+ (덧셈)	- (뺄셈)	* (곱셈)	/ (나눗셈-몫)	% (나눗셈-나머지)

5) 논리 연산자(Boolean)

&& (그리고)	|| (또는)	! (부정)

6) 비교 연산자(Comparison)

==	!=	〈
〉	〈=	〉=

7) 조합 연산자(Compound)

++	--	+=
-=	*=	/=

8) 기타

;	{ }	//	/* */

9) 변수와 상수

(1) 상수 (Constants)

HIGH / LOW	INPUT / OUTPUT	true / false

(2) 데이터형

boolean	char	unsigned char	byte	int
unsigned int	word	long	unsigned long	short
float	double	string	array	void

(3) 변수 범위 및 기능 부여

static	volatile	const	scope

(4) 기타

cast	sizeof( )	PROGMEM

10) 아두이노에서 정의된 함수

(1) 디지털 신호 입 · 출력

pinMode (pin, mode)	digitalWrite (pin, value)	int digitalRead (pin)

(2) 아날로그 신호 입 · 출력

int analogRead (pin)	analogWrite (pin, value) - PWM

(3) 향상된 입 · 출력

shiftOut (dataPin, clockPin, bitOrder, value)	noTone()
unsigned long pulseln (pin, value)	Tone()

(4) 시간(Time)

unsigned long millis()	delay (ms)
delayMicroseconds(us)	unsigned log micros()

11) 수학 함수

min (x, y)	max (x, y)	abs (x, y)	constrain (x, a, b)
map (value, fromLow, fromHigh, toLow, toHigh)			
pow (base, exponent)		sqrt (x)	sq (x)

12) 삼각 함수

sin (rad)	cos (rad)	tan (rad)

13) 무작위 수

unsigned long randomSeed(seed)	long random(max)

14) 외부 인터럽트

attachInterrupt(digitalPinToInterrupt(pin), ISR, mode)
detachInterrupt()

15) 인터럽트

interrupts( )	noInterrupts( )

16) 시리얼 통신

Serial.begin (speed)	int Serial.available( )	int Serial.read( )
Serial.flush( )	Serial.print (data)	Serial.println (data)

3 아스키 코드(ASCII code) 소개

10진수	16진수	문자	10진수	16진수	문자	10진수	16진수	문자
0	0	NUL (null)	43	2B	+	86	56	V
1	1	SOH (start of heading)	44	2C	,	87	57	W
2	2	STX (start of text)	45	2D	-	88	58	X
3	3	ETX (end of text)	46	2E	.	89	59	Y
4	4	EOT (end of transmission)	47	2F	/	90	5A	Z
5	5	ENQ (enquiry)	48	30	0	91	5B	[
6	6	ACK (acknowledge)	49	31	1	92	5C	\
7	7	BEL (bell)	50	32	2	93	5D	]
8	8	BS (backspace)	51	33	3	94	5E	^
9	9	TAB (horizontal tab)	52	34	4	95	5F	_
10	A	LF (new line)	53	35	5	96	60	`
11	B	VT (vertical tab)	54	36	6	97	61	a
12	C	FF (new page)	55	37	7	98	62	b
13	D	CR (carriage return)	56	38	8	99	63	c
14	E	SO (shift out)	57	39	9	100	64	d
15	F	SI (shift in)	58	3A	:	101	65	e
16	10	DLE (data link escape)	59	3B	;	102	66	f
17	11	DC1 (device control 1)	60	3C	<	103	67	g
18	12	DC2 (device control 2)	61	3D	=	104	68	h
19	13	DC3 (device control 3)	62	3E	>	105	69	i
20	14	DC4 (device control 4)	63	3F	?	106	6A	j
21	15	NAK (negative acknowledge)	64	40	@	107	6B	k
22	16	SYN (synchronous idle)	65	41	A	108	6C	l
23	17	ETB (end of trans)	66	42	B	109	6D	m
24	18	CAN (cancel)	67	43	C	110	6E	n
25	19	EM (end of medium)	68	44	D	111	6F	o
26	1A	SUB (substitute)	69	45	E	112	70	p
27	1B	ESC (escape)	70	46	F	113	71	q
28	1C	FS (file separator)	71	47	G	114	72	r
29	1D	GS (group separator)	72	48	H	115	73	s
30	1E	RS (recode separator)	73	49	I	116	74	t
31	1F	US (unit sepaeator)	74	4A	J	117	75	u
32	20	Space	75	4B	K	118	76	v
33	21	!	76	4C	L	119	77	w
34	22	"	77	4D	M	120	78	x
35	23	#	78	4E	N	121	79	y
36	24	$	79	4F	O	122	7A	z
37	25	%	80	50	P	123	7B	{
38	26	&	81	51	Q	124	7C	|
39	27	'	82	52	R	125	7D	}
40	28	(	83	53	S	126	7E	~
41	29	)	84	54	T	127	7F	DEL
42	2A	*	85	55	U			

아스키 코드에서 대문자 A와 소문자 a에 대한 10진수와 16진수 값을 찾아보자. A에 대한 10진수 값은 65(육십오)이라고 읽고, 16진수 값은 41(사일)이라고 읽는다. 마찬가지로 소문자 a를 10진수로는 97(구십칠), 16진수 값은 61(육일)이라고 읽는다.

해당 문자	10진수 값	16진수 값
A	65	41
a	97	61

4 부품의 이해

아두이노에서 많이 사용되는 대표적인 출력 장치인 LED와 저항에 대해 살펴보자. 각 부품들에 대한 정확한 이해를 토대로 추후에 응용 시스템 설계 시 하드웨어 설계에 도움이 될 것이다.

1) LED(Light Emitting Diode) 소자

LED는 작은 불빛을 발산하는 반도체 소자인 다이오드의 한 종류로, 다양한 색상을 표현할 수 있는 여러 종류가 있다. 크기도 다양하며, 소비 전류가 적고 제어하기가 쉬워 흔하게 사용되는 대표적인 출력 소자이다.

다이오드와 마찬가지로 LED도 극성이 있다. 일반적으로 다리가 긴 쪽(애노드, Anode)이 양극(+), 짧은 쪽(캐소드, Cathode)이 음극(-)을 가리키며, 전류는 +에서 -로 흐르도록 회로를 구성한다.

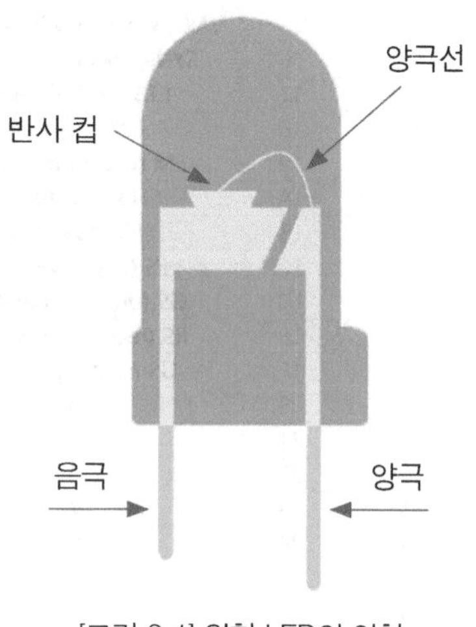

[그림 3-1] 원형 LED의 외형

【기억법】

다이오드의 다리가 커팅되면 길이로 극성을 판별하는 것은 불가능하다. 원형 플라스틱 안쪽을 보면 '반사 컵'이 보이는데 마치 '새 둥지'처럼 보이지 않는가? 어미 새가 알을 품는 둥지의 형상에서 '어미 새 = 암컷 = 음극'이라고 기억해 두자.

심볼은 아래와 같으며, 전류의 흐름을 이해한다.

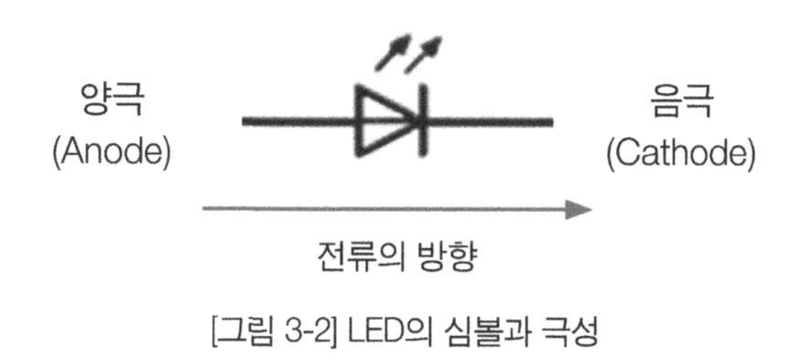

[그림 3-2] LED의 심볼과 극성

2) 저항(Resistor) 소자

저항 소자는 단어 의미에서 볼 수 있듯이 전압 차에 의해 전류가 흐를 때 전류의 양을 제어할 수 있는 흔하게 사용되는 소자이다. 저항의 값이 크다는 말은 상대적으로 크게 전류의 흐름을 방해한다.

색	첫 번째 줄	두 번째 줄	세 번째 줄	오차
검은색	0	0	1Ω	
갈색	1	1	10Ω	±1%
빨간색	2	2	100Ω	±2%
주황색	3	3	1KΩ	
노란색	4	4	10KΩ	
초록색	5	5	100KΩ	±0.5%
파란색	6	6	1MΩ	±0.25%
보라색	7	7	10MΩ	±0.1%
회색	8	8		±0.05%
하얀색	9	9		
금색			0.1Ω	±5%
은색			0.01Ω	±10%

[그림 3-3] 탄소 피막 저항의 색깔 띠별 값

[그림 3-3]은 대표적인 탄소 피막 막대 저항의 4색 띠별 저항값을 읽는 방법을 정리한 표이다. 그림처럼 저항의 색띠 중 금색(오차 ±5%)을 가장 우측에 두고 왼쪽부터 읽어 내려가야 한다. 일반적으로 많이 사용되는 탄소 피막 저항의 오차 범위는 5%('오 프로 저항'이라고 읽는다)와 1%('일 프로 저항'이라고 읽는다) 정도이다.

[그림 3-4]의 예를 보고 읽는 방법을 숙달하기 바란다.

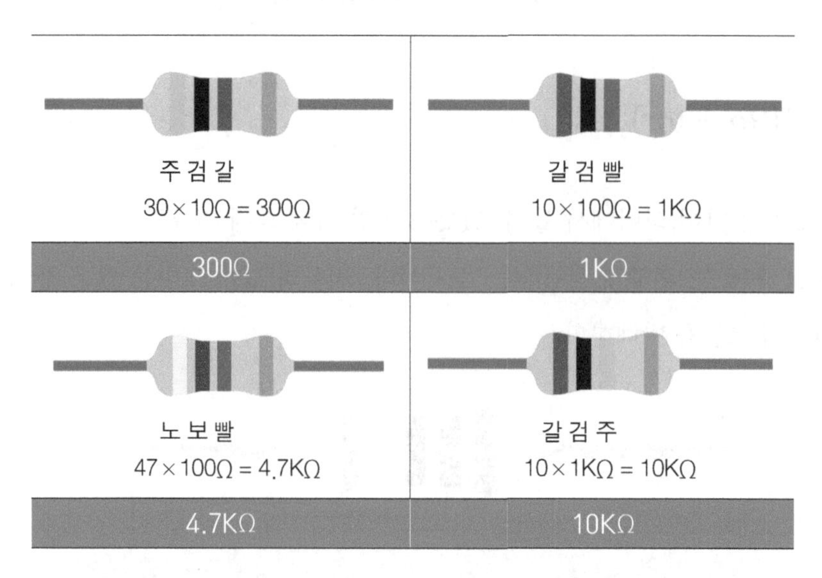

[그림 3-4] 5% 저항값 읽는 방법(우측 금띠: 5%)

3) LED와 저항으로 제어하기

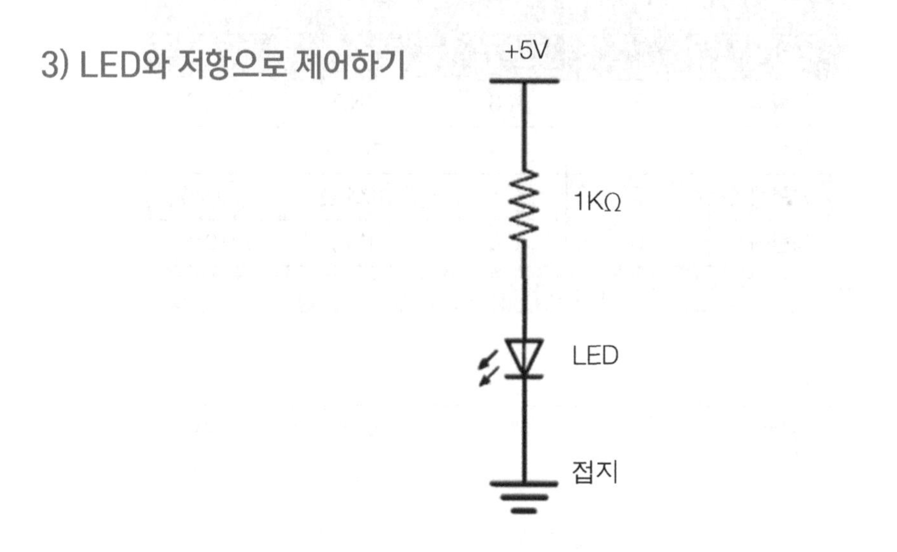

[그림 3-5] 항상 켜지는 LED와 저항의 회로도

위 그림은 전원 5V가 항상 인가되어 LED가 일정 밝기로 켜지는 완벽한 회로이다. 아두이노로 이 LED을 제어하기 위해서는 아래의 두 가지 방법으로 회로를 재구성할 수 있다. 마이컴으로 출력 장치인 LED를 제어해 봄으로써 입·출력 제어의 첫 단추를 끼우는 셈이다.

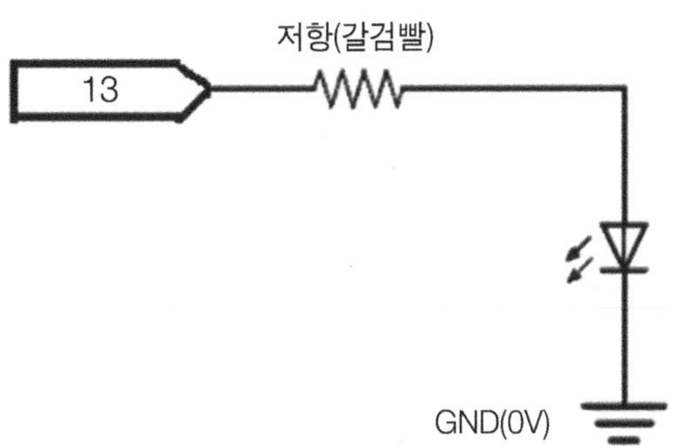

[그림 3-6] 디지털 핀 13번으로 LED 점멸

[그림 3-5]와 [그림 3-6]의 차이점은 저항 윗부분의 +5V를 13번 핀으로 대체한 것이다. 따라서 아두이노 13번 핀에 HIGH(+5V)를 출력하면 LED가 켜지고(ON), LOW(0V)를 출력하면 LED가 꺼질(OFF) 것이다.

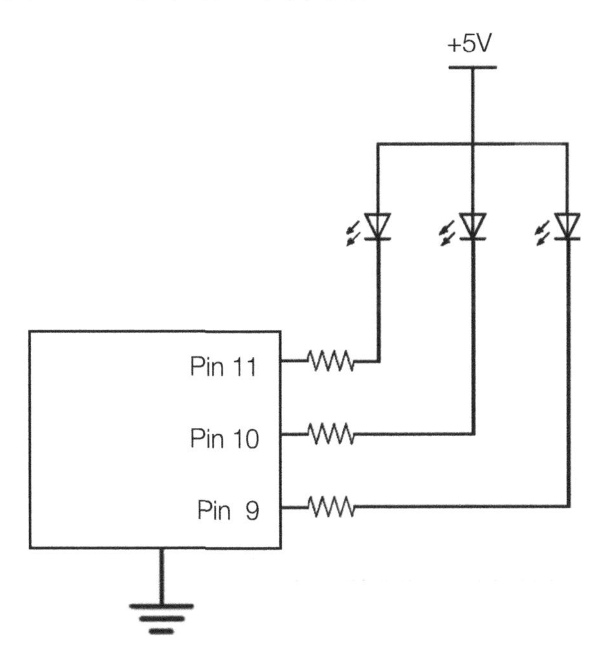

[그림 3-7] 디지털 9, 10, 11번 핀으로 LED 점멸

[그림 3-7]은 3개의 LED를 제어해 볼 수 있는 회로도이다. 위 [그림 3-6]와는 다르게 LED의 공통 접점이 +5V와 연결되어 있어서, 디지털 핀 9~11번 핀에 HIGH 신호를 출력하면 LED가 꺼지고(OFF), LOW 신호를 출력하면 켜지는(ON) 회로이다.

위 두 가지 회로 구성 방법 중 본인이 원하는 방법으로 회로를 구성하면 된다.

논리적 의미	전기적 의미	정(正) 논리 회로	부(不) 논리 회로
HIGH(1)	5V	LED 켜짐(ON)	LED 꺼짐(OFF)
LOW(0)	0V	LED 꺼짐(OFF)	LED 켜짐(ON)

[표 3-1] 정논리 회로와 부논리 회로 차이점

위 표에서 HIGH라는 논리적 의미가 실제 전기적으로는 +5V라는 일정 전압을 의미하고, HIGH(1 혹은 참)일 때, LED가 켜지면 '정 논리 방식'이라 하고, LOW일 때 LED가 켜지는 방식일 때 '부 논리 방식'이라 한다.

출력 신호가 HIGH이면 LED가 OFF 되는 논리 개념이 일반적이지 않지만, 마이컴으로 제어하는 방식에서는 이점도 있다. 마이컴의 입장에서는 LED를 ON하기 위해 5V를 유지하는 것보다는 0V를 만들어 LED 동작에 의한 전류를 흡수(싱크 전류, Sink current) 혹은 빼주는 개념이 되므로, 마이컴의 전류 소모를 줄여 주어 장시간의 시스템 동작 시보다 안정적이다.

PART 04

LEARN CODING WITH ARDUINO

나의 첫 번째 아두이노 스케치

1. 디지털 입 · 출력 제어
2. LED를 이용한 출력의 이해 및 활용
   1) LED 1개로 ON/OFF/Blink하기
   2) LED 4개로 ON/OFF/Blink하기
3. FND 장치의 이해 및 활용
   1) FND 장치 이해하기
   2) FND에 출력하기

나의 첫 번째 아두이노 스케치

1 디지털 입 · 출력 제어

아두이노 우노를 가지고 무엇을 제어할 것인가?

우노 보드와 같은 마이컴을 가지고 먼저 검토해 볼 내용은 기본 입 · 출력 제어이다. [그림 4-1]에서 상단의 14개 핀을 가지고, LED, 숫자 표시기(FND), 부저 출력, 모터 제어, 버튼을 통한 입력제어 등 다양한 실습을 통해 입 · 출력 제어를 해 볼 것이다.

디지털이란 앞서 언급했듯이, 각각의 핀 상태를 HIGH(1), LOW(0)를 만들어 주거나, 반대로 그 상태 값(0, 1)을 읽어서 명령을 처리해 줄 수 있게 해준다.

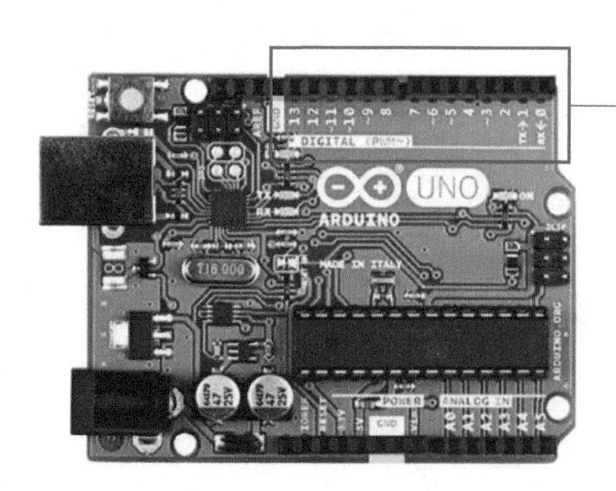

[그림 4-1] 디지털 입 · 출력 관련 핀들

아두이노에서 제공해 주는 다양한 디지털 입 · 출력 함수들을 활용해서 쉽게 코딩을 할 수 있고, 우노 보드에 연결 가능한 여러 장치들의 특성도 배울 수 있다. 본 교재에서 많은 장치를 적용해 확인해 볼 수는 없지만, 기본을 바르게 익히면 어렵지 않게 접근할 수 있을 것이다.

이번 장에서는 다음과 같은 장치들을 활용해 볼 것이다.

- LED를 이용한 출력의 이해 및 활용
- FND를 이용한 장치의 이해 및 활용

가장 기본적인 장치를 활용해 적용 범위를 확장해 응용해 볼 수 있다.

실습에 앞서, 자사에서 구매 가능한 '공두이노 베이스보드'(이하 '베이스보드'라 함)를 소개하고자 한다. 베이스보드를 사용하면 브레드보드를 사용하는 것보다 회로 검증 및 실수를 배제할 수 있어 코딩에 집중할 수 있는 장점이 있다. 하지만 베이스 보드 없이도 학습이 가능하도록 교재를 제작하였으며, 해당 배선의 회로도는 실제 베이스보드에 적용된 회로와 동일하게 꾸몄다. 베이스보드의 회로가 궁금하면 해당 예제의 배선 회로도를 참고하면 된다.

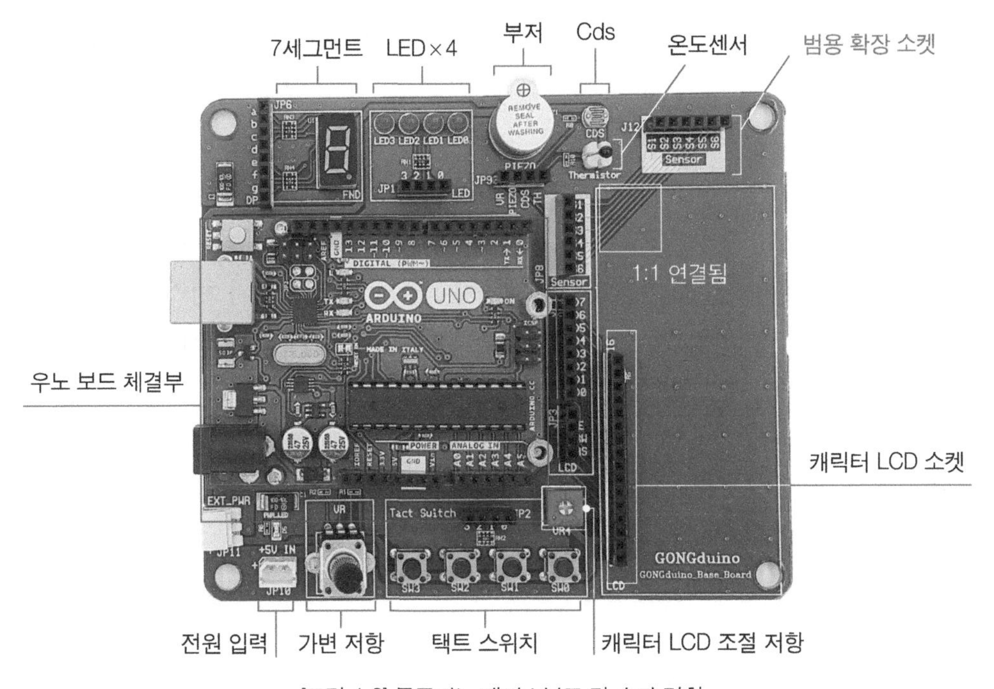

[그림 4-2] 공두이노 베이스보드 각 소자 명칭

[그림 4-2]의 전체적인 구성은 베이스보드에 우노 보드를 볼트 체결하여 사용하며, 우노 보드를 가지고 있다면 베이스보드만 구매하여 사용할 수 있다. 베이스보드를 구매해야 하는 부담은 있지만, 장점도 있다.

그림처럼 모든 입·출력 장치들이 하나의 보드에 실장되어 우노 보드와 부품의 소켓에 점퍼 와이어로 간편하게 연결하여 회로를 완성할 수 있다. 또한, 우노 보드의 부족한 전원(+5V)와 접지(GND)의 확장을 위해 같이 제공되는 미니 브레드보드를 베이스보드의 우측 캐릭터 LCD가 위치하는 부분에 붙여서 사용하면 편리하게 실습을 할 수 있다.

[그림 4-2] 우측 상단의 '범용 확장 소켓'은 다음과 같은 장점이 있다.

- 베이스보드에 포함되지 않은 부품이나 센서 모듈 등을 6핀 소켓에 꽂아서 사용하면 편리하다.
- 초음파 센서, 블루투스 모듈, 자이로 센서, GPS 센서 등 6핀 이하의 모듈을 꽂으면 편리하게 배선이 가능하다.

기타 6핀을 초과하는 모듈들은 미니 브레드보드를 베이스보드에 부착하여 사용하면 된다.

앞으로 예제를 설명할 때 베이스보드를 활용한 것과 베이스보드 없이 일반 브레드보드를 활용한 것을 순차적으로 설명한다. 다시 언급하지만, 베이스보드 없이도 브레드보드를 가지고 실습을 할 수 있기 때문에 베이스보드 준비가 어려우면, 베이스보드 활용 부분은 배제하고, 브레드보드를 활용한 부분부터 읽어 가면 된다. 실습 예제들은 베이스보드나 브레드보드 모두 동일하게 사용할 수 있다.

2 LED를 이용한 출력의 이해 및 활용

대표적인 출력 장치인 LED을 사용하여 아두이노 스케치를 작성해 보자. 실습을 하는 방법은 해당 준비물과 회로도 작성, 그리고 실행 결과를 확인하는 순서로 진행된다. 베이스보드 활용한 방법을 먼저 설명하고, 베이스보드 없이 브레드보드를 활용해서 회로를 꾸며 보는 방법으로 설명이 이루어진다.

1) LED 1개로 ON/OFF/Blink 하기

LED 1개로 ON/OFF/Blink 해보는 예제를 실습해 보자.

베이스보드 활용

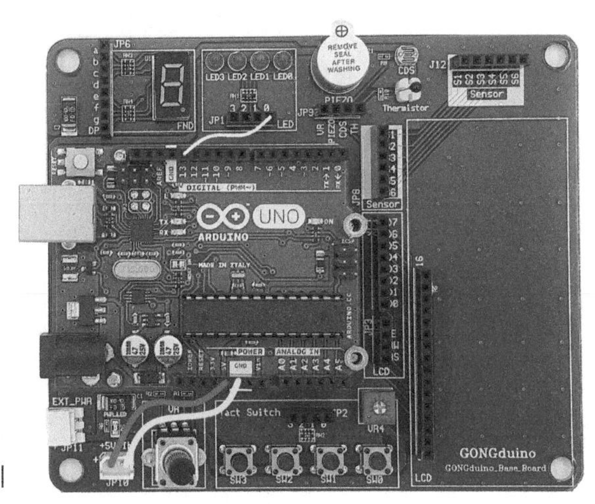

[그림 4-3] LED 0과 우노 13번 연결하기

배선은 점퍼 와이어로 [그림 4-3]과 같이 LED0와 우노의 13번 핀을 연결한다. 베이스보드와 우노 보드를 그림과 같이 2핀의 전원 케이블로 연결해야 한다. 베이스보드가 준비되어 있지 않다면, 다음의 브레드보드 활용으로 넘어가기 바란다.

앞으로 이러한 형식으로 베이스보드를 활용한 배선을 먼저 설명하고, 다음으로 브레드보드를 활용한 순서로 설명한다.

브레드보드 활용

【준비물】

아두이노 UNO 보드	브레드보드 1개	저항 300Ω 1개 / LED 1개

【배선 및 회로도】

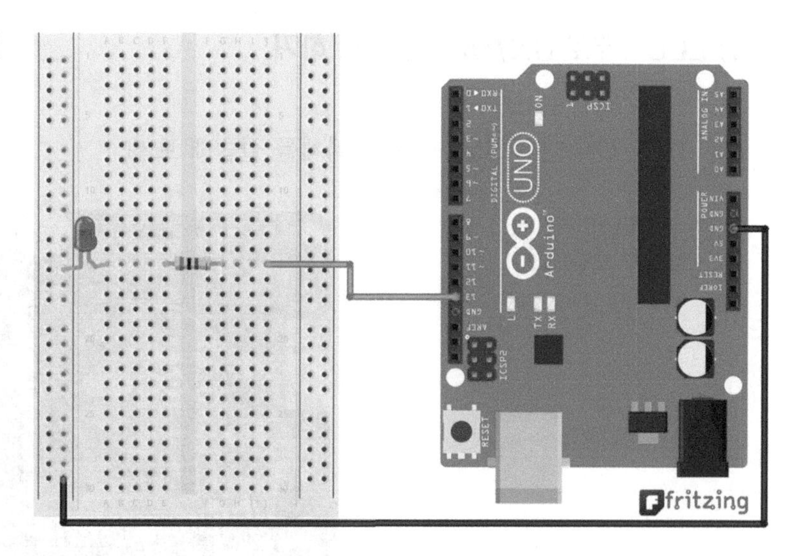

[그림 4-4] 우노에 LED와 저항 배선하기

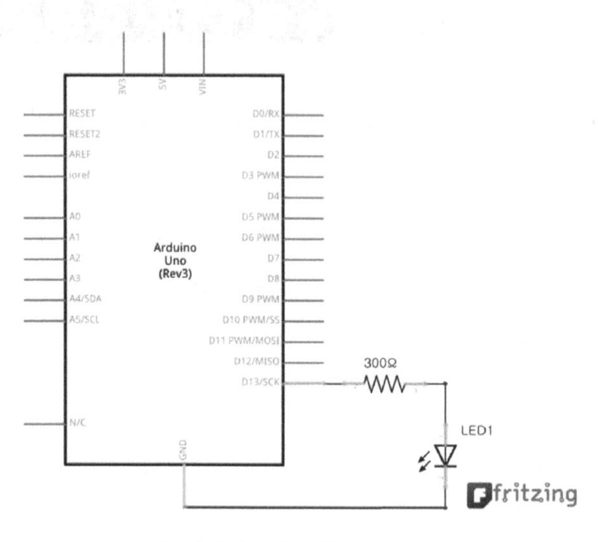

[그림 4-5] 배선 회로도

준비물을 위 표와 같이 준비하고, 점퍼 와이어를 이용해 배선한다. (점퍼 와이어는 준비물에서 생략했음)

[그림 4-4]와 같이 브레드보드에 회로를 배선한다. LED가 정 논리 방식으로 연결되었으며, 예상컨대 디지털 핀 13번에 HIGH를 출력하면 LED가 ON 될 것이다.

위 [그림 4-5]의 회로도는 실제로 베이스보드의 회로 결선과 동일하게 꾸몄다. 베이스보드를 사용할 때 이 회로도를 참고하면 된다.

연습 예제 4.1

배선을 완료하고, 아래의 코드를 아두이노 IDE에서 작성한 뒤 컴파일 문제가 없으면 업로드한다. 파일명은 Blink로 저장한다. (ino는 자동 생성되며, 생략해야 한다.)

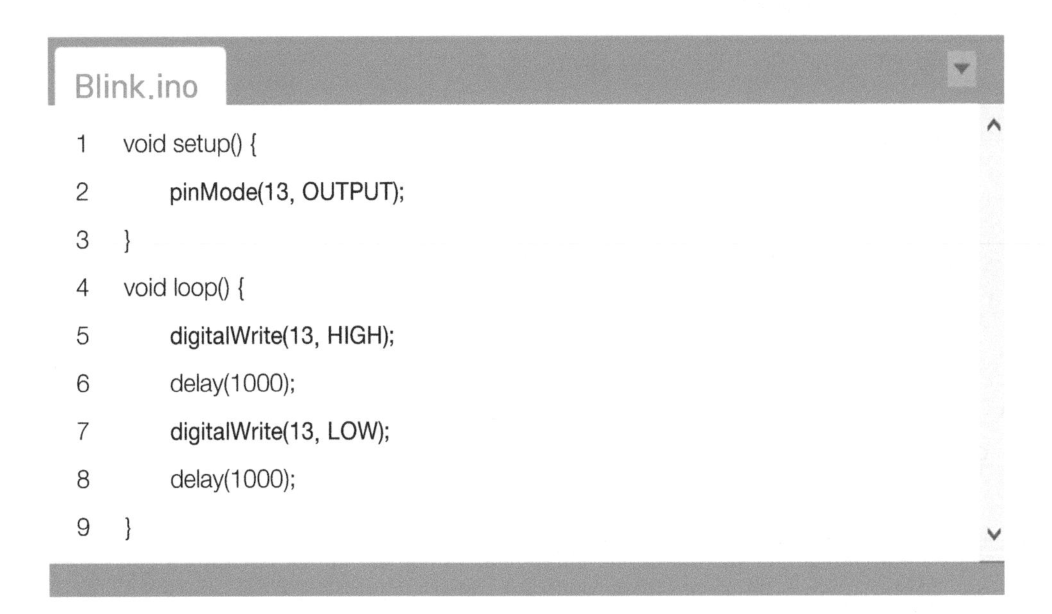

Blink.ino

```
1   void setup() {
2       pinMode(13, OUTPUT);
3   }
4   void loop() {
5       digitalWrite(13, HIGH);
6       delay(1000);
7       digitalWrite(13, LOW);
8       delay(1000);
9   }
```

1: setup() 함수 시작
2: 디지털 입·출력 핀 13번을 출력 모드로 설정
3: setup() 함수 종료
4: loop() 함수의 시작, 내부의 명령이 무한 반복
5: 디지털 입·출력 핀 13번에 HIGH('1') 출력 (LED 켜짐)
6: 1000ms(1초) 동안 시간 지연
7: 디지털 입·출력 핀 13번에 LOW('0') 출력 (LED 꺼짐)
8: 1000ms(1초) 동안 시간 지연
9: loop() 함수의 끝

delay (ms)

지정한 밀리초(ms, 1/1000초 단위)만큼 프로그램의 수행을 지연한다. 시간의 지정은 unsigned long (0-4,294,967,295, $2^{32}-1$)까지 가능하다.

pinMode (pin, mode)

지정한 pin을 입력(INPUT) 또는 출력(OUTPUT)으로 설정한다. 입력일 때는 일반 입력(INPUT)과 내부 풀업 저항을 사용하는 풀업 입력(INPUT_ PULLUP)의 사용이 가능하다.

digitalWrite (pin, value)

디지털 출력 pin에 HIGH 또는 LOW 값(value)을 출력한다.

실행 결과

이 예제에서는 pinMode()함수와 digitalWrite() 함수를 배웠다.
13번 핀에 연결한 LED와 우노 보드의 LED 1개가 동시에 깜박거림을 확인할 수 있다. 우노 보드의 LED는 13번 핀과 연결되어 있어, 디버깅용으로 사용하면 좋을 것이다.
이외의 나머지 디지털 핀도 코드를 수정하면서 확인해 보자.

연습 예제 4.2

배선은 예제 4.1과 동일하고, 반복문 for()문을 이용한 코드를 배워 보자.
for( )문을 사용하여 13번 핀의 LED를 3번 깜빡인 후에 정지시켜 본다.

Blink_for.ino

```
1  void setup() {
2          pinMode(13, OUTPUT);
3  }
4  void loop() {
5      for (int i=0; i<3; i++){
6                      digitalWrite(13, HIGH);
7                      delay(500);
8                      digitalWrite(13, LOW);
9                      delay(500);
10         }
11         while(1);
12 }
```

1: setup() 함수 시작　　　　　　　2: 디지털 입 · 출력 핀 13번을 출력모드로 설정

3: setup() 함수 종료　　　　　　　4: loop() 함수 시작

5: for문 - int i=0 (초깃값), i<3 (반복 조건), i++(1씩 증가)

6: 디지털 입 · 출력 핀 13번에 HIGH('1') 출력 (LED 켜짐)

7: 500ms(0.5초) 시간 지연

8: 디지털 입 · 출력 핀 13번에 LOW('0') 출력 (LED 꺼짐)

9: 500ms(0.5)초 시간 지연

10: for( ) 함수의 끝, 총 3회 반복함(i가 0, 1, 2일 때만 for()문을 수행함)

11: LED 꺼진 상태(정지)

12: loop( ) 함수 종료

실행 결과

while()의 괄호 안이 1(참)이므로, 프로그램은 코드 11라인에서 더 이상 진행하지 못하고 멈춘다.

2) LED 4개로 ON/OFF/Blink 하기

다수개의 LED를 제어하는 스케치를 작성해 본다. 위에서 배선했던 1쌍의 LED와 저항을 반복적으로 4쌍을 만들어 보자.

아두이노 코딩을 통해서 C-언어 문법을 배울 수 있는 장점이 있다. 아래 코드에서는 배열과 for() 반복문이 사용된다.

베이스보드 활용

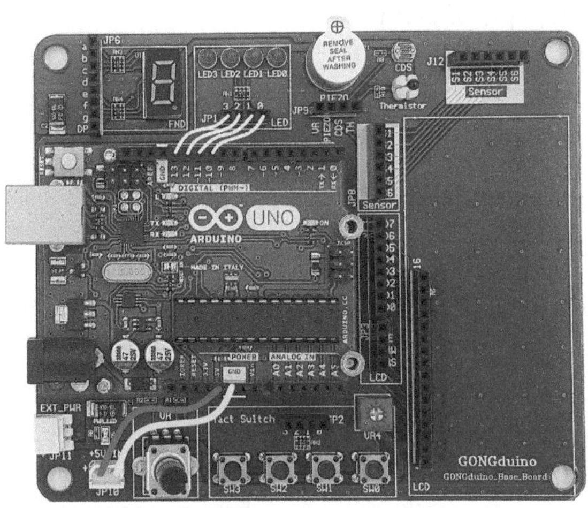

[그림 4-6] LED0 ~ LED3과 우노 연결하기

배선은 점퍼 와이어로 [그림 4-6]과 같이 LED0~LED3과 우노의 4핀을 연결한다. 베이스보드와 우노 보드를 그림과 같이 전원 케이블(+5V, GND)로 연결해야 한다. 다음 표와 같이 4선을 연결하고 베이스보드를 사용하면 배선 시간을 줄일 수 있다.

우노 보드	출력 방향	베이스보드
10번 핀	→	LED 0
11번 핀	→	LED 1
12번 핀	→	LED 2
13번 핀	→	LED 3

브레드보드 활용

【준비물】

아두이노 UNO 보드	브레드보드 1개	저항 300Ω 4개 / LED 4개

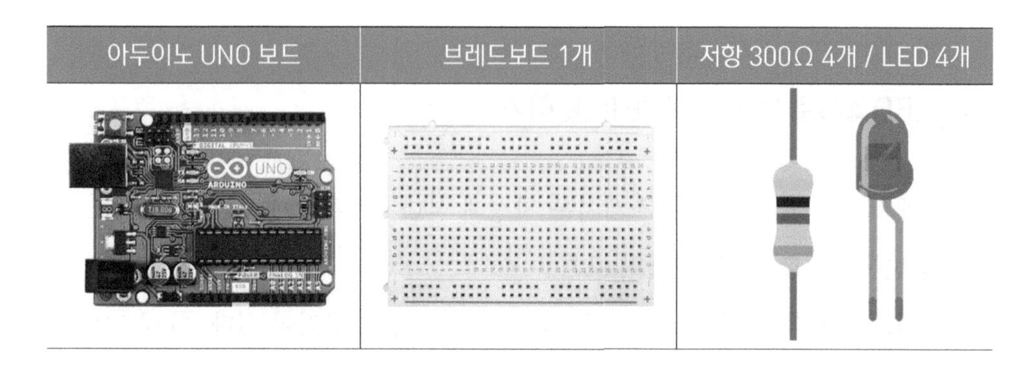

【배선 및 회로도】

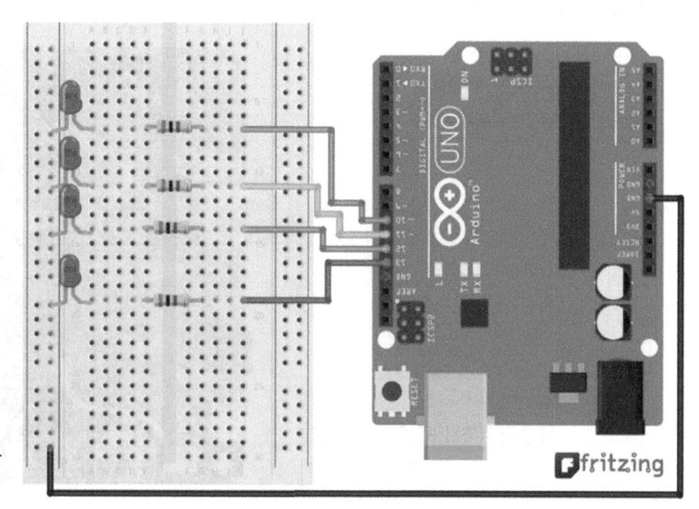

[그림 4-7] 우노에 LED 4개와 저항 배선하기

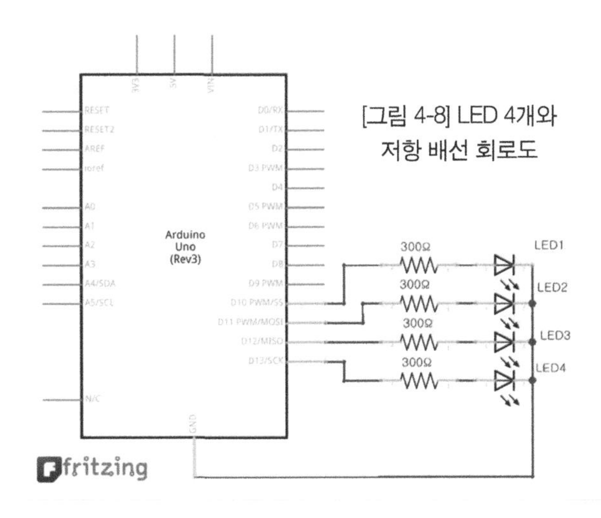

[그림 4-8] LED 4개와 저항 배선 회로도

심화 예제 4.3 ~ 4.6

심화 예제 4.3부터 4.6은 위에서 배선한 동일한 하드웨어를 가지고 서로 다른 3가지 소스를 살펴보자. 각 코드마다 '공동_setup.ino'를 추가하여 코드를 누락 없이 완성하기 바란다. (자료 별도 제공)

3 FND 장치의 이해 및 활용

LED가 다수개 사용되는 대표적인 소자인 FND에 대해 배워 보자.

1) FND 장치 이해하기

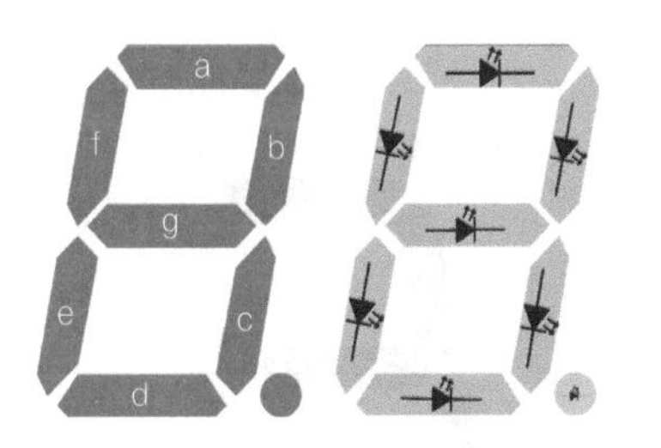

[그림 4-9] 7 세그먼트의 각 부분 이름과 LED 배열

FND(Flexible Numeric Display) 또는 7-세그먼트라고 불리는 부품에 대해 알아보자. LED 7개가 모여 숫자(0~9)를 표시할 수도 있고, 몇 가지 문자(A~F)도 만들 수 있다. 가격이 저렴하고 어두운 장소에서도 상태 관찰이 가능하므로 많이 사용된다. 일반적으로 7개의 세그먼트에 1개의 점(DOT)까지 하여 8개의 LED로 구성되어 있다.

[그림 4-9]와 같이 7개의 LED가 '8'의 숫자 모양으로 배치되어 있으며, 8개의 LED는 a, b, c, d, e, f, g, DP의 이름으로 불리고 위와 같이 배치되어 있다.

FND의 8개 LED는 한쪽 극성이 공통으로 묶여 있는데, Cathode(-)가 공통으로 묶여 있으면 공통 음극형(Common-Cathode)이라 하고, Anode(+)가 공통으로 묶여 있으면 공통 양극형(Common-Anode)이라 한다.

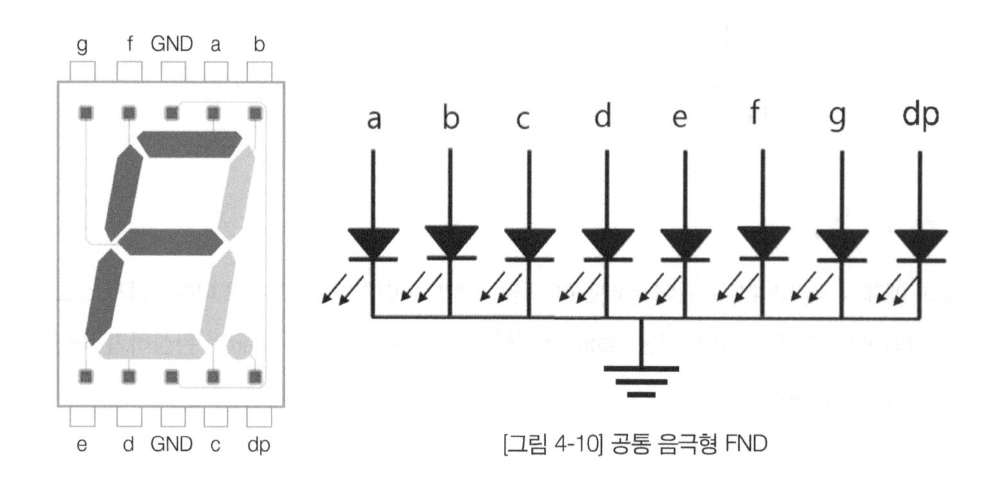

[그림 4-10] 공통 음극형 FND

[그림 4-10]은 공통 음극형 FND 소자의 실제 핀 배열과 내부의 회로도를 보여주고 있다. 브레드보드에 직접 FND를 꽂아서 실습할 경우에 좌측의 핀 번호를 참고하여 배선해야 한다(가운데 핀이 GND). 여러분들이 가지고 있는 FND의 종류를 확인해야 한다.

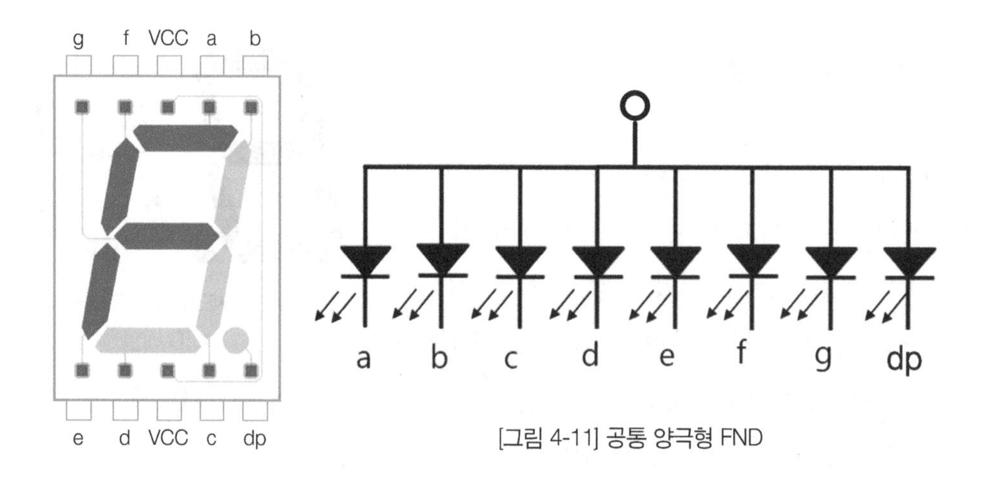

[그림 4-11] 공통 양극형 FND

[그림 4-11]은 공통 양극형 FND의 핀 배열과 회로도를 보여주고 있다. 가운데의 공통 단자가 VCC라는 것을 제외하고는 핀 배열이 [그림 4-10]의 음극형과 동일하다.

숫자	FND	a	b	c	d	e	f	g	DP	16진수
0		0	0	0	0	0	0	1	1	0x03
1		1	0	0	1	1	1	1	1	0x9f
2		0	0	1	0	0	1	0	1	0x25
3		0	0	0	0	1	1	0	1	0x0d
4		1	0	0	1	1	0	0	1	0x99
5		0	1	0	0	1	0	0	1	0x49
6		0	1	0	0	0	0	0	1	0x41
7		0	0	0	1	1	1	1	1	0x1f
8		0	0	0	0	0	0	0	1	0x01
9		0	0	0	1	1	0	0	1	0x19

[표 4-1] FND가 공통 양극(common-Anode)일 때의 진리표

[표 4-1]은 공통 양극의 FND일 때의 진리표이다. 0~9까지의 숫자를 표시할 때 해당 LED 8개의 출력 상태를 보여주고 있다. 우측의 16진수 값을 사용하여 코드에서 활용할 수 있다. 앞서 말한 것처럼 LOW(GND)를 인가해야 LED가 켜짐에 주의하자.

참고로 베이스보드의 FND는 이와 같은 공통 양극형이며, 공통 단자가 +5V에 연결되어 있다. 코드 작성시 이 점을 유의하면서 작성하기 바란다. 즉 LED를 켜기(ON) 위해서는 우노에서 LOW(0V)를 출력해야 한다.

2) FND에 출력하기

숫자 0~9의 값을 FND에 출력하는 아두이노 스케치 작성을 해보자.

실습을 하는 방법은 해당 준비물과 회로도 분석, 그리고 실행 결과를 확인하는 순서로 진행된다. 준비물과 회로 배선은 공두이노 베이스보드를 사용할 경우와 브레드보드를 사용할 경우로 나누어 진행한다.

베이스보드 활용

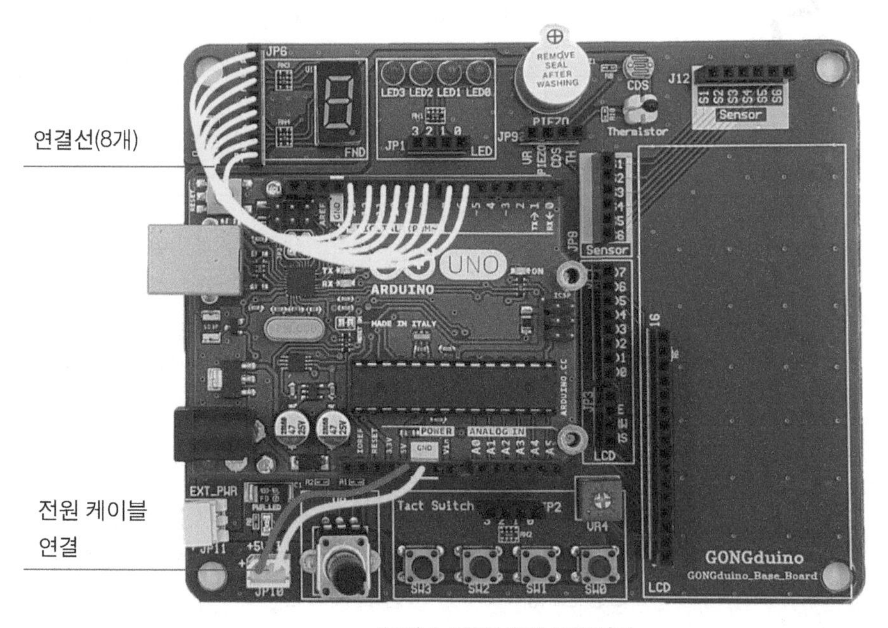

[그림 4-12] FND와 연결하기

베이스보드의 FND는 공통 양극(common-Anode) 타입이다. 만약 브레드보드를 사용할 경우 본인이 가지고 있는 FND가 어느 타입인지를 확인해서 배선 및 스케치를 작성해야 한다.

우노 보드	출력 방향	베이스 보드
6번 핀	→	FND a
7번 핀	→	FND b
8번 핀	→	FND c
9번 핀	→	FND d
10번 핀	→	FND e
11번 핀	→	FND f
12번 핀	→	FND g
13번 핀	→	FND DP

브레드보드 활용

【준비물】

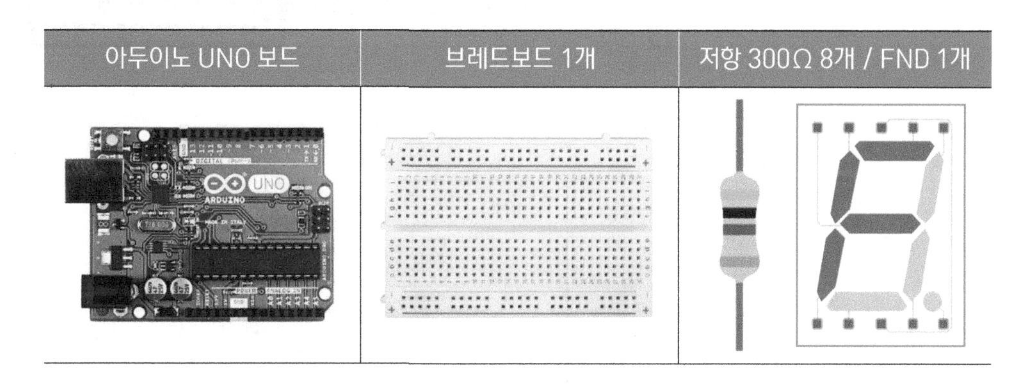

아두이노 UNO 보드	브레드보드 1개	저항 300Ω 8개 / FND 1개

【배선 및 회로도】

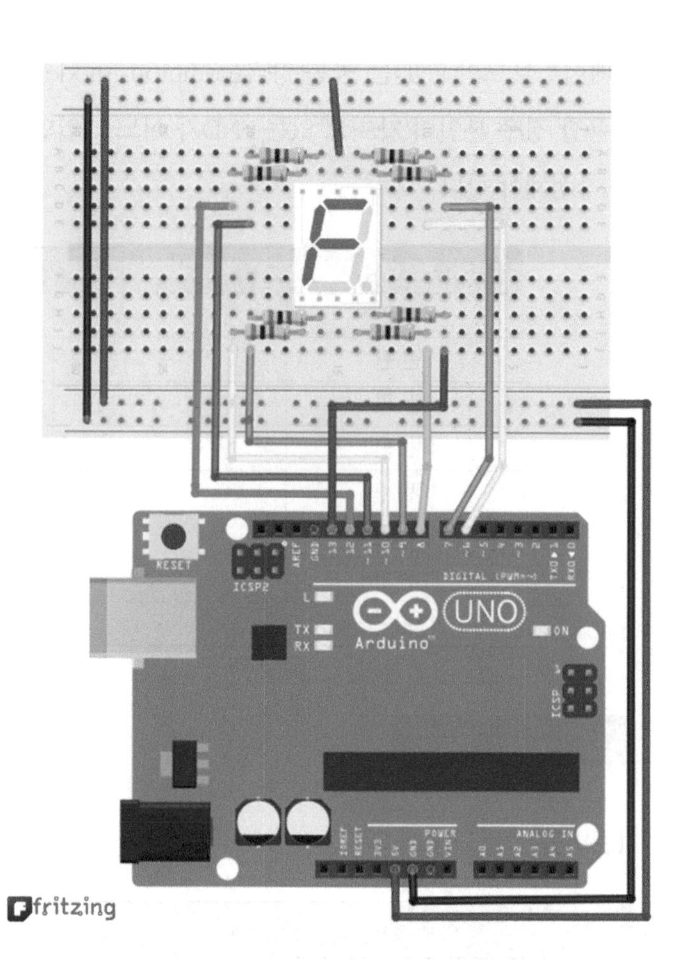

[그림 4-13] FND 배선하기

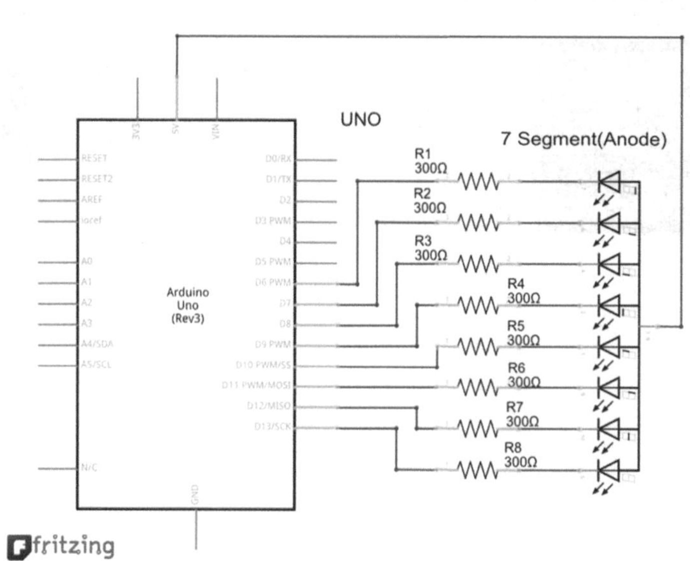

[그림 4-14] FND 배선 회로도

[그림 4-13]은 공통 양극형(Common-Anode) 7-세그먼트를 가지고 회로를 구성하였다. 이 회로는 베이스보드와 동일한 부품으로 작성했기 때문에 참고하기 바라며, 본인이 가지고 있는 부품의 극성에 맞게 [그림 4-10]과 [그림 4-11]을 참고하여 배선해야 한다.

연습 예제 4.7

FND에 숫자 '0'을 표시하는 스케치를 작성한다. 이 코드는 [그림 4-13]처럼 FND가 부논리(common-Anode 사용시) 특성을 가진 경우이다.

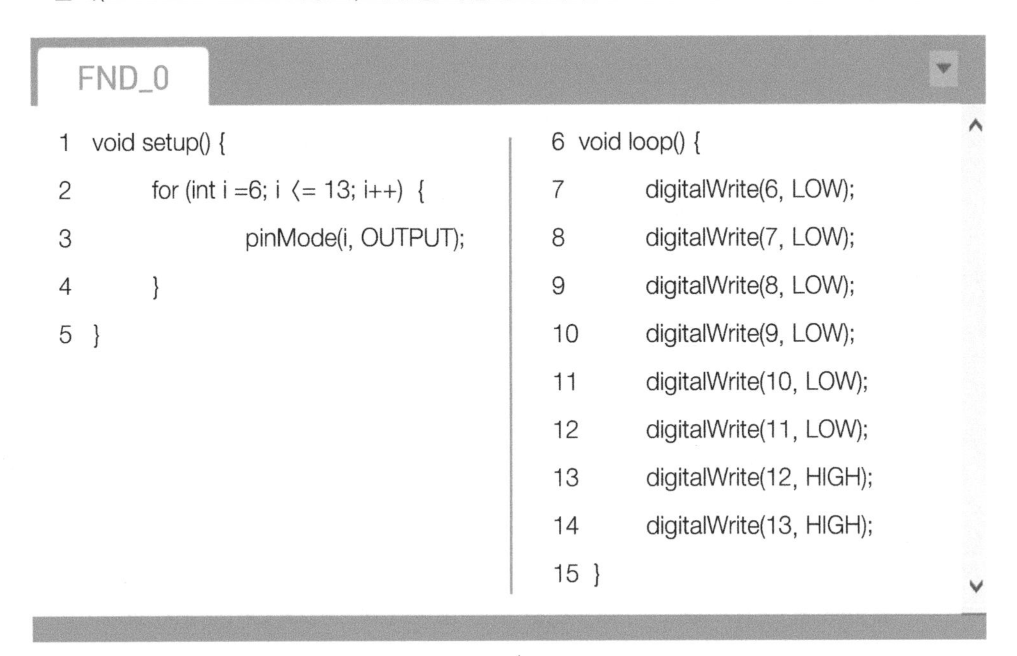

FND_0

```
1  void setup() {
2      for (int i =6; i <= 13; i++)  {
3          pinMode(i, OUTPUT);
4      }
5  }

6  void loop() {
7      digitalWrite(6, LOW);
8      digitalWrite(7, LOW);
9      digitalWrite(8, LOW);
10     digitalWrite(9, LOW);
11     digitalWrite(10, LOW);
12     digitalWrite(11, LOW);
13     digitalWrite(12, HIGH);
14     digitalWrite(13, HIGH);
15 }
```

1~5 : 우노의 핀 번호 6~13번까지를 출력으로 설정

6: loop( ) 함수의 시작, 내부의 명령이 무한 반복

7~12: 디지털 입 · 출력 핀 6번~11번 핀에 LOW("0") 출력 (LED ON)

13~14: 디지털 입 · 출력 핀 12번과 13번 핀에 HIGH("1") 출력 (LED OFF)

15: loop 함수의 끝

실행 결과

만약, 본인이 가지고 있는 FND의 타입이 공통 음극(common-Cathode)일 경우에는 [그림 4-10]을 참고하여 배선을 해주고, 코드는 다음과 같이 변경해 주어야 한다.

```
7      digitalWrite(6, HIGH);
8      digitalWrite(7, HIGH);
9      digitalWrite(8, HIGH);
10     digitalWrite(9, HIGH);
11     digitalWrite(10, HIGH);
12     digitalWrite(11, HIGH);
13     digitalWrite(12, LOW);
14     digitalWrite(13, LOW);
```

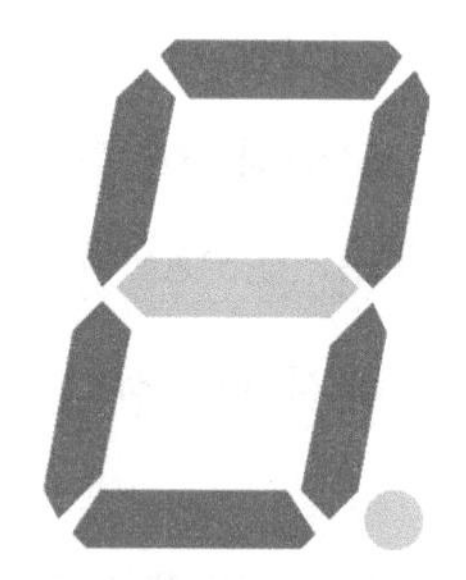

연습 예제 4.8

위 [표 4-1]을 참고하여 FND에 1초마다 숫자 '0'부터 '9'까지 반복 표시해 보자. **'중첩 for( ) 반복문(Nested for)'**이 사용되었고, FND에 출력될 각 숫자의 16진수의 값을 배열에 저장한 것에 주목하자. 사용된 FND는 공통 양극형(common-Anode)이다.

FND_for

```
1   void setup() {
2       for (int i = 6; i <= 13; i++)
            pinMode(i, OUTPUT);
3   }
4   void loop() {
5    unsigned int fnd[] = {0x03, 0x9f, 0x25, 0x0d, 0x99, 0x49, 0x41, 0x1f, 0x01, 0x19};
6       for (int j = 0; j <= 9; j++) {
7           for (int i = 2; i <= 9; i++) {
8               if (bitRead(fnd[j], 9-i)){
                    digitalWrite(i+4, HIGH);}
9               else
                    {digitalWrite(i+4, LOW);}
10      }
11      delay(1000);
12    }
13  }
```

1~3 : 우노의 핀 번호 6~13번까지를 출력으로 설정

5: [표 4-1]에서 FND의 0~9에 해당하는 진리표의 16진수 값을 배열에 저장

6: fnd[ ] 배열의 fnd[0]~fnd[9]까지의 변수를 가리키기 위한 반목문 시작

7: 해당 fnd[ ] 변수에 저장된 값의 bit별 위치를 가리키기 위한 반복문 시작

8: bitRead(x,n) 함수를 사용하여 데이터 x의 해당 각 bit(0혹은 1)의 값을 읽는다. 해당 비트가 1이면 if(1)이 되어 HIGH 출력(LED OFF)한다. 또한, j 변수는 fnd[ ] 배열의 8개의 16진수 값을 가리킨다.

9: 해당 비트가 0이면 디지털 입·출력 핀 (i+4)번에 LOW("0") 출력(LED ON), (i+4)는 디지털 입·출력 핀이 6번(2+4)에서 13번(9+4)까지이기 때문이다. 또한, i 변수는 우노의 디지털 출력핀 6번~13번까지를 가리킨다.

실행 결과

위 예제는 공통 양극의 FND를 적용한 경우이지만, 만약 공통 음극의 FND를 사용할 경우에는 위 코드를 어떻게 변경해야 할까? [표 4-1]처럼 모든 LED 자리의 0을 1로, 1을 0으로 변경해서 16진수 값을 얻어 코드 5번째 줄에 있는 fnd[ ] 배열 내의 값을 변경해 주어야 한다. 하지만 매번 FND소자의 공통 극성에 맞춰 소스 코드의 수정이 불편하다면,

```
8           if (bitRead(fnd[j], 9-i)){
                  digitalWrite(i+4, LOW);}
9           else
                  {digitalWrite(i+4, HIGH);}
```

기교적으로 위와 같이 수정을 해서 확인해 보면 정상 동작할 것이다.

다음은 아두이노 지원 함수 중 위에서 사용된 bitRead( ) 함수에 대해 알아보자. bitRead (x, n) 함수는 x의 변수 또는 숫자에서 n번째 비트값을 읽어온다.

1 byte의 bit번호	7	6	5	4	3	2	1	0
fnd[0]=0x03	0	0	0	0	0	0	1	1
FND의 위치	a	b	c	d	e	f	g	DP
우노 핀 번호	6	7	8	9	10	11	12	13
LED ON/OFF	ON	ON	ON	ON	ON	ON	OFF	OFF

fnd[0]에 저장되는 값은 16진수 0x03이며, 표에서 보는 바와 같이 2진수(00000011)의 값으로 저장된다. bitRead(fnd[0],1)의 의미는 bit 번호 1의 값은 1이 되고, bitRead(fnd[0],7)은 bit 번호 7의 값은 0이 된다. FND가 공통 양극이기 때문에 함수의 결괏값이 1이면 OFF, 0이면 ON시킨다. 위 표의 결과는 아래와 같고, 이 결과는 연습 예제 4.7과 같을 것이다.

그리고 for( )문 안에 for( )문이 포함된 '중첩된(Nested) 반복문'이 사용되었다. bitRead(x, n)와 같이 두 개의 변수를 반복적으로 읽고(x), 판단(n)할 때 자주 사용되는 구문으로 이 예제를 통해 암기를 하는 것도 좋다. 마치 영어 구문을 암기하는 것처럼 말이다.

연습 예제 4.9

숫자 '0'부터 '9', 알파벳 'A'부터 'F'까지 16진수에서 사용되는 문자를 1초마다 계속해서 FND에 표시하는 프로그램을 작성해 보자. 아래의 내용을 참고하고, 여러분들의 몫으로 남긴다.

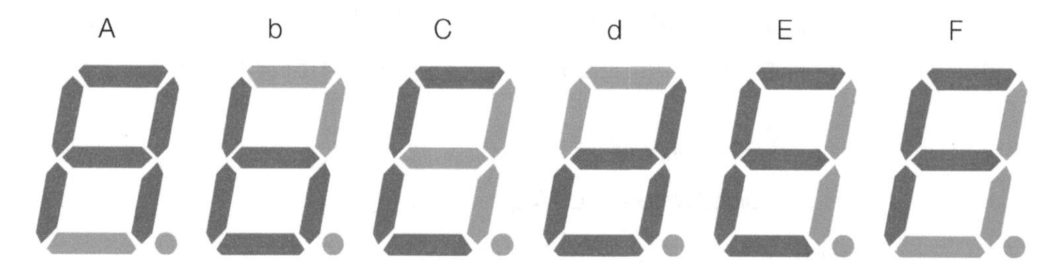

[그림 4-15] 16진수 문자 중 추가해야 할 문자 6가지

위 그림에서 제시한 글자를 참조하여 코드 라인 5의 fnd[10]에 6가지를 추가하여 fnd[16]을 완성한다.

```
5    unsigned int fnd[] = {0x03, 0x9f, 0x25, 0x0d, 0x99, 0x49, 0x41, 0x1f, 0x01, 0x19};
```

또한, 16개의 문자를 출력해야 하기 때문에 아래의 코드 라인 6에서 9를 15로 수정해 주어야 한다.

```
6      for (int j = 0; j <= 9; j++) {
```

PART

05

LEARN CODING WITH ARDUINO

디지털 신호 입력

1. 스위치 입력 장치 이해하기
2. 스위치 입력 회로 만들기
3. 스위치로 LED 켜고 끄기
4. 다수의 스위치와 LED 제어하기
5. 스위치 입력과 FND 출력 장치 제어

디지털 신호 입력

앞서 4장에서 디지털 신호 출력에 대해 배웠다. 출력 장치인 LED, FND 소자를 통해 아두이노 함수인 digitalWrite()에 해당하는 내용들이었다. 이번 장에서는 대표적인 입력 장치인 스위치를 통해 digitalRead()함수에 대해서 배워 보자.

1 스위치 입력 장치 이해하기

출력 장치를 제어하기 위해 마이컴 출력 핀에 HIGH(5V), LOW(0V)의 상태를 출력했듯이 입력 장치의 신호도 마찬가지로 HIGH, LOW 상태로 읽어 들인다. 이러한 기능을 위해 사용되는 대표적인 입력 장치가 스위치(Switch)이다. 스위치는 여러 가지 종류가 있으며, 각각의 쓰임새가 있다.

택트(Tact) 스위치

슬라이드(Slide) 스위치

로커(Rocker) 스위치

딥(Dip) 스위치

푸시(Push) 스위치

토글(Toggle) 스위치

[그림 5-1] 다양한 스위치 종류

1) 택트 스위치

촉감적인(Tactile)인 스위치라는 의미로 누르면 "딸깍" 소리와 함께 금속 박판의 접점이 생긴다.

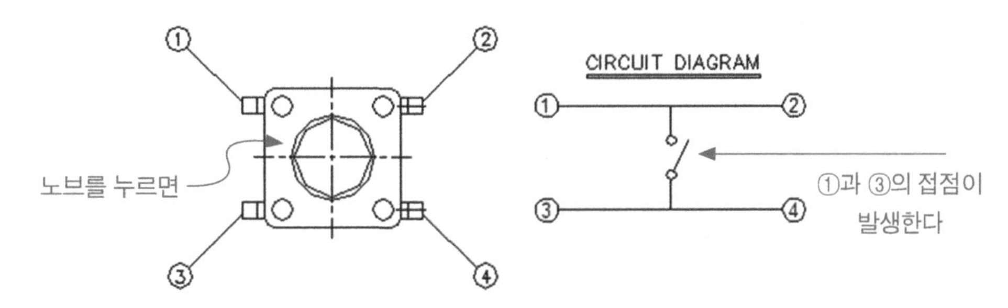

[그림 5-2] 택트 스위치의 내부 구조(eastern전자 제공)

[그림 5-2]의 좌측은 위에서 내려다본 실제 도면이고, 오른쪽은 누르기 전의 내부의 금속 연결 상태(OFF)를 보여준다. 가운데의 검은색 플라스틱 부분(Knob)을 누르면 위아래의 회로가 연결(ON)되는 형식이다. 손을 떼면 회로는 다시 누르기 전의 모습으로 되돌아간다. 아두이노에서 많이 사용되는 스위치이므로 내부 연결 상태를 잘 이해하고, 브레드보드 등에 사용할 때 배선에 유의해야 한다.

2) 슬라이드 스위치

[그림 5-3]의 좌측은 슬라이드 스위치를 위에서 본 그림(①)이며, 빗금친 부분이 노브(Knob)가 되고 사이즈 정보가 나와 있다. (단위: mm)

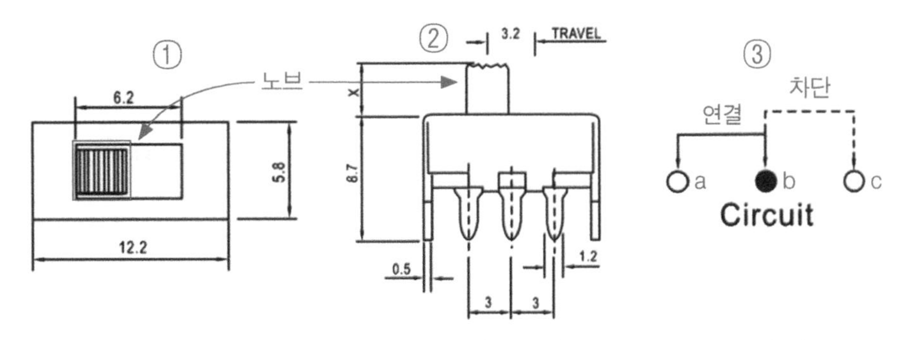

[그림 5-3] 슬라이드 스위치의 상단(①) 및 측면(②)과 내부 회로(③)(eastern전자 제공)

오른쪽 그림(③)은 내부 연결 상태를 보여주는데, 좌측 그림(①)처럼 노브가 왼쪽에 위치하면 우측의 내부 회로(③)는 실선 상태의 접점(a-b)이 되고, 우측(b-c)은 연결이 되지 않는다. 반대로 노브를 오른쪽으로 이동(Travel)하면 점선 부분(b-c)이 연결된다. 브레드보드 등에서 사용할 때는 내부 회로(③)처럼 a-b 혹은 b-c에 회로를 연결해 사용하면 된다.

3) 로커 스위치

전원(Power)용의 스위치로 많이 사용된다. 높은 전류에도 강한 특성이 있어, 전기 제어 시스템의 전원 ON/OFF용으로 사용된다. 사용되는 전기적 환경에 맞춰 허용 전류 및 전압 환경을 고려해 사용해야 한다.

4) 딥 스위치

딥 스위치는 'DIP digital code switch'라는 풀네임을 가지고 있다. 딥 스위치는 슬라이드 형태의 스위치가 다수 개 포함되어 있다고 생각하면 된다. 하지만 노브가 무척 작아 ON/OFF 트레블(Travel) 시 볼펜이나 핀셋 등으로 조작해야 하는 불편한 점이 있다. 이 스위치는 노브가 작지만, 'digital code'라는 의미처럼, 다수 개의 스위치를 가지고 있어 초기 설정을 할 때 유용하게 사용되고 있다.

5) 푸시 스위치

택트 스위치와 같이 스위치를 누르면 접점이 되는 구조로 되어 있으며, 비상 스위치 등에서 많이 볼 수 있는 잠금(LOCK) 기능이 있는 푸시스탑(PUSH-STOP) 스위치도 있다.

6) 토글 스위치

전원용으로 많이 사용되며, 슬라이드 스위치보다 구조적으로 강하고, 로커 스위치와 유사한 특징을 가진다.

2 스위치 입력 회로 만들기

저항과 택트 스위치로 디지털 입력 회로를 구성해 보자.

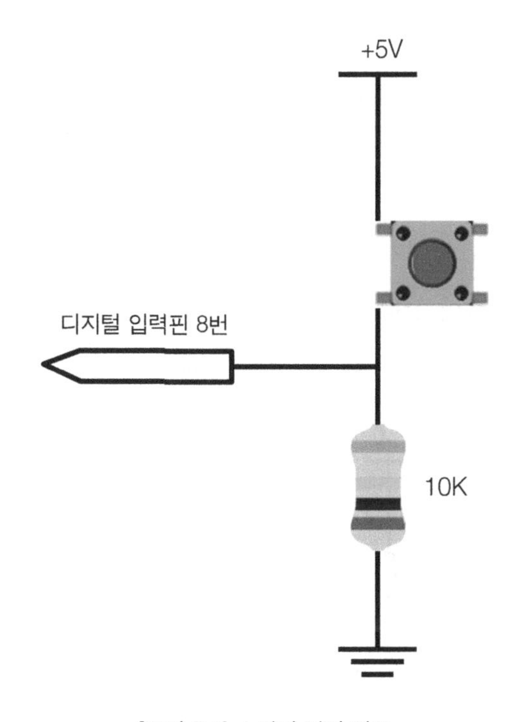

[그림 5-4] 스위치 입력 회로

[그림 5-4]는 실제 부품 이미지로 스위치 입력 회로를 구성하였다. 택트 스위치의 경우 연결 부위를 주의 깊게 살펴보고 연결하고, 디지털 입력 핀은 스위치와 저항의 접점에서 우노 보드의 디지털 입 · 출력 핀(예를 들면 8번 핀)에 연결한다.

이 8번 핀을 출력이 아닌 입력 핀으로 사용할 것이다.

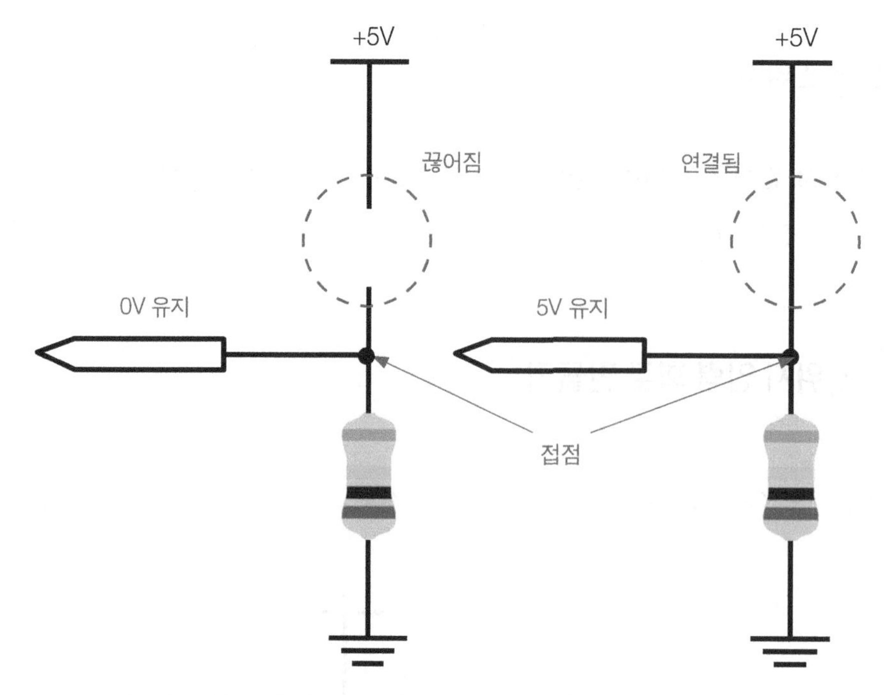

[그림 5-5] 누르지 않은 초기 상태(좌)와 누르고 있은 동안(우)의 연결 상태

디지털 입력 핀의 전압 상태가 누르지 않을 경우에는 0V가 입력되고, 눌리는 동안은 5V가 입력됨을 이해해야 한다. 실제로 접점의 전압을 계측기로 측정해 보자. 스위치 회로는 연결 방식에 따라 LED 회로와 마찬가지로 정 논리와 부 논리 방식이 있다.

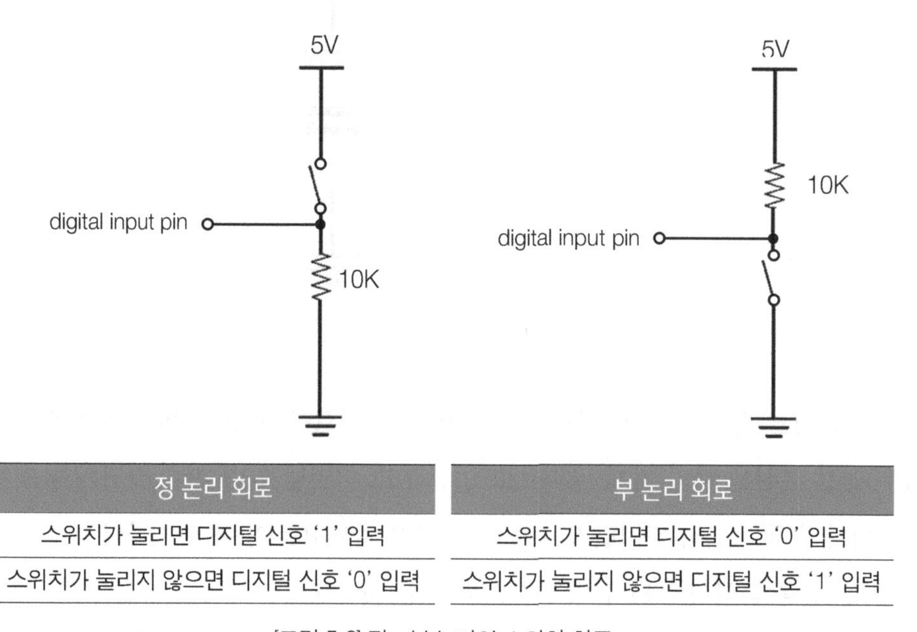

정 논리 회로	부 논리 회로
스위치가 눌리면 디지털 신호 '1' 입력	스위치가 눌리면 디지털 신호 '0' 입력
스위치가 눌리지 않으면 디지털 신호 '0' 입력	스위치가 눌리지 않으면 디지털 신호 '1' 입력

[그림 5-6] 정 · 부 논리의 스위치 회로

정 논리란 누르는 행위를 했을 때 '1'이라는 HIGH 값을 입력받고, 반면 누르는 행위를 했을 때 '0'이라는 LOW 값을 입력받는 것을 부 논리라고 한다. LED 출력 장치를 이용할 때에도 이 개념이 나왔었는데, 스위치 입력도 마찬가지로 정 논리를 추천한다. 공두이노 베이스보드에 장착된 4개의 택트 스위치도 스위치가 눌려야 디지털 '1'이 입력되는 정 논리 회로로 구성되어 있다. 추후에 실습 예제의 회로도를 참고하기 바란다.

3 스위치로 LED 켜고 끄기

디지털 입력 장치인 택트 스위치와 출력 장치인 LED를 이용해 제어해 본다. 베이스보드에서는 배선이 많더라도 큰 어려움이 없지만, 브레드보드를 활용할 경우에는 먼저 1개의 택트 스위치와 1개의 LED로 먼저 실습을 한 후에 다수 개를 실수 없이 연결하는 훈련이 필요하다.

간혹 가다가 점퍼 와이어나 브레드보드 등의 접촉 불량으로 인해 원하는 결과가 나오지 않을 수도 있으니, 반드시 소수 개의 부품을 가지고 테스트를 한 후에 다수 개로 확장해 회로를 꾸미는 습관이 필요하다.

베이스보드 활용

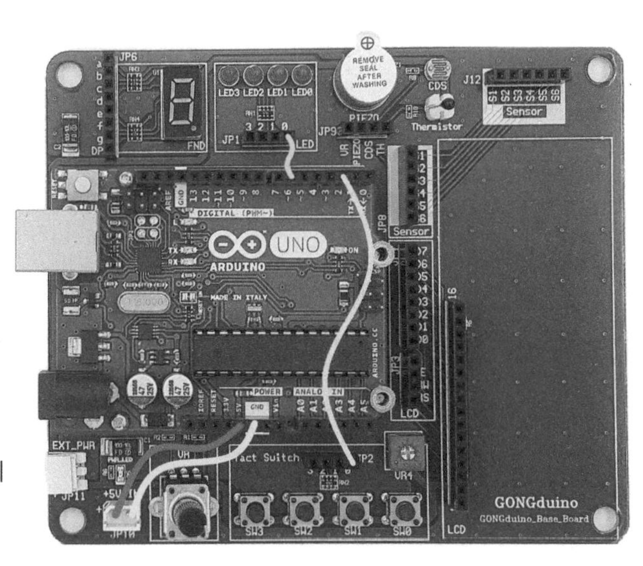

[그림 5-7] 베이스보드 배선하기 (LED 1, 스위치 1)

아두이노 보드와 베이스보드(Gongduino-base-board)의 전원 커넥터를 케이블로 연결한다. 베이스보드의 스위치 연결 핀 1개와 LED 연결 핀 1개를 점퍼와이어로 우노 보드와 연결한다. 아래 표와 같이 연결하고, 예제를 실습한다.

우노 보드	입 · 출력 방향	베이스보드
2번 핀	←	SW 0
6번 핀	→	LED 0

브레드보드 활용

【준비물】

아두이노 UNO 보드	브레드보드 1개	저항 300Ω 1개 / LED 1개	저항 10KΩ 1개 / 택트 스위치 1개

【배선 및 회로도】

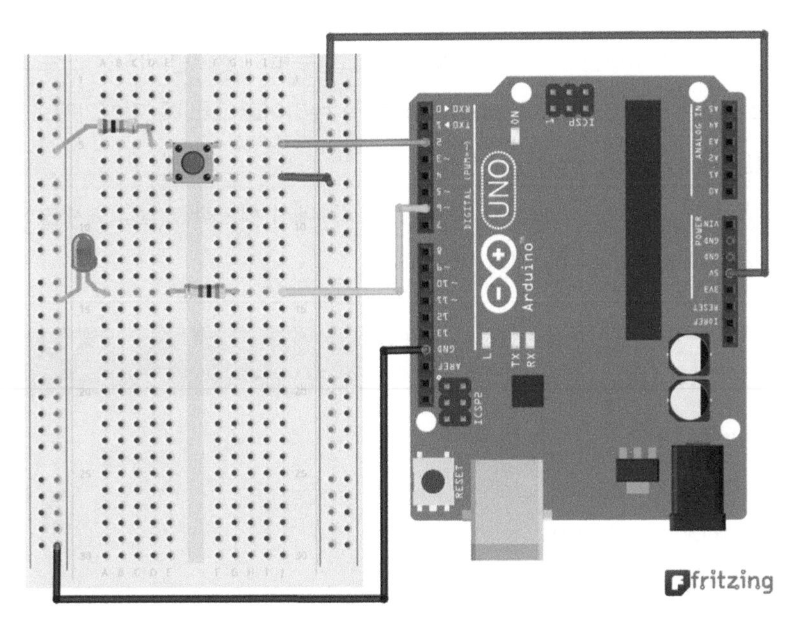

[그림 5-8] 우노에 택트 스위치와 LED 배선하기

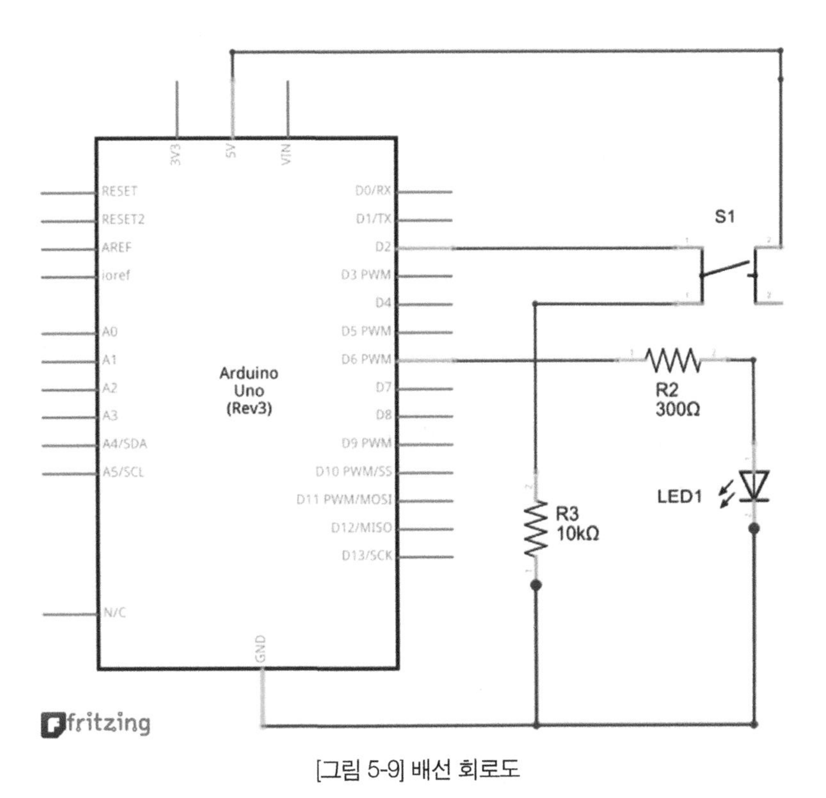

[그림 5-9] 배선 회로도

연습 예제 5.1

꾸민 1개의 SW0을 누르면 한 개의 LED0이 켜지고, 누르지 않으면 꺼지는 프로그램을 작성한다. 스위치는 눌리면 '1' 혹은 '5V'가 되는 정 논리이고, LED도 마찬가지로 5V를 인가하면 불이 들어오는 정 논리 구조이다.

회로도를 보면서 코딩하는 습관이 필요하다. 본 교재에서 제공하는 실습 예제는 브레드보드와 베이스보드 모두에서 동일하게 동작한다.

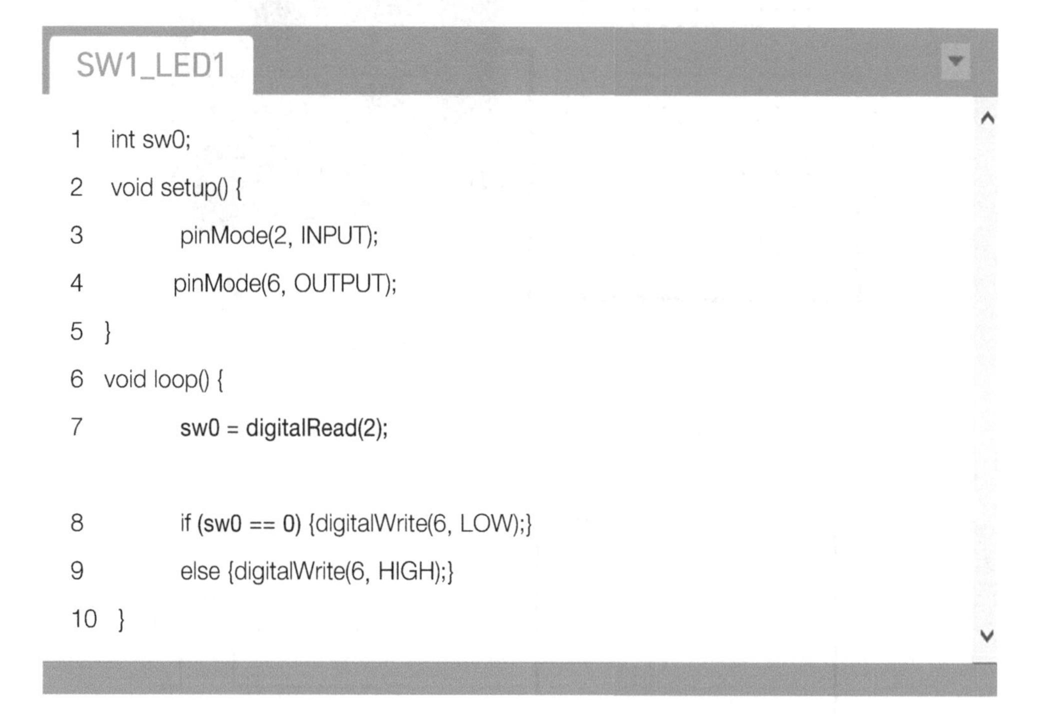

SW1_LED1

```
1  int sw0;
2  void setup() {
3          pinMode(2, INPUT);
4          pinMode(6, OUTPUT);
5  }
6  void loop() {
7          sw0 = digitalRead(2);

8          if (sw0 == 0) {digitalWrite(6, LOW);}
9          else {digitalWrite(6, HIGH);}
10 }
```

1: 해당 스위치의 값을 입력받기 위한 변수

3~4: 우노 보드의 입출력 방향 결정용 핀 설정(버튼 입력 2번 핀/ LED 출력 6번 핀 할당)

7: 2번 핀(SW0)에서 읽은 상태 값을 sw0 변수에 저장

digitalRead (pin)

digitalWrite() 함수의 상반되는 개념으로 해당 핀(pin)의 HIGH(+5V), LOW(0V,GND)의 상태 값(레벨, level)을 읽어 들인다. 결괏값은 0 혹은 1이다.

8: (SW0 ==0) 은 버튼이 눌리지 않았을 때이므로, LED0는 OFF 상태 유지

9: (SW0==1)은 눌렸을 때이고, 눌리면 LED0는 켜짐 ON

실행 결과

스위치가 정 논리 방식으로 연결되었기 때문에 버튼이 눌렸을 때 LED가 켜지고, 누르지 않으면 꺼져 있는 상태를 유지한다. 배선을 다시 한번 확인하면서 이해해 보자.

4 다수의 스위치와 LED 제어하기

1쌍의 스위치와 LED를 이용한 연습을 마치고, 베이스보드처럼 4쌍의 스위치와 LED를 제어해 보는 연습을 해보자. 부품 배선 및 코딩이 1쌍의 구성에서 별 무리가 없었다면 다수 개의 구성에서도 반복적일 뿐 쉽게 할 수 있을 것이다. 배선이 복잡해지면 오류를 발생할 수 있으니, 점퍼 와이어로 배선 시 깔끔하게 정리해 가면서 실습을 하길 바란다.

베이스보드 활용

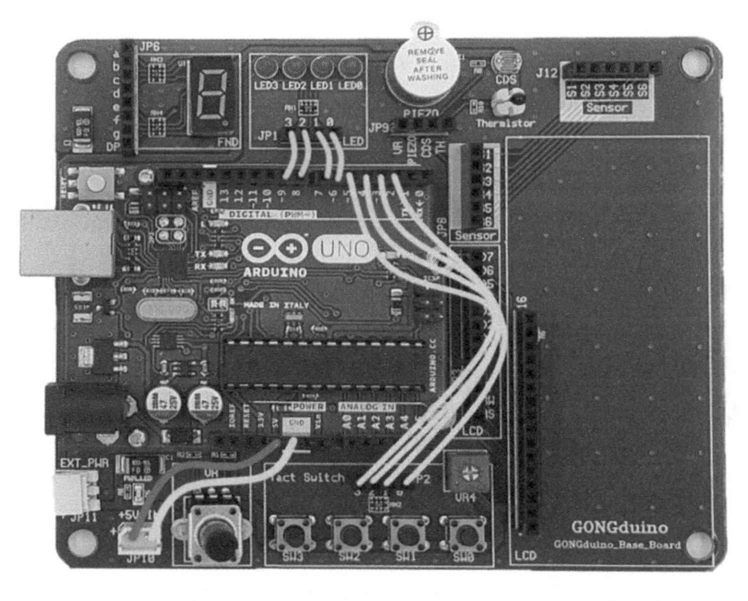

[그림 5-10] 우노 보드와 베이스보드 연결하기(LED 4, 스위치 4)

베이스보드의 회로는 다음에 설명하는 브레드보드의 회로도를 참고하면 된다. 되도록이면, 브레드보드 배선보다는 회로도의 배선을 보고 꾸미는 훈련이 더 중요하다. 특히, 베이스보드의 전원(+5V, GND)은 우노 보드로부터 받기 때문에 전원 케이블 2핀을 [그림 5-10]과 같이 연결을 해주어야 하고, 다음 표처럼 나머지 8개의 배선을 한다.

우노 보드	입·출력 방향	베이스보드
2번 핀	←	SW0
3번 핀	←	SW1
4번 핀	←	SW2
5번 핀	←	SW3
6번 핀	→	LED0
7번 핀	→	LED1
8번 핀	→	LED2
9번 핀	→	LED3

브레드보드 활용

【준비물】

아두이노 UNO 보드	브레드보드 1개	저항 300Ω 4개 / LED 4개	저항 10KΩ 4개 / 택트 스위치 4개

4쌍의 배선이 브레드보드에서 구성하기에 시간이 걸리면, 2쌍 정도로 배선해 보고, 해당 코드를 수정해서 완성해 보자. 본 교재의 코드를 순서대로 따라 하는 것도 중요하지만, 다른 파일명으로 저장한 뒤 직접 수정해 가면서 학습을 해야 코딩 능력이 향상됨을 잊지 말자.

【배선 및 회로도】

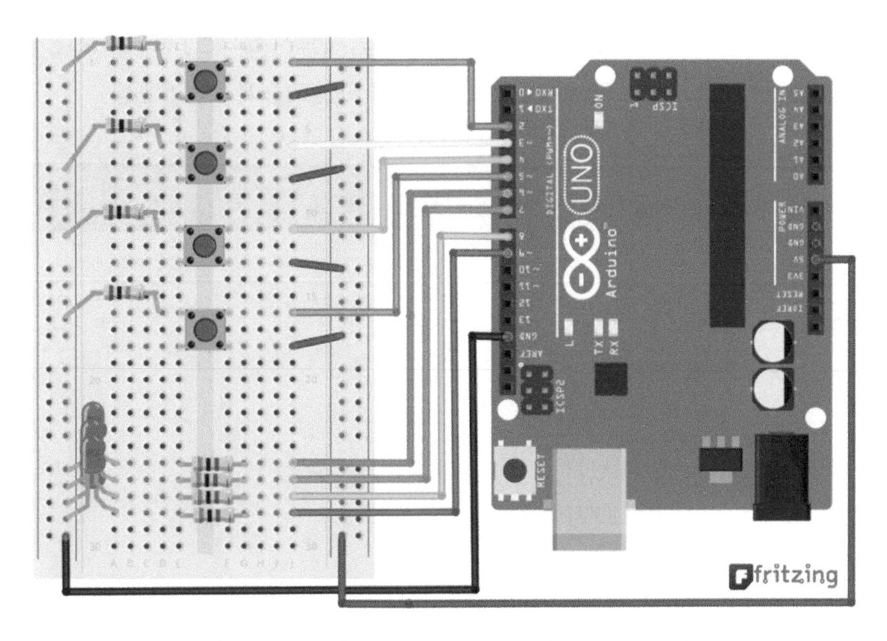

[그림 5-11] 우노와 다수의 부품 연결하기(LED 4, 스위치 4)

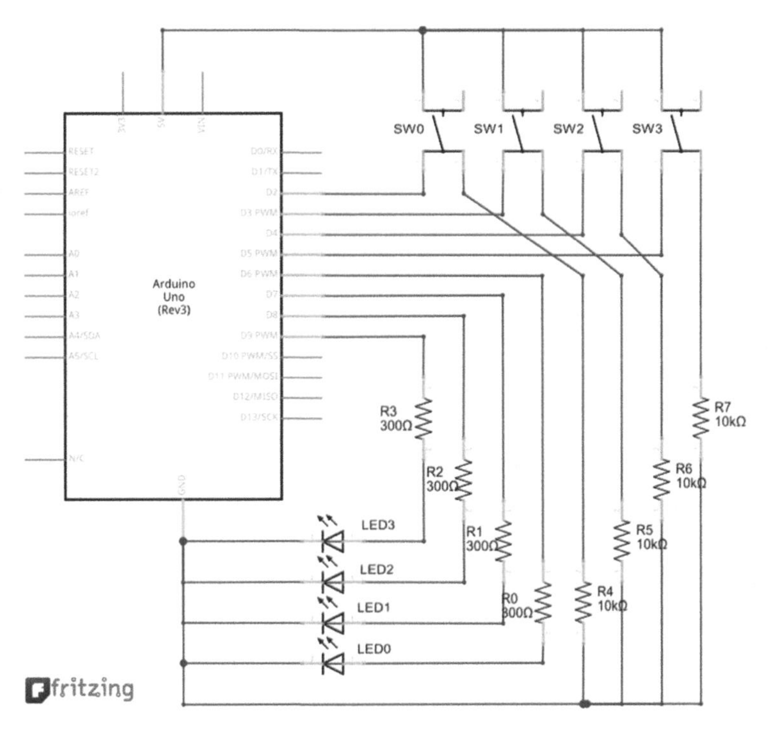

[그림 5-12] 배선 회로도[LED0~LED3, 스위치(SW0~SW3)]

연습 예제 5.2

SW0-SW3을 누르면 해당되는 LED0-LED3이 켜지고, 누르지 않으면 LED가 꺼지는 프로그램을 작성한다. 코드를 보고 배선을 해보는 연습을 하면 학습에 도움이 된다.

SW4_LED4

```
1   int sw[4];
2   void setup() {
3           for (int i=2; i<=5; i++) {
4                   pinMode(i, INPUT);}
5           for (int i=6; i<=9; i++) {
6                   pinMode(i, OUTPUT);}
7   }
8   void loop() {
9           for (int i=0; i<=3; i++) {
10                  sw[i] = digitalRead(i+2);
11                  if (sw[i] == 0) { digitalWrite(i+6, LOW);}
12                  else { digitalWrite(i+6, HIGH);};
13          }
14  }
```

1: 동일 성격의 변수 명을 배열로 만들자. SW[4]는 SW[0], SW[1], SW[2], SW[3]의 4개의 변수 지정(SW0부터 시작하고 1씩 증가하면서 총 4개의 변수 지정 방법)

3: 반복문 설정, 디지털 입 · 출력 핀 2~5를 입력 모드로 설정

5: 반복문 설정, 디지털 입 · 출력 핀 6~9를 출력 모드로 설정

9: SW0부터 SW3까지 입력받아 순차적으로 처리

10: 2~5번 핀(스위치 SW0~SW3)에서 눌림을 감지한다.

11: SW[i]에 0이 저장되었다면, 버튼이 눌리지 않았기 때문에 LED 끔(OFF)

12: SW[i]에 1이 저장되었다면, 버튼이 눌렸기 때문에 LED 켬(ON)

실행 결과

4개의 스위치(버튼) 중에 눌린 버튼에 해당하는 LED가 켜짐을 확인할 수 있다. 다음 예제들을 통해 동일한 회로를 가지고, 누르고 떼면 LED가 ON 되도록 유지시키는 방법들에 대해 배워 보자.

연습 예제 5.3

예제 5.2는 버튼을 누르고 있는 동안에만 LED가 켜지는데, 이번 예제에서는 아두이노에서 제공하는 bitWrite( ) 함수를 이용해서 LED 켜짐 상태를 유지해 보는 실습을 해보자. 배선은 앞선 예제에서 만든 [그림 5-11]과 동일하며, 브레드보드에서 구성에 시간이 소요되면 2쌍 정도로 배선하고, 하드웨어에 맞춰 코드도 수정해 보자.

다음 예제는 스위치를 누르지 않으면 LED는 모두 꺼져 있고, SW0을 누르면 LED를 1개, SW1을 누르면 LED를 2개, SW3을 누르면 LED를 3개, SW4를 누르면 모든 LED를 켜는 프로그램을 작성해 보자.

SW4_bitWrite

```
1   int sw=0;
2   void setup() {
3           for (int i=2; i<=5; i++) {pinMode(i, INPUT);}
4           for (int i=6; i<=9; i++) {pinMode(i, OUTPUT);}
5   }
6   void loop() {
7           for (int i=0; i<=3; i++) {bitWrite(sw, i, digitalRead(i+2));}
8           if (sw >= 1) {digitalWrite(6, HIGH);}
9           if (sw >= 2) {digitalWrite(7, HIGH);}
10          if (sw >= 4) {digitalWrite(8, HIGH);}
11          if (sw >= 8) {digitalWrite(9, HIGH);}
12          if (sw == 0) {digitalWrite(6, LOW); digitalWrite(7, LOW);
                        digitalWrite(8, LOW);digitalWrite(9, LOW); }
13  }
```

2~5: 앞 예제와 동일하다

7: bitWrite()를 사용해 4개의 버튼 상태 값을 sw 변수에 저장한다.
자세한 내용은 실행 결과에서 살펴보자.

8: sw값이 1보다 크면 LED 6번 ON

9: sw값이 2보다 크면 LED 7번 ON (총 2개가 켜짐)

10: sw값이 4보다 크면 LED 8번 ON (총 3개가 켜짐)

11: sw값이 8보다 크면 LED 9번 ON (총 4개가 켜짐)

12: sw값이 0이면 모든 LED OFF

실행 결과

앞서 4장의 예제 4.8에서 살펴봤던 bitRead(x, n)와 상반되는 bitWrite(x, n, b)에 대해서 알아보자.

```
8      for (int i=0; i<=3; i++) {bitWrite(sw, i, digitalRead(i+2));}
```

코드 라인 8에서 위와 같이 사용되었다. bitWrite(x, n, b) 함수는 변수 x의 n번째 bit에 b의 값(0 혹은 1)을 저장(쓰기, write)한다.

1 byte의 bit번호	7	6	5	4	3	2	1	0
변수 sw	0	0	0	0	0	0	1	1
스위치의 위치	-	-	-	-	SW3	SW2	SW1	SW0
우노 핀 번호	-	-	-	-	5	4	3	2
LED ON/OFF	-	-	-	-	OFF	OFF	ON	ON

스위치 0번은 변수 sw의 0번째 bit 자리에 상태 값(0 혹은 1)을 저장하고, 스위치 1번은 bit 1에 저장을 한다. 위 표는 스위치 1번을 눌렀을 때 2개의 하위 bit의 LED가 켜진 경우를 보여주고 있다. 이 결과는 스위치 0번을 누르고, 다시 스위치 1번을 누른 효과와 같다.

심화 예제 5.4

각 버튼 4개를 눌렀을 때, 해당 LED 1개씩 점멸하는 코드를 작성해 보자. 이 예제에서도 예제 5.3과 마찬가지로 bitWrite( ) 함수를 사용한다. 다음 코드에서 주의 깊게 살펴볼 내용은 버튼을 누르자마자 LED가 켜지고, 계속 버튼을 누르더라도 LED 상태를 유지한다는 것이다.

심화 예제 5.5

심화 예제 5.4의 코드에 각 버튼에 토글(Toggle)기능을 추가해 보자. 토글 기능이란 버튼을 반복적으로 누르면, LED가 ON(1) 혹은 OFF(0)를 반복한다는 뜻이다.

5 스위치 입력과 FND 출력 장치 제어

입력 장치인 스위치와 출력 장치인 FND를 사용해서 몇 가지 예제를 확인해 보자.

베이스보드 활용

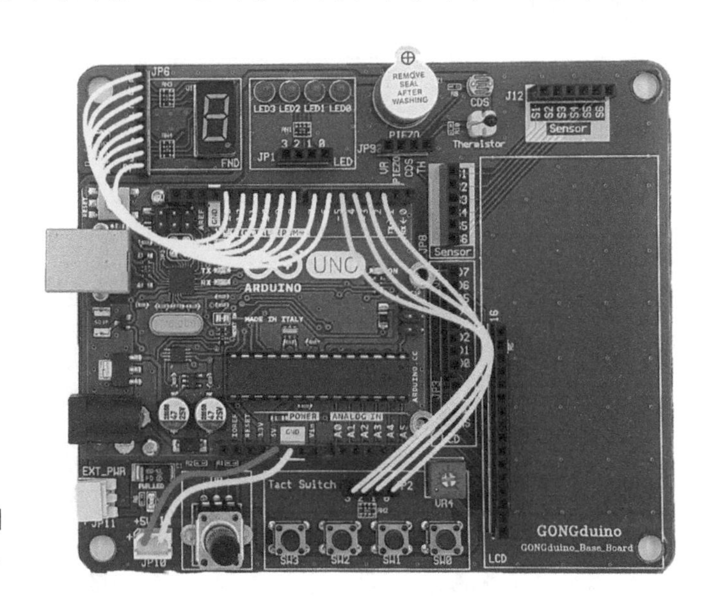

[그림 5-13]
스위치와 FND 배선하기
(FND 1, 스위치(SW) 4)

아래 표를 참고하여 베이스보드의 FND 1개와 스위치 4개를 우노에 [그림 5-13]과 같이 배선한다. Flat형 점퍼 와이어를 이용하면 배선이 쉬워진다.

우노 보드	입 · 출력 방향	베이스보드	우노 보드	입 · 출력 방향	베이스보드
2번 핀	←	SW0	8번 핀	→	FND c
3번 핀	←	SW1	9번 핀	→	FND d
4번 핀	←	SW2	10번 핀	→	FND e
5번 핀	←	SW3	11번 핀	→	FND f
6번 핀	→	FND a	12번 핀	→	FND g
7번 핀	→	FND b	13번 핀	→	FND DP

브레드보드 활용

【준비물】

아두이노 UNO 보드	브레드보드 1개	저항 300Ω 8개 / FND 1개	저항 10KΩ 4개 / 택트 스위치 1개

【배선 및 회로도】

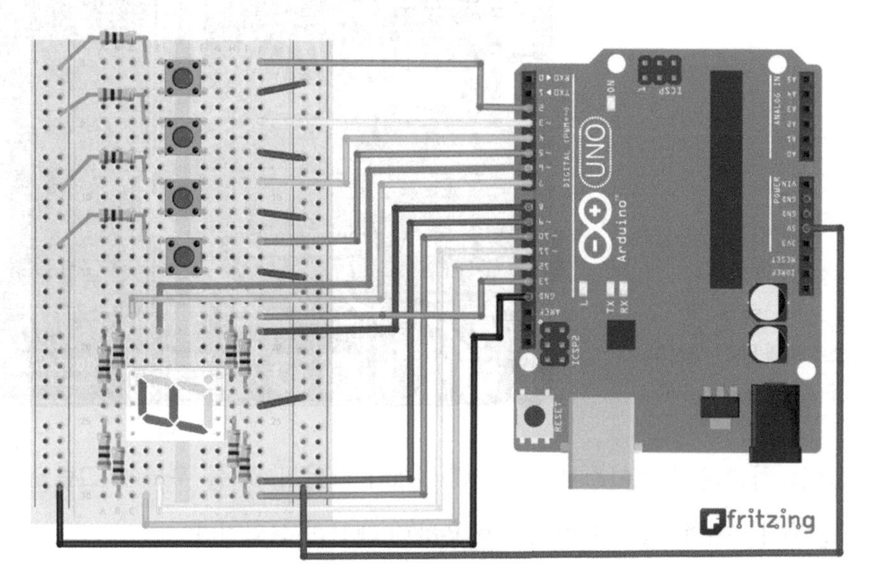

[그림 5-14] 우노와 스위치, FND 배선하기(FND 1, 스위치(SW) 4)

[그림 5-14]와 같이 브레드보드에 배선을 할 때 FND를 먼저 배선한 후 앞선 예제를 업로드하여 문제없는지를 먼저 확인하고 나머지 스위치를 한 개씩 조립하기 바란다. 한 번에 모두 조립하면 문제 발생 시 해결이 힘들어진다. FND는 공통 양극형(Common-Anode)을 사용한 배선이다.

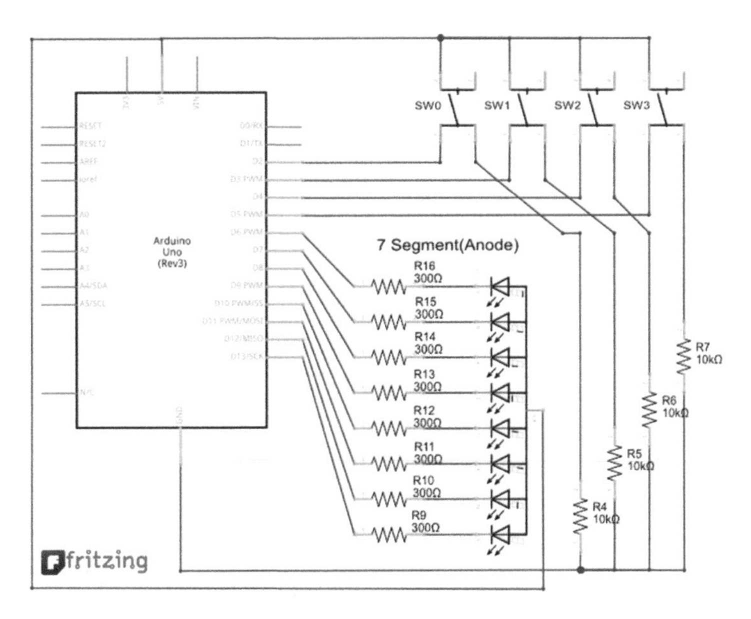

[그림 5-15] 배선 회로도(FND 1, 스위치(SW) 4)

[그림 5-14]의 배선도를 보고 조립을 하는 것보다는 [그림 5-15]의 회로도를 보면서 배선을 하는 연습이 더 중요하다. 특히, 스위치 SW0~SW3을 배치할 때 어느 것이 SW0인지 위치를 확인하기 바란다.

연습 예제 5.6

스위치 4개와 FND를 사용해서, 버튼의 입력에 따라 FND가 정성적으로 숫자를 표현하는지 확인해 보자. SW0을 누르면 FND에 0, SW1을 누르면 FND에 1, SW2를 누르면 FND에 2, SW3을 누르면 FND에 3을 표시하고, 아무 스위치도 누르지 않으면 FND는 모두 꺼져 있는 프로그램을 작성한다.

SW_FND_num

```
1   int sw = 0;
2   void out_fnd(int num) {
3       unsigned int fnd[ ] = {0x03, 0x9f, 0x25, 0x0d, 0xff};

4       for (int i = 6; i <= 13; i++) {
5           if (bitRead(fnd[num], 13-i)) {digitalWrite(i, HIGH);}
6           else {digitalWrite(i, LOW);} }
7   }
8   void setup() {
9       for (int i = 2; i <= 5; i++) pinMode(i, INPUT);
10      for (int i = 6; i <= 13; i++) pinMode(i, OUTPUT); }
11  void loop() {
12      for (int i=0; i<=3; i++) {bitWrite(sw, i, digitalRead(i+2));}
13      switch(sw){
14          case 1: out_fnd(0); break;
15          case 2: out_fnd(1); break;
16          case 4: out_fnd(2); break;
17          case 8: out_fnd(3); break;
18          default: out_fnd(4); break;   }
19  }
```

1: FND에 표시할 숫자를 저장할 변수(초깃값이 0-처음 시작할 때 FND에 0을 표시함)

2~3: out_fnd() 함수 정의 시작이고, FND에 주사위 숫자 0~3을 출력한다. 마지막 0xff는 FND를 OFF 하기 위한 것이다.

4~6: 해당 숫자의 8 bit값을 읽는다. 만약 out_fnd[0]이면, bitRead(fnd[0], 13-i); 이다. 여기서 fnd[0]에 해당하는 16진수 값은 0x03(이진수는 '00000011')이다. 따라서 i 값이 증가하면서 '00000011' 값의 최상위 자릿값(0)부터 8자리 모두 읽는다. if(1)이 된다는 의미는 8비트(00000011) 위치에서 1이 나왔다는 의미로 LED를 OFF 시켜야 한다. (공통 양극형 FND이므로 OFF 하기 위해서는 HIGH 출력해야 한다.) if(0)이 된다는 의미는 8비트(00000011) 위치에서 0이 나왔다는 의미로 LED를 ON 시켜야 한다. (공통 양극형 FND이므로 ON 하기 위해서는 LOW 출력해야 한다.)

8~10: 스위치 4개는 입력, FND는 출력으로 설정한다.

12: 4개의 스위치 중에서 어떤 버튼이 눌렸는지를 검사하여 결과를 변수 sw에 저장한다. 저장 값들은 1, 2, 3, 4가 될 것이다.

14: sw에 저장된 값이 1일 때는 FND에 0을 출력한다.

15: sw에 저장된 값이 2일 때는 FND에 1을 출력한다.

16: sw에 저장된 값이 4일 때는 FND에 2을 출력한다.

17: sw에 저장된 값이 8일 때는 FND에 3을 출력한다.

18: sw에 저장된 값이 그 이외의 값일 때는 FND를 OFF 한다.

실행 결과

버튼을 각각 눌러 보면 해당 버튼에 따라 숫자가 FND에 출력되고, 버튼을 떼면 FND가 꺼짐을 확인한다. 이 예제가 정상 동작함을 확인하고, 다음 예제들을 실습해 본다.

심화 예제 5.7

전자 주사위를 만들어 보자. 회로는 [그림 5-14]와 같이 기존의 만들었던 것을 그대로 사용하면 된다. 브레드보드를 사용할 때는 2개의 스위치를 배선하여 사용하고, 여기에서는 베이스보드로 개념을 소개한다.

연습 예제 5.8

4개의 버튼으로 다음 표와 같은 기능을 구현해 보자.
스위치 SW0부터 SW3까지 사용할 기능을 할당한다. FND의 첫 숫자는 0을 표시하고, SW0부터 SW3을 누를 때마다 아래 기능을 구현한다.

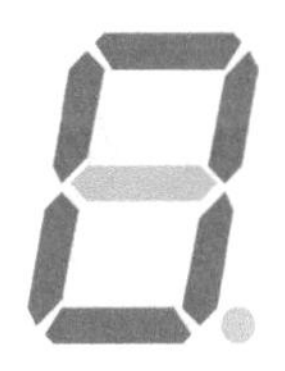

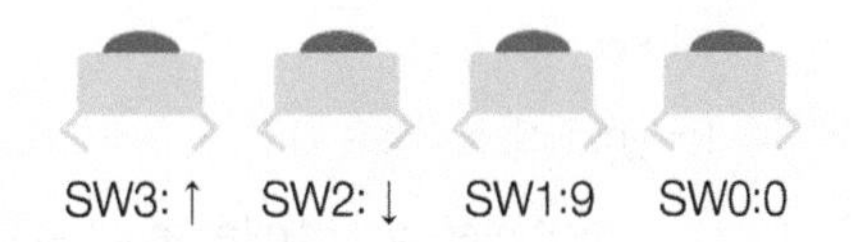

스위치	기능(Function)
SW3	스위치를 누를 때마다 FND 숫자를 1씩 증가한다. 최대 9까지 증가하고, 더 이상 증가하지 않는다.
SW2	스위치를 누를 때마다 FND 숫자를 1씩 감소한다. 최소 0까지 감소하고, 더 이상 감소하지 않는다.
SW1	FND의 숫자를 9로 만든다.
SW0	FND의 숫자를 0으로 만든다.

회로 배선은 [그림 5-14]와 같거나 [그림 5-16]과 동일하게 구성을 한다. 아래 예제의 코드에서 SW3과 SW2의 눌림 효과에 따라 FND의 출력 결과를 유심히 살펴보기 바란다. 다음 예제 5.9에서 이러한 현상을 제거하는 코드를 연습한다.

FND_bounce SW3과 SW2에서 오류 발생

```
1   int count = 0;

2   void out_fnd(int num)
3   {
4       unsigned int fnd[]={0x03,0x9f,0x25,0x0d,
5           0x99,0x49,0x41,0x1f,0x01,0x19};
6       for (int i = 6; i <= 13; i++)
7       {
8           if (bitRead(fnd[num], 13-i))
9               {digitalWrite(i, HIGH);}
10          else
11              {digitalWrite(i, LOW);}
12      }
13  }

14  int inkey(){
15      int sw = 0;
16      for (int i=0; i<=3; i++) {
17          bitWrite(sw, i, digitalRead(i+2));}
18      return sw;
19  }
20  void setup()
21  {
22      for (int i = 2; i <= 5; i++)
23          pinMode(i, INPUT);
24      for (int i = 6; i <= 13; i++)
25          pinMode(i, OUTPUT);
26  }
27  void loop()
28  {
29      out_fnd(count);
30      switch(inkey()){
31          case 8: if (count<9) count++; break;
32          case 4: if (count>0) count--; break;
33          case 2: count = 9; break;
34          case 1: count = 0; break;
35          }
36          delay(100);
37  }
```

1: FND에 표시할 숫자를 저장할 변수(초깃값이 0-처음 시작할 때 FND에 0을 표시함)

2: out_fnd() 함수 정의 시작이고, FND에 숫자 0~9를 출력한다.

4: fnd[ ] 배열에 FND에 표시될 0~9에 해당하는 16진수 값을 보관한다.

6~12: 앞 예제에서 사용된 코드와 동일한 것으로 해당 값의 2진수에서 1이 나오면 LED를 OFF 시켜야 하고, 0이 나오면 LED를 ON 시켜야 한다. (공통 양극형 FND 사용할 때)

14~19: 앞 예제와 동일한 코드로서, 스위치 4개의 눌림을 체크하기 위한 함수이다. 이 함수가 실행된 후 결괏값(sw)은 버튼 SW3이 눌렸다면 8, 버튼 SW2이 눌렸다면 4, 버튼 SW1이 눌렸다면 2가 되고, 버튼 SW0가 눌렸다면 1이 된다.

20~26: 스위치 4개는 입력, FND용 8개 핀은 출력으로 설정한다

29: FND에 해당 값을 출력한다

30: 어떤 버튼이 누렸는지에 따라 case문을 실행한다.

31: 버튼 SW3이 눌렸을 경우(sw의 값은 8)로 count 변수를 9까지 1씩 증가시킨다.

32: 버튼 SW2이 눌렸을 경우(sw의 값은 4)로 count 변수를 0까지 1씩 감소시킨다.

33: FND에 9를 출력한다.

34: FND에 0을 출력한다.

36: 출력 속도 조절용 값 설정

실행 결과

스위치 SW3~SW0의 네 개의 버튼에 따라 원하는 결과가 나올 것이다. 특히, SW3과 SW2를 누르면 0에서 9까지의 숫자가 1씩 증가하거나 감소할 것이다. 이때 버튼을 한 번 누를 때 숫자가 1씩 변하도록 원한다면 잘 동작하는가? 그렇지 않을 것이다. 숫자가 1씩 변하는 것이 아니라 불규칙적으로 변할 것이다. 특히, SW3과 SW2를 계속 누르고 있으면, 값이 변하는 눌림 현상이 발생한다.

이러한 계속 눌림 현상을 다음 예제에서 제거해 보자.

연습 예제 5.9

스위치 SW3과 SW2의 동작 특성을 예제 5.9와 비교해 보자.

앞 예제의 코드와 동일한 내용은 생략한다.

FND_debounce 오류 해결하기

```
1   int count = 0;

2   void out_fnd(int num)
3   {
4       unsigned int fnd[ ]={0x03, 0x9f, 0x25,0x0d,
5        0x99, 0x49,0x41,0x1f,0x01, 0x19};
6       for (int i = 6; i <= 13; i++)
7       {
8           if (bitRead(fnd[num], 13-i))
9               {digitalWrite(i, HIGH);}
10          else
11              {digitalWrite(i, LOW);}
12      }
13  }

14  int inkey(){
15      int sw = 0;
16      for (int i=0; i<=3; i++) {
17              bitWrite(sw, i, digitalRead(i+2));}
18      return sw;
19  }
20  void setup()
21  {
22      for (int i = 2; i <= 5; i++)
23          pinMode(i, INPUT);
24      for (int i = 6; i <= 13; i++)
25          pinMode(i, OUTPUT);
26      out_fnd(count);
27  }
28  void loop()
29  {
30      //out_fnd(count);
31      int btn=0, new_btn=0;

32      switch(btn = inkey()){
33        case 8: if (count<9) count++; break;
34        case 4: if (count>0) count--; break;
35        case 2: count = 9; break;
36        case 1: count = 0; break;
37        }
38        out_fnd(count);
39        delay(10);
40        while(1) {
41              new_btn = inkey();
42              if (btn != new_btn) break;
43        }
44  }
```

1~13: 출력 장치 FND에 배열 fnd[]에 저장된 값을 출력한다. (위 예제와 동일)

14~19: 4개의 버튼 중 어느 버튼이 눌렸는지를 검사한다. (위 예제와 동일)

20~25: 스위치 4개는 입력, FND용 8개 핀은 출력으로 설정한다. (위 예제와 동일)

26: 아두이노 setup( ) 함수는 오직 한 번만 실행된다고 말했다. FND에 초깃값 0을 출력함.

30: 앞 예제에서는 loop( ) 함수가 반복될 때마다 FND에 해당 값을 출력시켰다. 이 부분을 주석 처리해 주고, 코드 라인 38번으로 옮겼다. 그리고 코드 라인 40의 입력 버튼의 변화를 검사하는 코드를 추가하여 반복적으로 출력되는 오류를 막을 수 있다.

31: 버튼의 값(코드 라인 14의 inkey( ) 함수의 출력값 sw) 변화를 비교하기 위해 두 개의 변수를 선언한다. 즉 코드 라인 32에서 inkey()함수를 한 번 실행해 그 결과를 btn에 저장하고, 다시 라인 41에서 실행해 그 결과를 new_btn에 저장시킨다.

32~37: 버튼이 눌렸는지를 검사하여 해당 결괏값인 8, 4, 2, 1에 따라 명령을 실행한다. 앞 예제와 다른 점은 버튼 값을 btn 변수에 저장해 비교할 때 사용한다는 것이다.

38: switch문의 결과인 count 변숫값을 FND에 출력한다. 만약, 값의 변화가 없다면 switch문은 실행되지 않고 count의 바로 전의 값이 계속 출력된다.

40: 매번 아래의 코드를 실행한다.

41: inkey( ) 함수를 실행하고 그 결괏값인 어느 버튼인지를 새로운 변수 new_btn에 저장한다.

42: 코드 라인 41에서 저장한 버튼 값과 32에서 저장된 버튼 값을 비교하여, 다르면(새로운 버튼 값이면), while(1)문을 벗어난다. 만약, 값의 변화가 없으면 while(1) 안에서 다른 값이 들어올 때까지 무한 대기한다.

44: loop( ) 함수 끝

실행 결과

하드웨어 배선은 앞선 예제와 동일하게 스위치 SW3~SW0의 네 개의 버튼에 따라, FND에 값을 출력한다. 코드에서 굵은 글자로 표시된 부분을 주의해서 살펴보자. 버튼을 누르자마자 값이 즉각 FND에 출력을 하고, 한 번 버튼 누름에 따라 1씩 값이 변하는 결과를 확인할 수 있다. 계속 눌림 현상을 제거하였다.

PART

06

LEARN CODING WITH ARDUINO

시리얼 통신

시리얼 통신

1 크로스 컴파일러(Cross complier) 환경이란?

앞서 우리는 아두이노를 학습하면서 [그림 6-1]과 같이 PC와 우노 보드를 USB 케이블로 연결하여 사용하였다. 우노 보드 쪽에는 출력장치(LED, 7-세그먼트)와 입력장치(스위치)를 연결하여 하드웨어 환경을 구축하고, PC 쪽에서는 아두이노 IDE에서 코드를 작성하고 컴파일 · 업로드 과정을 통해 결과(목표물)를 확인하였다. 이러한 반복적인 과정을 통해 본인이 원하는 최종 타겟을 완성시킬 수 있었다.

우리가 얻고자 하는 우노 보드 쪽의 최종 결과물(프로젝트)을 타겟 시스템(Target System)이라 부르고, 이 타겟 시스템 개발은 PC에 설치된 개발 환경에 의해 이루어진다. 그리고 PC와 타겟 시스템 간의 데이터 통신은 USB를 이용한 시리얼 방식으로 이루어진다.

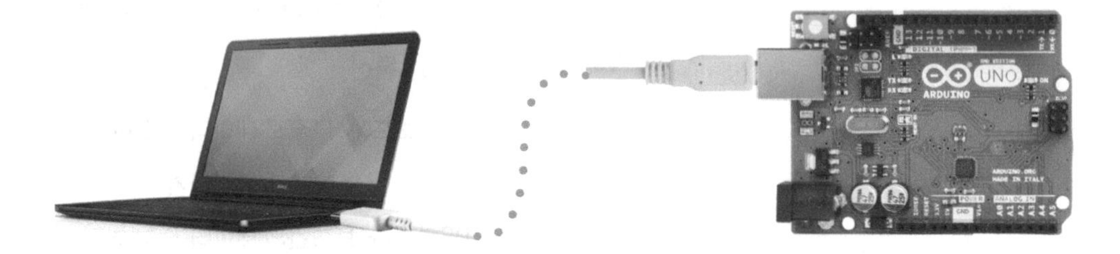

[그림 6-1] 크로스 컴파일러 환경(PC와 타켓 시스템)

아두이노뿐 아니라 임베디드 시스템 개발을 위한 일반적인 개발 환경의 시스템 구축은 [그림 6-1]의 모습을 가지고 있으며, PC와 타겟 시스템, 그리고 둘 사이의 시리얼 데이터 통신이 가능한 이러한 환경을 크로스 컴파일러(Cross compiler) 환경이라고 한다. 특히, 서로 다른 두 CPU 환경(PC와 타켓)에서 우월한 기능을 가지는 PC 환경에서 개발 환경을 구축하는 것이 타겟 시스템 개발에 쉬울 것이다.

예를 들면 이 교재에서 다루는 최종 타겟 시스템은 로봇 플랫폼이 될 것이다.

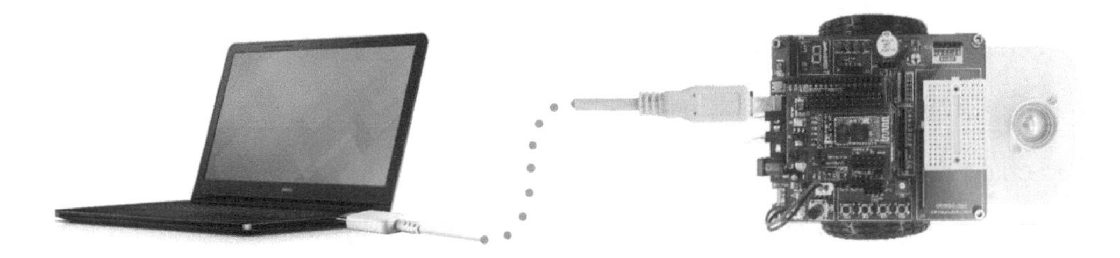

[그림 6-2] 크로스 컴파일러 환경(PC와 로봇 플랫폼)

2 시리얼 통신

아두이노에서는 USB 케이블만 연결하면 크로스 컴파일러 환경이 구축된다. 즉 우리가 원하는 타겟 시스템 개발을 위한 준비가 끝난 것이고, 시리얼 통신을 이용해 더 편리하고 빠르게 개발을 완료할 수 있다. 이러한 통신 기능으로 무엇을 할 수 있는지 예를 들어 보고 테스트해 보자.

첫째, 타겟 시스템(우노 보드)에서 PC로 데이터 전송하기.

둘째, PC에서 타겟 시스템(우노 보드)에 명령하기.

셋째, PC와 우노 보드 간의 데이터 주고받기.

1) 우노 보드에서 PC로 데이터 전송하기

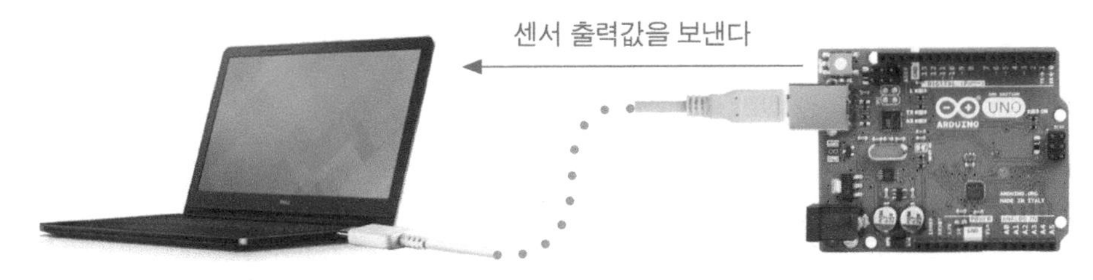

[그림 6-3] 시리얼 통신을 통해 데이터 가져오기

[그림 6-3]와 같은 개발 환경에서 시리얼 통신을 통해 타겟 시스템과의 데이터 교환이 이루어진다. 이 경우는 PC에서 타겟의 센서 출력값 등을 읽어 올 수 있다. 이 기능을 사용하기 위해 사용할 기본 함수는 아래와 같고, 이 두 가지 함수를 하나의 쌍으로 암기해 두자.

- Serial.begin(9600): PC와 우노 보드 간의 통신 속도는 9600bps(bits per second)로 설정하고, 시리얼 통신을 시작한다는 의미이다.
- Serial.println(): PC에서 우노 보드로부터 전송받은 데이터를 출력하기 위한 함수이다. Serial.print() 함수와 달리 데이터 출력 후 커서 행을 바꿔준다. println의 ln은 'New Line'을 의미한다.

【준비물】

[그림 6-3]과 같이 USB로 연결만 되어 있으면 된다.

연습 예제 6.1

우노 보드에서 PC로 "Hello world!"라는 문자열을 전송하는 코드이다. 위 두 가지 함수가 사용된 점을 기억하자.

Serial.ino

```
1  void setup() {
2          Serial.begin(9600);
3  }
4  void loop()
5  {
6    Serial.println( "Hello world!" );
7    delay(1000);
8  }
```

1: setup( ) 함수 시작

2: 시리얼 속도 9600bs 설정

3: setup( ) 함수 끝

4: loop( ) 함수 시작

6: PC 화면에 "Hellow World!" 출력

7: 1초 단위로 연속적으로 출력

8: loop 함수의 끝

동작 확인

위 코드를 업로드한 후에 '시리얼 모니터'를 사용해 결과를 확인해 보자. 시리얼 모니터란 아두이노 IDE의 우측 상단에 위치한 아이콘으로 PC와 타겟 시스템과의 시리얼 통신의 결과를 확인(모니터링)할 수 있도록 제공하는 기능이다. [그림 6-4]처럼 아이콘을 클릭해보자. 이때 물론 우노 보드는 IDE와 정상 연결되어 있어야 한다.

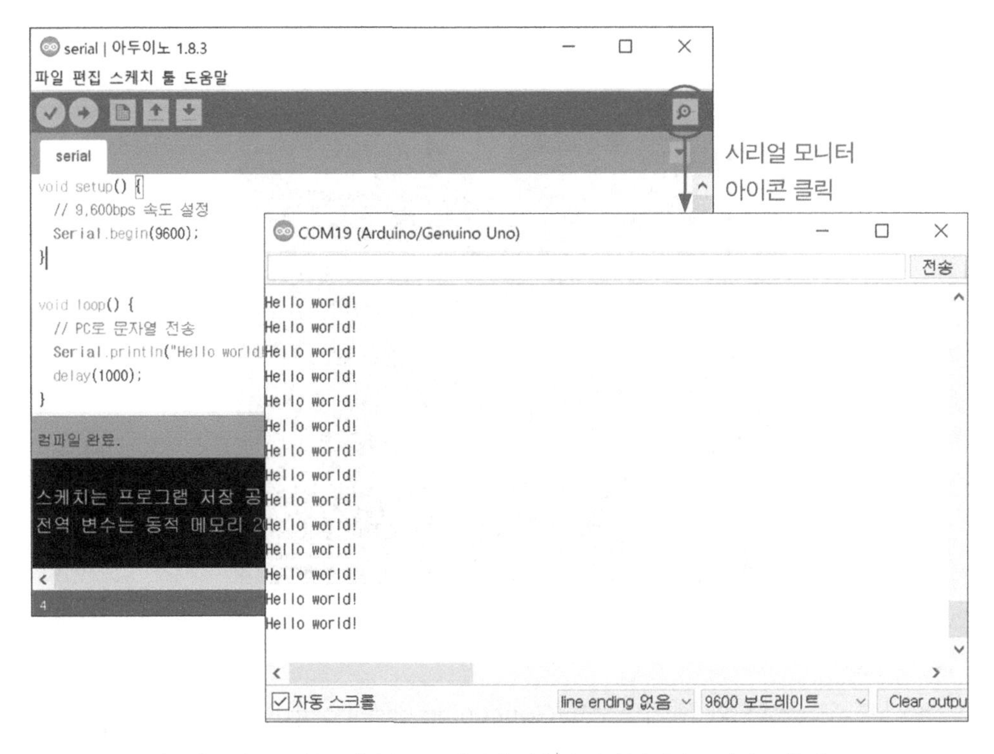

[그림 6-4] 우노 보드에서 PC로 데이터 전송한 결과(시리얼 모니터로 확인)

예제 스케치를 업로드한 후, 아무런 반응이 없을 것이다. 왜냐하면, 우리가 작성한 코드는 단순하게 2개의 함수만으로 이루어졌기 때문이다. 시리얼 모니터 아이콘을 클릭하면 새로운 창이 나타나고, 1초 단위로 화면에 연속적으로 행을 바꿔가며 출력된다. 우노 보드에서 PC로 Serial.println( ) 함수를 통해 문자열을 전송해 준 결과이다.
시리얼 모니터는 우노 보드에서 일어나고 있는 상태를 개발자에게 알려 줄 때 빈번하게 사용될 것이다.

2) PC에서 우노 보드에 명령하기

PC에서 타겟 보드를 제어해 보는 예제로서, 시리얼 모니터 창에서 입력된 0~9 사이의 값을 타겟 보드에 연결된 7세그먼트에 해당 숫자를 출력시켜 본다. 시리얼 통신으로 타겟 시스템을 제어하는 것을 확인할 수 있다.

베이스보드 활용

[그림 6-5] 시리얼 통신으로 PC에서 FND 제어하기

배선은 우노 보드와 베이스보드(Gongduino-base-board)를 전원 커넥터를 케이블로 연결한다. 그리고 베이스보드의 FND 연결 핀 8개를 점퍼 와이어로 우노 보드와 연결한다.

우노 보드	입 · 출력 방향	베이스보드
6번 핀	→	FND a
7번 핀	→	FND b
8번 핀	→	FND c
9번 핀	→	FND d
10번 핀	→	FND e
11번 핀	→	FND f
12번 핀	→	FND g
13번 핀	→	FND DP

브레드보드 활용

【준비물】

앞서 4장의 [그림 4-13]과 동일하게 준비물을 준비한다.

【배선 및 회로도】

앞서 4장의 [그림 4-13]과 동일하게 배선을 한다.

연습 예제 6.2

PC에서 숫자(0-9)를 입력하면 FND에 숫자를 표시한다. 그 외 입력이면 FND를 끈다.
FND가 공통 양극(Common Anode)일 때의 코드이다.

1: PC에서 우노 보드로 보내는 '0'~'9'의 값을 변수 rx에 저장(초깃값은 0)

Serial_FND.ino

```
1   int rx = 0;
2   void out_fnd(int num) {                               fnd[10] = 0xff는 FND OFF
3     unsigned int fnd[] = {0x03, 0x9f, 0x25, 0x0d, 0x99, 0x49, 0x41, 0x1f, 0x01, 0x19, 0xff};
4     for (int i = 6; i <= 13; i++) {
5         if (bitRead(fnd[num], 13-i)) {digitalWrite(i, HIGH);}
6         else {digitalWrite(i, LOW);}
7     }
8   }
9   void setup() {
10    Serial.begin(9600);
11  for (int i=6; i<=13; i++) {pinMode(i, OUTPUT);}
12  }
13  void loop() {
14    if (Serial.available() > 0) {
15        rx = Serial.read();
16            if ((rx >= '0') && (rx <= '9')) {out_fnd(rx - '0');}
17            else {out_fnd(10);}
18    }
19  }
```

2~8: 입력받은 숫자 값을 FND에 출력한다. fnd[10] = 0xff의 용도는 숫자 이외의 값을 입력받았을 경우에 FND를 끄기(OFF) 하기 위한 것이다. 키보드에서 문자 등을 입력해보면 확인할 수 있다.

9~12: setup( ) 함수에서는 시리얼 모니터를 사용하겠다는 선언과 FND를 출력으로 정의한다.

13: loop( ) 함수에서는 키보드로부터 입력받은 값을 FND에 출력한다. 아래의 함수들은 시리얼 통신이 시작되었으면, 그 값을 저장하는 기능의 함수이다.

Serial.available( )

available(이용 가능한)의 의미처럼, 시리얼 통신을 통해 PC로부터 우노 보드가 전송받은 데이터(ASCII 코드)가 있는지 유무를 확인할 때 사용하는 함수이다. 만약, 데이터가 수신되면 이 함수의 실행 결과는 양수이다. 이 반환 값(양수)은 전송받은 데이터의 총 바이트 수를 나타낸다.

Serial.read( )

수신된 시리얼 데이터를 읽어 들인다. 이 예제에서는 숫자 1을 입력하면 FND에 1을 출력하고, 21을 입력해도 1을 출력한다.

14: Serial.available( ) 함수의 결괏값이 양수라는 의미는 데이터를 수신했다는 의미이다. 즉 수신된 데이터가 있으면 if()문을 실행한다.

15: 수신된 값들을 변수 rx에 저장한다. 코드 라인 15 다음에 아래의 코드를 끼워 넣어 보고 확인해 보자.

Serial.println(rx)

시리얼 모니터에서 숫자 열인 '12345'를 입력해 보면, 차례로 입력된 값을 ASCII 코드값으로 출력함을 확인할 수 있다.

16~17: '0'부터 '9'까지의 아스키 코드값은 48~57까지 이다. 이 코드값을 out_fnd(int num)의 입력값 num의 0부터 9까지로 바꾸려면 수신받은 rx 값에서 '0'의 아스키 코드값인 48을 빼주어야 한다. 예를 들면 시리얼 모니터에서 숫자 2를 입력하면, 2의 아스키 코드값인 50이 전달되고, 50-48은 2가 되어 fnd[2]에 해당하는 0x25가 선택된다. 그 이외의 값들은 FND를 끈다(OFF).

3) PC와 우노 보드 간의 데이터 주고받기

PC에서 타겟 시스템(우노 보드)에 명령을 전송하면, 타겟이 다시 PC에 응답하는 형태의 코드를 살펴보자. 아울러 앞선 예제 6.2의 연장선에서 아스키 코드값에 대해 이해하자. 양방향의 데이터 통신은 아래의 함수들을 혼합하여 사용하면 된다. 아래의 내용을 다시 상기해 보고, 암기해 두자.

(1) 우노 → PC(예제 6.1 참조)

```
Serial.begin(9600);  // 시리얼 통신 사용
Serial.println( );   // PC로 전송
```

우노의 상태를 읽어 들일 때 사용하는 함수이다.

(2) PC → 우노(예제 6.2 참조)

```
Serial.available( )  // 데이터 수신 여부
Serial.read( )       // PC로부터 입력
```

PC에서 데이터를 보낼 때 우노에서 준비해야 하는 함수이다.

【준비물】

[그림 6-1]과 같이 USB로 연결만 되어 있으면 된다.

연습 예제 6.3

PC에서 타겟으로 데이터 및 명령을 전송하면 그 답을 PC로 재전송해 주는 예제이다. PC의 시리얼 모니터 창에서 키보드 문자 1개를 입력하면 그 문자에 해당하는 아스키 코드(ASCII)를 10진수 값으로 변경하여 재전송해 주는 코드이다. 이 기능을 사용하기 위해 사용된 두 가지 함수를 확인해 보자.

Serial_data.ino

```
1  int rx = 0;
2  void setup()
3  {
4      Serial.begin(9600);
5  }
6  void loop()
7  {
8      if (Serial.available() > 0)
9      {
10         rx = Serial.read();
11         Serial.print( "I received:  ");
12         Serial.println(rx, DEC);
13     }
14 }
```

1: 수신된 값을 rx에 저장한다.

4: 시리얼 통신을 위한 전송 속도 9600 설정

8: 시리얼로 전송된 데이터가 있는지를 확인하여, 수신되면 if()문이 실행된다

10: 수신된 데이터의 첫 번째 1바이트를 변수 rx에 값을 저장

11: "I received:"를 출력하고, 행 바꿈이 없다.

12: rx에 저장된 ASCII 코드값을 10진수(Decimal, DEC)로 출력하고 행 바꿈이 있다.

동작 확인

프로그램을 업로드한 후 시리얼 모니터 아이콘을 누른다. 네모 박스 안에 'a'를 입력하고 우측의 send 버튼을 누르거나 키보드의 엔터를 치면 아래와 같이 출력된다.

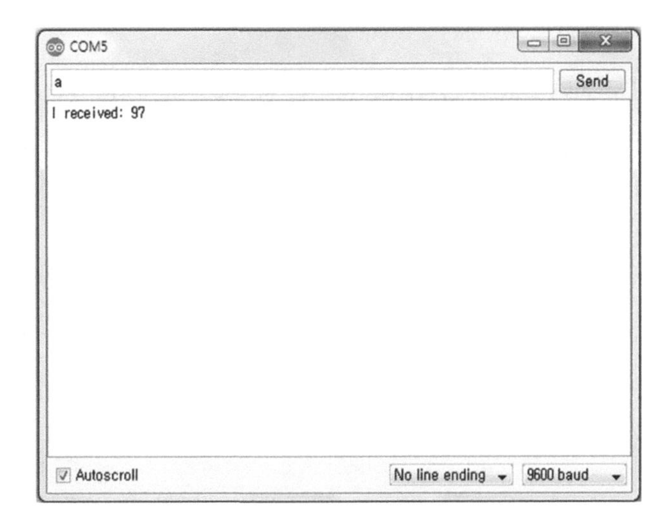

[그림 6-6] 'a'를 주고받은 결과(no line ending 세팅)

위 그림과 같이 PC에서 타겟으로 문자를 전송했고, 타켓이 수신한 그 문자에 대한 답을 하는 형식이다. 쌍방 간에 데이터의 교환이 이루어진 것을 확인할 수 있다. 아스키 코드에 대한 정보는 교재 3장의 3절을 참조한다.

Serial.println(rx, DEC)

함수의 원형은 Serial.println(val, format)으로 format에는 DEC, HEX, OCT, BIN 등이 들어갈 수 있다. 10진수(DEC), 16진수(HEX), 2진수(BIN) 표기법으로 출력할 수 있다.

위 코드 중 12 Serial.println(rx, DEC); 대신에 아래의 코드를 추가해 확인해 보자.

```
12        Serial.println(rx);
          Serial.println(rx, DEC);
          Serial.println(rx, HEX);
          Serial.println(rx, BIN);
```

전송한 문자에 대한 16진수(HEX) 값과 이진수(BIN) 값이 출력됨을 확인할 수 있다. 또한, 첫 번째 Serial.println(rx);의 값이 Serial.println(rx, DEC); 값과 동일한 10진수 값이 출력됨에 유의하자.

심화 예제 6.4

PC에서 2개의 숫자열(A, B값)을 입력받아 두 수를 더하고, 빼는 계산 결과를 출력하는 프로그램을 작성한다. 타겟이 PC에게 데이터 입력을 요구하고, 그 입력받은 값의 결과를 다시 PC에게 재전송해 주는 프로그램이다.

PART 07

LEARN CODING WITH ARDUINO

아날로그 신호의 입력

1. 아날로그에서 디지털로 이동
2. 디지털로의 변환
3. AD 변환기
4. 아두이노 우노 보드의 AD 변환 활용
5. 아날로그 신호 입력
   1) 가변저항을 이용한 아날로그 입력
   2) 아날로그 입력값을 LED로 출력하기
   3) 광센서(CdS) 입력값을 LED로 출력하기

아날로그 신호의 입력

1 아날로그에서 디지털로 이동

앞서 디지털 입·출력 제어를 위해 타겟 시스템에 여러 입·출력 장치를 붙여서 코드를 작성해 보았다. 입력 장치로서는 택트 스위치를 통한 입력 처리가 있었고, 출력으로는 LED, 7세그먼트가 있었다. 하지만 타겟 시스템 설계에 있어 이러한 디지털 신호 관련 소자만 있는 것이 아니다.

디지털의 상반 개념으로 알고 있는 아날로그 관련 소자들의 적용도 고려해야 한다.

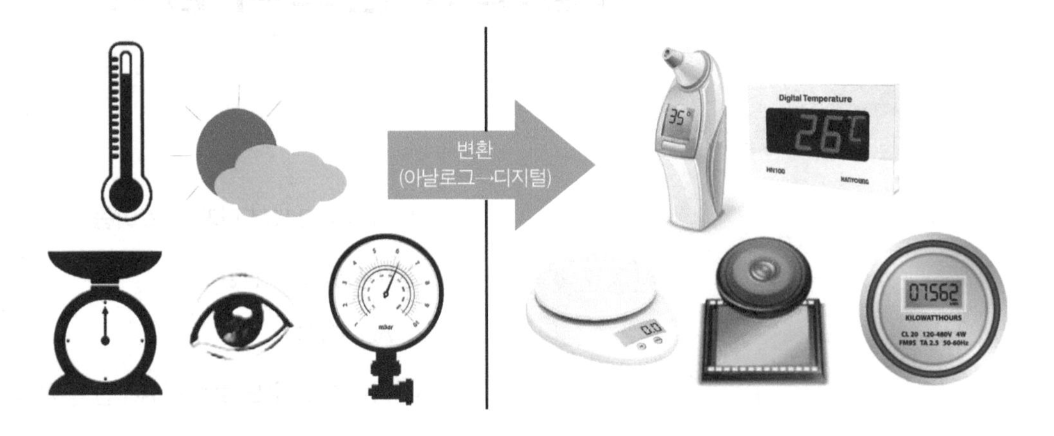

[그림 7-1] 아날로그에서 디지털로 변환

위 [그림 7-1]을 보고 무엇이 무엇으로 대체되었는지 확인할 수 있겠는가? 우측의 이미지를 보면서 좌측의 의미를 설명하는 것이 나을 듯하다. 온도, 습도, 체온, 질량,

부피, 속도 등의 물리량을 측정할 때 측정 방식이 좌측에서 우측으로 변천되었다는 것을 알 수 있다. 좌측을 아날로그 세계(system) 혹은 환경이라고 하고, 우측을 디지털 세계라고 하자.

과거의 단위 측정 방식은 눈금으로 확인을 하였으나, 현재는 수치화(digit)되어 있음을 알 수 있다. 수치화됨으로써 얻을 수 있는 가장 큰 장점은 무엇일까? 아마도 계측 값을 읽을 때의 오차가 줄고, 누구나 쉽게 값을 읽을 수 있으며, 표준화되어 있다는 사실이다.

2 디지털로의 변환

자연계에서의 물리량을 아래 [그림 7-2]에서 보면, 신호로 표현하면 끊임이 없는 연속적인 형태를 가지고 있다. 온도, 광, 습도 등의 값들은 시간에 따라 연속적으로 변화를 갖는다. 이를 신호로 표현해 보면 연속적인 파형(예, 사인파)의 모양으로 표현해 볼 수 있다.

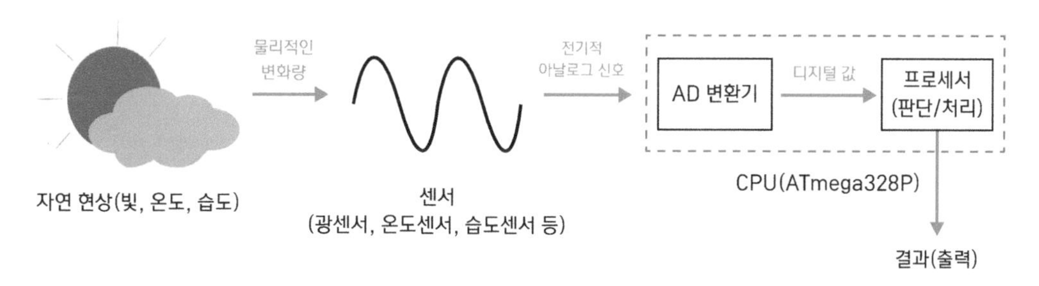

[그림 7-2] 센서와 CPU의 활용

아날로그에서 디지털로의 변환은 무엇으로 가능해질 수 있나? 답은 센서(Sensor)이다. 센서는 아날로그 환경의 물리량들을 디지털 환경에서 사용할 수 있도록 가능케 해주는 부품이라 생각하면 된다. 이러한 부품을 가지고 측정값을 수치화하기 위해서 필요한 것들이 아두이노와 같은 제어기(제어 장치)들이다.

빨간 점선은 아두이노 우노 보드 내의 CPU(ATmega328P)를 가리키고, CPU 내부에서 ADC(Analog to Digital Conversion, AD 변환기) 회로를 거치면 (0.1)의 2진수로 이루어진 데이터(10비트)로 변환이 이루어진다. 이 결과를 가공해 출력 장치로 표현하게 된다.

3 AD 변환기

[그림 7-2]에서 빨간색 점선으로 표시된 우노 내부의 CPU인 ATmega328P는 AD 변환기를 가지고 있다. 이 변환 로직은 센서의 입력을 받아서 디지털 값으로 변환하는 장치이다.

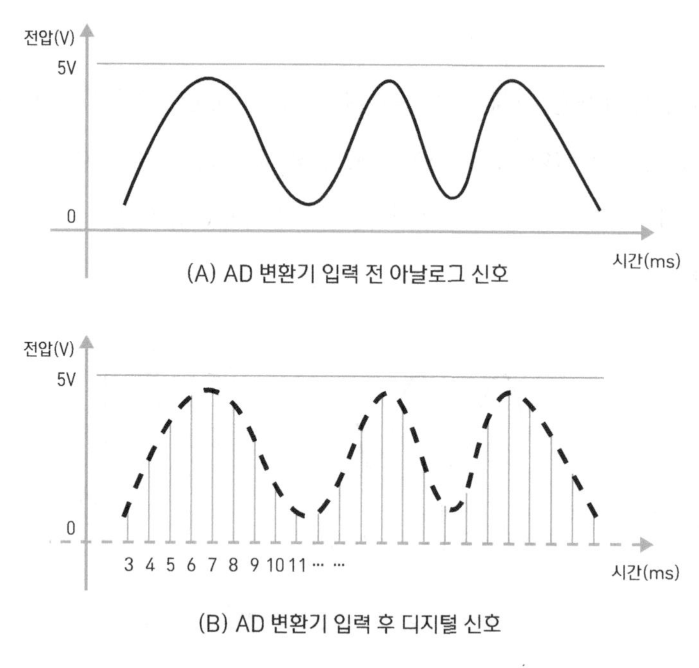

[그림 7-3] 1ms마다 샘플링해서 디지털 값으로 저장하기

아날로그 신호(A)를 디지털 신호(B)로 변경하는 과정을 [그림 7-3]에 나타냈다. 그림 (A)는 CPU의 내부로 입력되기 전의 파형으로 시간 x축의 지속 시간에 따라 y축의 값들이 연속적인 값으로 이루어져 있다. 하지만 (B)의 그림에서는 1ms 단위로 해당 y축의 값들을 읽고 있는데, 이를 가리켜 샘플링(Sampling)을 한다고 한다. 샘플링은

(A) 신호를 원형 그대로 저장하는 것이 아니고, (B)처럼 일정한 시간 간격(1ms)으로 데이터를 저장하는 것을 말하고, 이 y축의 전압값을 10비트의 값으로 저장하게 된다. 대부분의 8비트 마이컴들이 그렇듯이 우노의 경우에도 아날로그 입력 신호의 크기가 0V~5V의 진폭 범위 내의 값을 10비트의 분해능(Resolution)으로 저장한다.

분해능(Resolution)이란 정밀도(Degree of Precision)를 말한다.

일반적으로 많이 사용하는 분해능은 8, 10, 12, 16, 24비트 등이 있다. 또한, AD 변환시간도 가급적 빠를수록 좋을 것이다. 하지만 분해능이 크고 변환 시간이 빠를수록 CPU의 가격은 상승한다. 따라서 적절한 분해능 및 변환 속도를 가진 AD 변환기를 사용하는데 우노의 경우도 10비트 분해능(오차범위 2LSB), 최대 10KHz 샘플링 속도, 6채널(아날로그 A0번 핀~A5번 핀)의 아날로그 신호 입력이 가능하도록 만들어졌다.

참고로, 원래 ATmega328은 패키지에 따라 32핀 짜리와 우노에서 사용하고 있는 28핀 짜리가 있다. 32핀 패키지에서는 8개의 채널을 가지지만, 우노에 사용된 28핀 형태에는 6개의 ADC 입력 채널을 가지고 있다.

우노에서는 총 6개의 센서 입력 처리를 할 수 있지만, 동시에 이루어지는 것이 아니고, 순차적으로 이루어져야 한다.

분해능 8비트와 10비트의 차이는 무엇인가?

[그림 7-3]에서 디지털화된 변환 값은 우노에서 10비트의 크기로 저장된다. 코드에서는 8비트의 char형이 아닌, 16비트의 int형으로 저장되어야 할 것이다. 데이터값을 10비트로 저장하는 것이 보다 정밀할 것이다. 다음의 그림을 보고 이해하고 넘어가기 바란다.

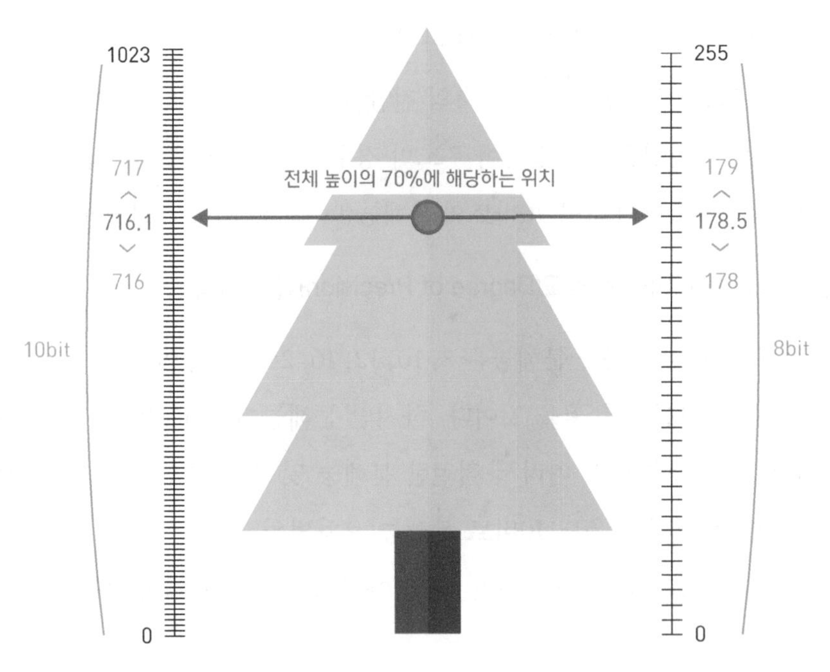

[그림 7-4] 분해능 나무(Tree) - 동일 높이를 서로 다른 방법으로 측정

[그림 7-4]는 10비트와 8비트짜리 분해능의 이해를 돕기 위한 것이다.

10비트로 저장되는 높이 측정값(716.1)과 8비트로 저장되는 측정값(178.5)을 비교해 보자. 각각의 눈금을 막대자(ruler)로 생각하면, 각각의 막대자로 측정한 값은 서로 다르지만, 전체 나무 높이의 70% 지점을 가리키고 있다. 10비트는 0~1023의 데이터 표현 범위를, 8비트는 0~255의 데이터 표현 범위를 갖는다. 보다 정밀하게 값을 읽을 수 있는 방법은 분해능이 높은 쪽일 것이다. 즉 동일 높이를 표현하는데 소수점을 배제한다면, 716.1은 존재할 수 없어서 717이나 716을 선택해야 할 것이고, 178.5도 존재할 수 없어 179나 178 중에서 선택해야 할 것이다.

숫자 크기로 보면 1의 변화지만, 각 막대자의 눈금 간격을 고려하면 8비트의 값의 오차가 더 크다. 정리하면, 10비트로 측정한 결괏값이 8비트로 저장한 값보다 정밀한 값을 가진다는 점이다. 10비트보다는 12비트 ADC 변환기가 더 정밀한 값을 표현할 수 있지만, 더 비싼 비용을 지급해야 한다.

4 아두이노 우노 보드의 AD 변환 활용

아두이노 우노 보드를 사용하면, 원하는 물리량 등을 디지털로 변환하여 출력시킬 수 있다. 우노 보드의 아날로그 관련 담당 부분을 살펴보자.

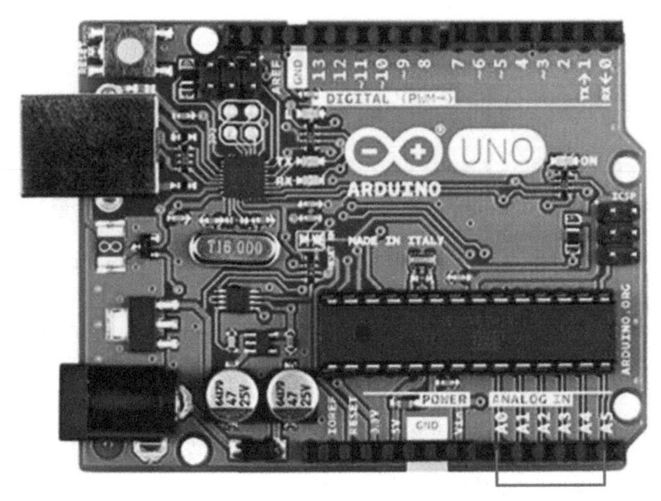

[그림 7-5] 우노 보드의 아날로그 입력 핀

아날로그 신호를 입력할 때, [그림 7-5]의 우노 보드 소켓에 점퍼 와이어를 연결하여 외부 장치와 연결시킨다. 센서와 같은 부품을 입력하기 위해서는 하단의 ANALOG IN이라고 적힌 부분의 아날로그 입력 핀을 이용하면 된다. 아날로그 입력 핀들을 이용한 코드를 작성해 보자.

5 아날로그 신호 입력

아날로그 입력 핀인 A0에서 A5까지 6개의 핀을 활용해 센서 등의 입력 장치를 사용해 시스템을 설계할 수 있다. 이 6개의 핀은 우노 보드의 메인 CPU와 직접 연결되어 있는데, 각각의 핀들을 채널(Channel)이라고 부른다.

즉 6개의 채널에 최대 6개의 센서를 동시에 연결시킬 수는 있지만, 하나의 센서(예를 들면 A2)의 입력 처리가 끝날 때까지 다른 센서들(A2 이외의 채널에 연결된)은 순서를 기다려야 한다. 물론, 이 처리 순서는 코딩을 하는 개발자가 정하는 것이다.

또한, 6장에서 언급했던 크로스 컴파일 환경 상태에서의 데이터 통신을 통해 아날로그 입력 신호를 시리얼 모니터링하거나 제어할 수 있다.

1) 가변저항을 이용한 아날로그 입력

아날로그 입력 테스트를 하기 위해 센서 대신으로 가장 많이 사용되는 부품이 가변저항이다. 가변저항으로 전압 분배 법칙을 설명하기 쉽고, 그 결과값(Vout)이 AD 변환기의 입력으로 사용되기 때문이다.

[그림 7-6]은 가변저항을 2개의 저항으로 대체해 출력 전압값을 구하는 방법을 보여주고 있다. 출력 전압은 0V~5V의 전압 범위를 가지고, 그림과 같이 Vout이 우노 보드의 A0~A5중 한 핀에 연결되어 사용된다.

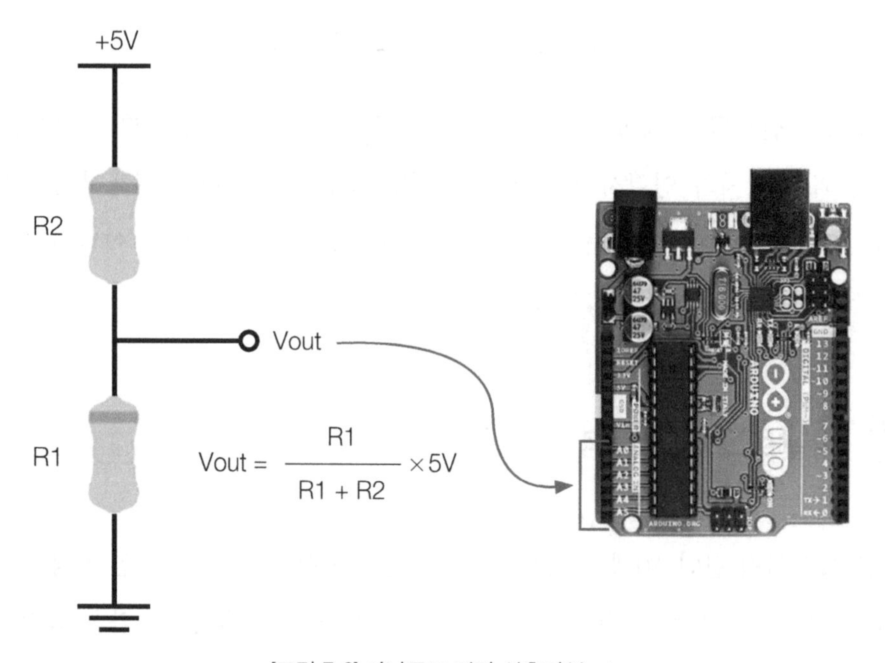

[그림 7-6] 아날로그 입력 신호인 Vout

가변저항을 가지고 배선하는 것은 다음 예제에서 살펴보고, [그림 7-6]에서 아날로그 입력 처리(ANALOG IN, A0~A5)와 관련해 반드시 알아 둘 사항은 다음과 같다.

- A0~A5에 입력되는 신호는 전압 형태이며, 입력값의 범위는 0~5V이다.
- 센서를 연결할 경우, 최대 6개를 연결할 수 있지만 코드에서 순차적으로 입력 및 처리해 주어야 한다.
- 센서의 출력값은 ANALOG IN의 입력이 되며, 반드시 전압의 형태로 입력되어야 한다.
- 코드에서는 analogRead(0), analogRead(1), … 함수를 사용하여 입력 처리한다.

다음의 예제들을 통해, 센서의 출력값을 시리얼 모니터를 통해 확인해 가면서, 아날로그 신호를 입력 처리를 해보자. 6장의 [그림 6-3]에서 언급했던 타겟 시스템에서 PC로 데이터를 보내는 방식임을 고려하자.

베이스보드 활용

가변저항의 전압값을 AD 변환하여 시리얼 통신으로 PC로 전송하여 모니터링하는 프로그램을 작성한다.

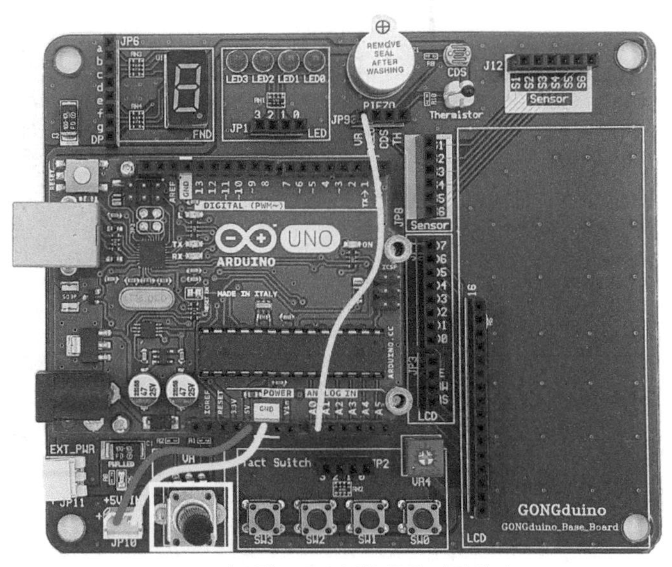

[그림 7-7] A0와 VR을 연결하기

공두이노 베이스보드를 사용해서 [그림 7-7]과 같이 우노 보드의 A0와 상단의 VR이라는 소켓에 점퍼 와이어로 연결을 한다. 하단의 VR(가변저항) 손잡이를 돌려 가며 값의 변화를 살펴보자. 상세한 회로도는 아래 브레드보드에서 배선한 것과 동일하다.

브레드보드 활용

가변저항을 사용해 AD 변환한 결과를 시리얼 모니터를 통해 확인해 본다.

【준비물】

아두이노 UNO 보드	브레드보드 1개	가변저항 10KΩ 1개

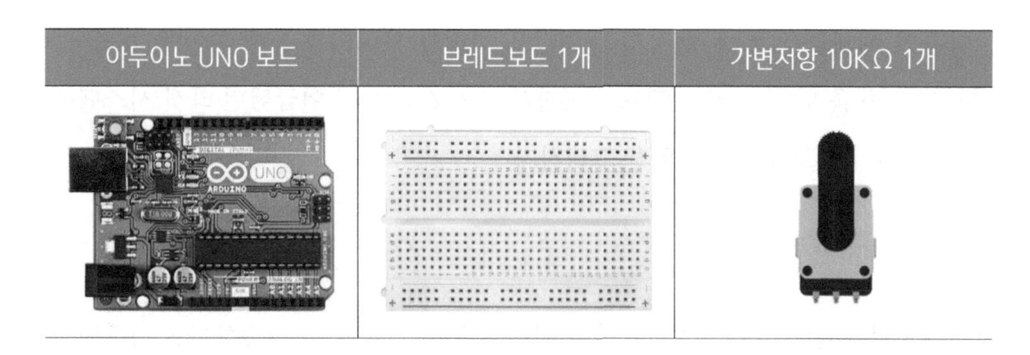

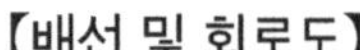

【배선 및 회로도】

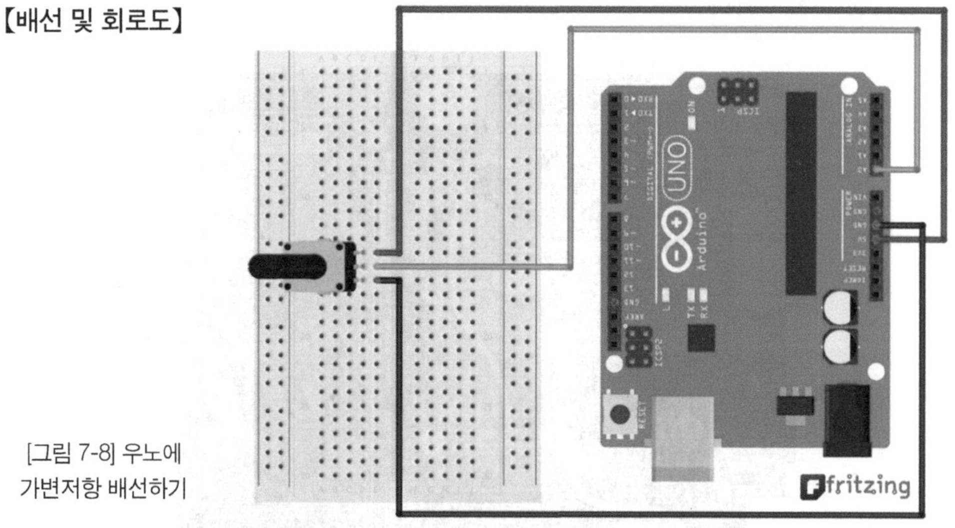

[그림 7-8] 우노에 가변저항 배선하기

[그림 7-9]의 배선 회로도는 [그림 7-7]의 베이스보드 회로도와 동일하다. 가변저항의 양단에 +5V와 GND를 연결하고 중간 단에서 점퍼 와이어를 아날로그IN 소켓

중에 A0에 연결한다. A0에 입력되는 신호는 가변저항의 손잡이(노브, Knob)를 돌림에 따라 0V~5V사이의 전압값이 입력된다. 이러한 효과는 [그림 7-6]의 전압 분배 법칙에 의한 전압 출력값을 A0의 아날로그 IN 단자에 인가하는 것과 동일하다. 아날로그 IN 단자에 인가되는 센서 출력값은 전압 형태로 핀에 입력되어야 한다.

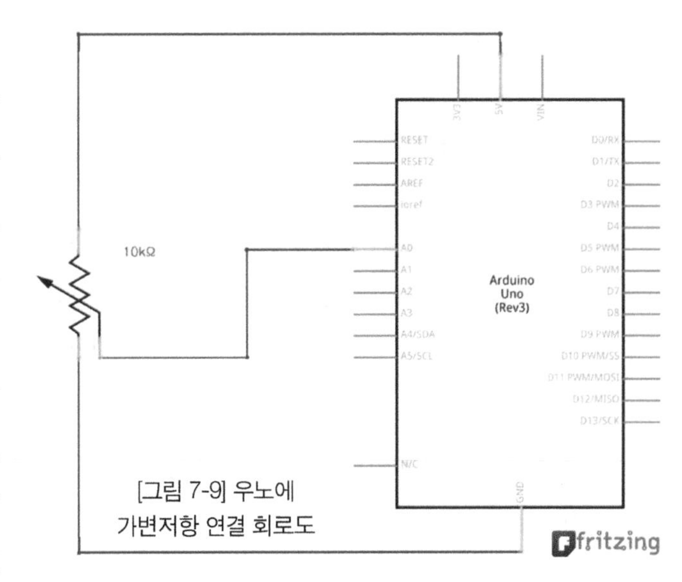

[그림 7-9] 우노에 가변저항 연결 회로도

연습 예제 7.1

가변저항을 돌려 보면서, 해당 출력값을 시리얼 모니터를 통해 확인해 보자.

AIN_VR.ino

```
1	int val = 0;
2	void setup()
3	{
4		Serial.begin(9600);
5	}
6	 void loop()
7	{
8		val = analogRead(0);
9		Serial.print( “VR =  “);
10		Serial.println(val);
11		delay(200);
12	}
```

1: AD 변환 값을 저장할 변수

4: 시리얼 통신을 위한 전송 속도 9600 설정

8: A0번 핀에 입력 신호를 연결하고, 그 결괏값을 val 변수에 저장

9: PC 화면에 "VR = " 출력

10: 저장했던 val값을 PC로 전송

11: 200ms마다 시리얼 모니터 화면에 출력시킴, AD 변환은 이미 코드 라인 8에서 처리 완료됨

analogRead(0)

아날로그 IN 핀을 통해 입력되는 아날로그 신호를 위 함수를 통해 읽을 수 있다.
괄호 안은 채널 A0를 의미하며, 입력되는 아날로그 값을 디지털로 변환하면 0~1,023의 범위를 갖는다. 이는 입력되는 아날로그 신호의 진폭 0~5V를 0~1,023의 값으로 표현할 수 있다는 의미이다. 2.5V이면 출력값은 511(2^9-1)이 된다.

실행 결과

가변저항을 돌려 가면서, 시리얼 모니터에서 출력되는 변환된 0~1023의 값을 확인할 수 있다. 아날로그 IN의 채널을 A0에서 다른 나머지 5개의 채널로 바꿔가면서 확인해 보기 바란다. 배선을 변경해 주어야 할 것이고, 코드라인 8에서 해당 채널로 변경해 주어야 할 것이다.

2) 아날로그 입력값을 LED로 출력하기

가변저항의 아날로그 입력 신호에 출력 장치를 추가하여 실습해 보자. 가변저항의 전압값을 AD 변환한 디지털 값의 범위에 따라 LED 4개에 표현하는 코드를 작성한다. 먼저, 출력 장치 LED 1개로 하드웨어를 구성하고, 순차적으로 4개까지 완성한 뒤 코드를 작성한다.

베이스보드 활용

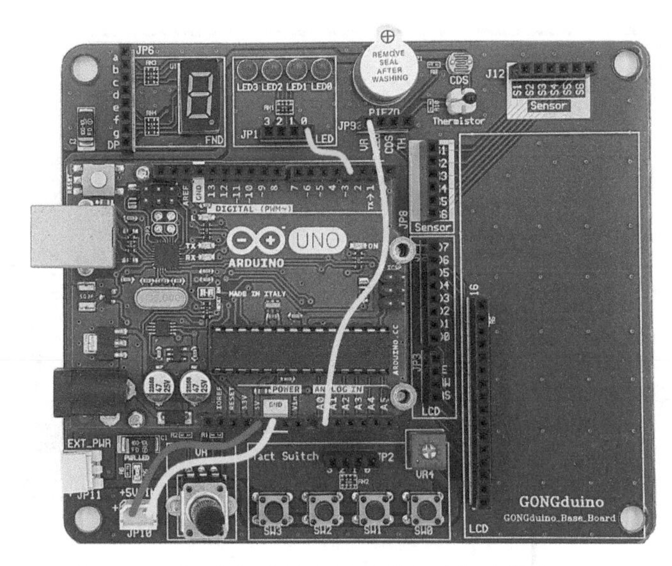

[그림 7-10] 가변저항(VR) 입력과 LED0 출력

우노 보드	입 · 출력 방향	베이스보드
3번 핀	→	LED 0
A0	←	VR

가변저항 1개와 LED0 1개를 사용해 간단하게 테스트를 해본다.

브레드보드 활용

【준비물】

아두이노 UNO 보드	브레드보드 1개	저항 300Ω 1개 / LED 1개	가변저항 10KΩ 1개
	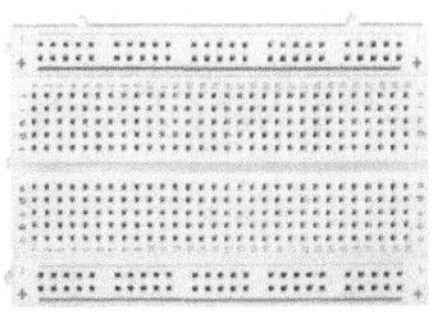	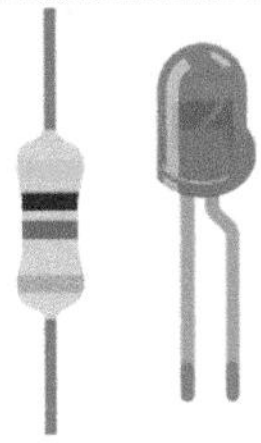	

【배선 및 회로도】

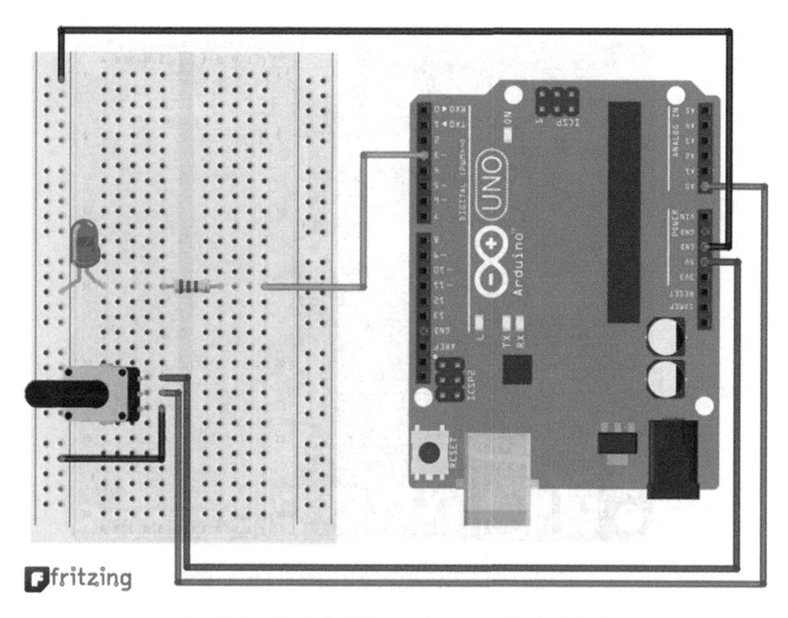

[그림 7-11] 가변저항(VR)과 LED 1개 배선하기

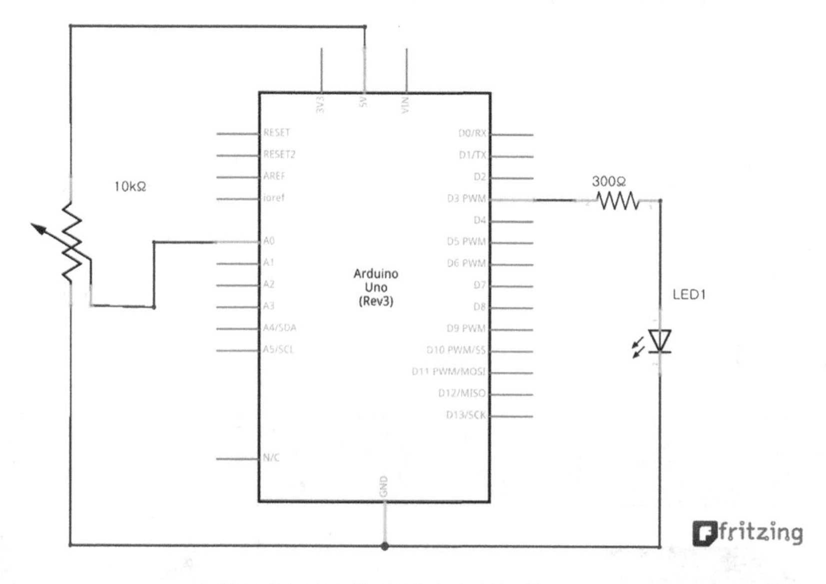

[그림 7-12] 배선 회로도 (VR 1, LED 1)

연습 예제 7.2

예제 6.1에 LED를 추가하는 형식으로 코드를 완성하자. 가변저항의 입력값을 읽으면서 512 이상이 되면 LED를 켜는 형식이다.

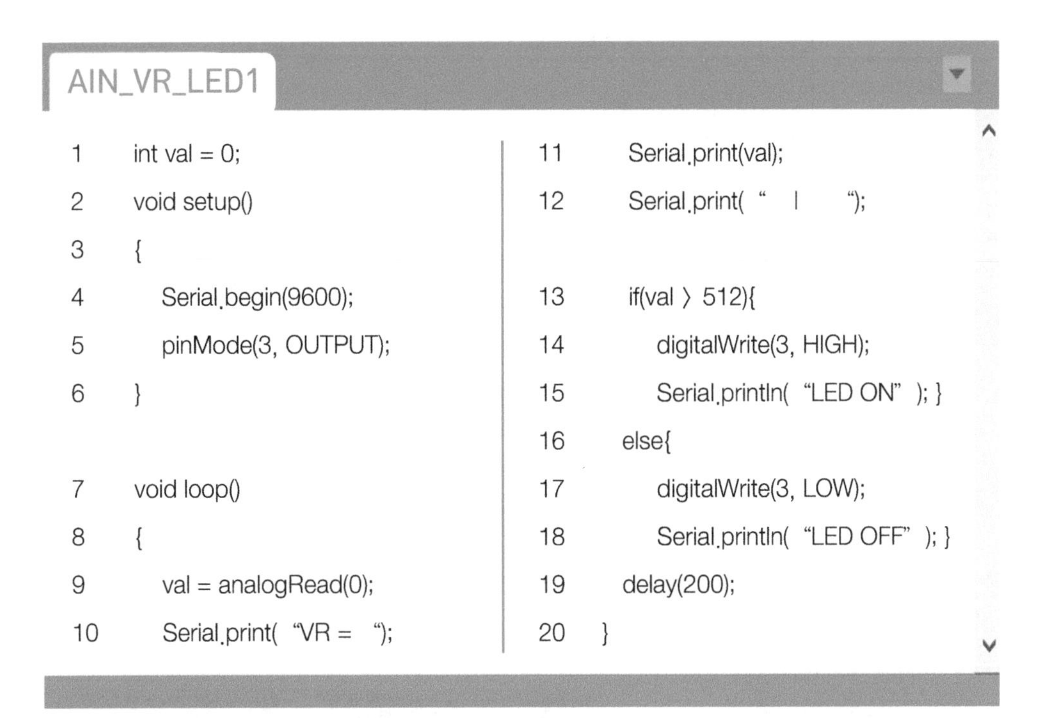

AIN_VR_LED1

```
1   int val = 0;
2   void setup()
3   {
4      Serial.begin(9600);
5      pinMode(3, OUTPUT);
6   }

7   void loop()
8   {
9      val = analogRead(0);
10     Serial.print( "VR =  ");
11     Serial.print(val);
12     Serial.print( "  |    ");

13     if(val > 512){
14        digitalWrite(3, HIGH);
15        Serial.println( "LED ON" ); }
16     else{
17        digitalWrite(3, LOW);
18        Serial.println( "LED OFF" ); }
19     delay(200);
20  }
```

예제 6.1에 LED 1개를 ON/OFF 하는 코드가 추가되었다.

1: AD 변환 값을 저장할 변수

4: 시리얼 모니터링을 위한 전송 속도 9600 설정

5: LED 1개를 출력 핀 3번에 지정

9: A0번 핀에 입력 신호를 연결하고, 그 결괏값을 val 변수에 저장

10~11: PC 화면에 "VR = " 출력하고 저장했던 val값을 PC로 전송

12: VR값과 LED ON/OFF 상태를 동시 출력하기 위한 구분자

13~15: 변수 val에 저장된 값이 512를 넘으면 LED를 켜고, 화면에 LED ON을 출력

16~18: 변수 val에 저장된 값이 512보다 작으면 LED를 끄고, 화면에 LED OFF를 출력

가변저항을 돌려 가면서, LED의 ON/OFF 상태와 시리얼 모니터의 결과를 확인해 본다.

실행 결과

가변저항값 대비 LED 상태의 변화를 시리얼 모니터와 실제 하드웨어 제작물에서 비교 살펴본다. 가변저항값이 512를 넘으면, LED가 켜짐을 확인할 수 있다.

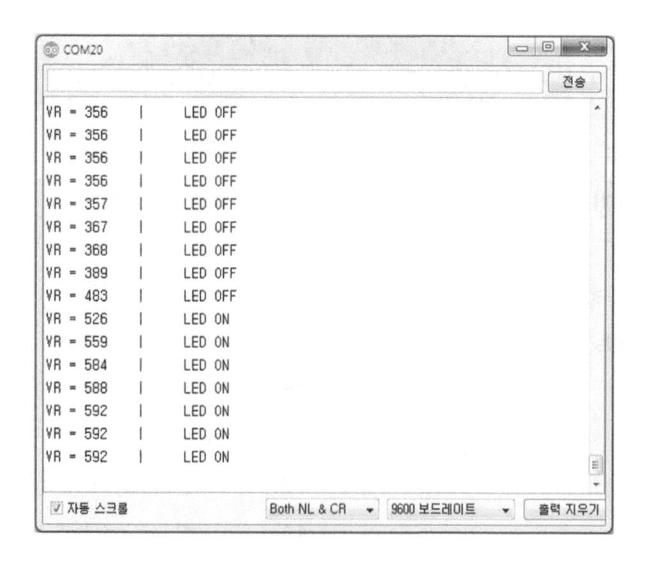

[그림 7-13] 시리얼 모니터 확인(가변저항값과 LED 상태)

베이스보드 활용

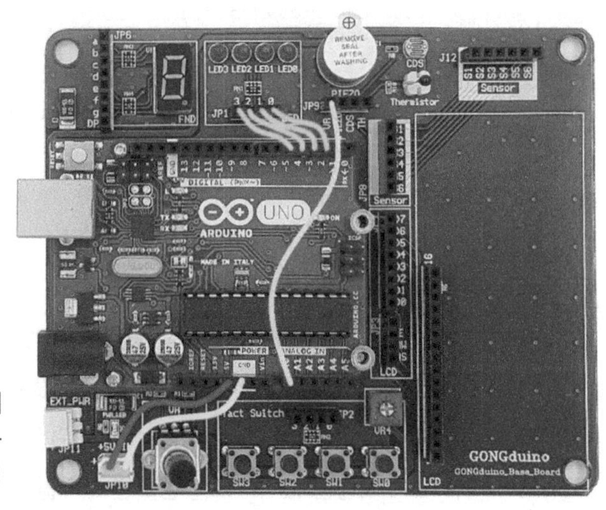

[그림 7-14]
가변저항(VR) 입력과
LED0~LED3 출력

[그림 7-10]에 LED 3개를 추가하기 위해 [그림 7-14]와 같이 배선을 하고, 가변저항을 위해 A0와 상단의 VR 소켓을 연결한다. 자세한 연결은 다음 표를 참고한다.

우노 보드	입 · 출력 방향	베이스보드
2번 핀	→	LED 0
3번 핀	→	LED 1
4번 핀	→	LED 2
5번 핀	→	LED 3
ANALOG IN A0	←	VR

브레드보드 활용

【준비물】

아두이노 UNO 보드	브레드보드 1개	저항 300Ω 4개 / LED 4개	가변저항 10KΩ 1개

【배선 및 회로도】

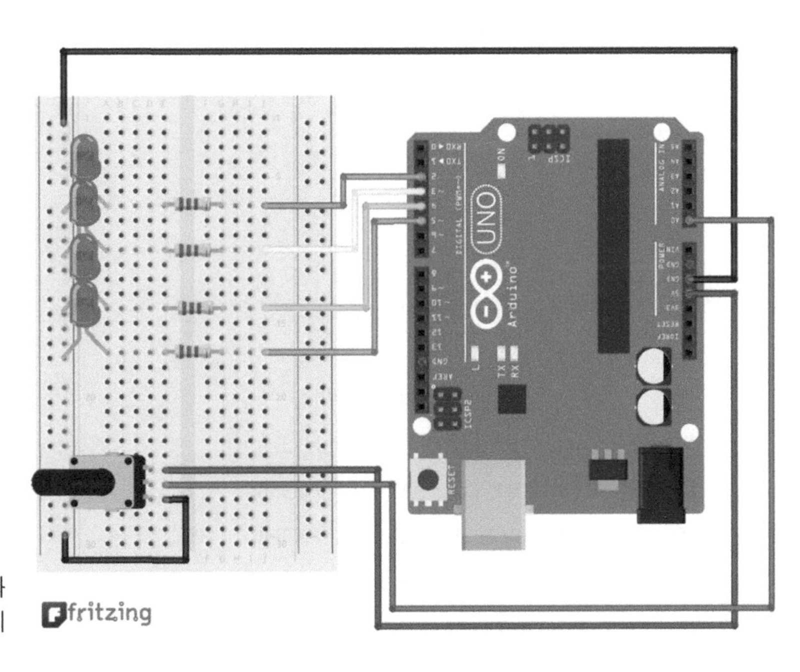

[그림 7-15] 가변저항(VR)과 LED1~LED4 4개 배선하기

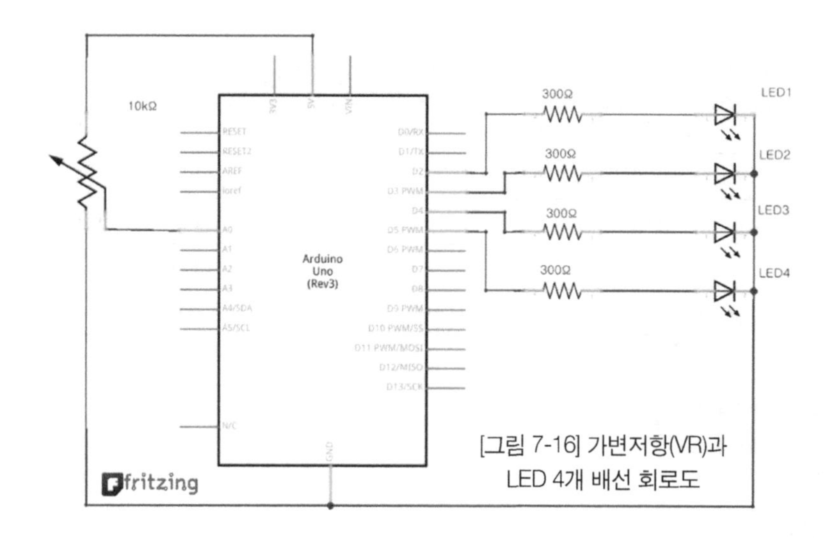

[그림 7-16] 가변저항(VR)과 LED 4개 배선 회로도

연습 예제 7.3

가변저항의 입력값에 따라 LED4개를 점진적으로 ON/OFF 하는 예제이다.

AIN_VR_4LED

```
1    int val = 0;
2    void setup() {
3        Serial.begin(9600);
4        for (int i=2; i<=5; i++)
5            pinMode(i, OUTPUT);
6    }

7    void loop() {
8        val = analogRead(0);
9        for (int i=2; i<=5; i++)
10               digitalWrite(i, LOW);
11       if (val > 816) digitalWrite(5, HIGH);
12       if (val > 612) digitalWrite(4, HIGH);
13       if (val > 408) digitalWrite(3, HIGH);
14       if (val > 204) digitalWrite(2, HIGH);
15       delay(200);
16   }
```

1: AD 변환 값을 저장할 변수

3: 시리얼 모니터를 위한 전송 속도 9600bps 설정

4~5: 디지털 입 · 출력 핀 2, 3, 4, 5를 출력 모드로 설정

8: 아날로그 A0번 핀에서 값을 읽어 변수 val에 저장

9~10: 디지털 입 · 출력 핀 2, 3, 4, 5번 핀에 LOW("0") 출력 초기화(LED OFF)

11: 값이 816 이상이면 디지털 입 · 출력 핀 i번에 HIGH("1") 출력 (LED ON)

12: 값이 612 이상이면 디지털 입 · 출력 핀 i번에 HIGH("1") 출력 (LED ON)

13: 값이 408 이상이면 디지털 입 · 출력 핀 i번에 HIGH("1") 출력 (LED ON)

14: 값이 204 디지털 입 · 출력 핀 i번에 HIGH("1") 출력 (LED ON)

17: 200ms(0.2초) 시간 지연

실행 결과

VR 입력값 범위	0 ~ 204	204 ~ 408	408 ~ 612	612 ~ 816	816 ~ 1023
LED ON/OFF	LED 모두 OFF	LED 0 ON	LED 0,1 ON	LED 0,1,2 ON	LED 모두 ON

4개의 LED의 연결 상태가 정 논리인 HIGH를 인가하면 LED가 켜지는 구조이다. 따라서 가변저항으로부터 읽을 수 있는 210 = 1,024의 입력값에 따라 위 표와 같이 5등분 하여 코드를 작성한 결과이다.

3) 광센서(CdS) 입력값을 LED로 출력하기

가변저항은 센서를 대신하여 사용하였다. 빛 감지에 따라 저항값이 변하는 특징을 이용하는 조도센서인 CdS 센서를 사용해 보자.

이 센서는 조도센서라는 이름처럼 조도를 측정할 수 있는 센서이다. 다이오드처럼 반도체 소자로써 빛의 양이 많아지면 저항이 감소하는 특징을

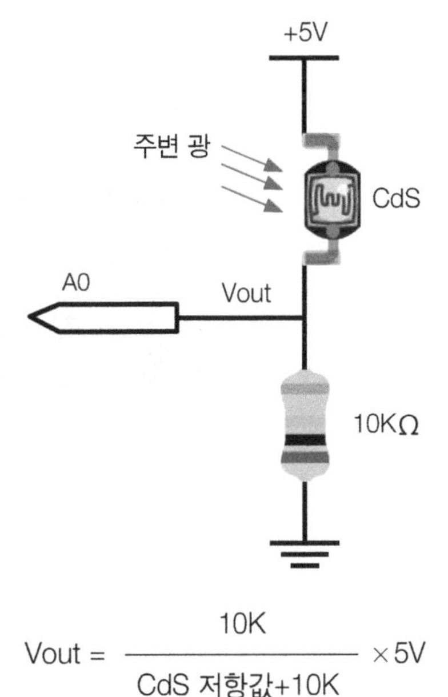

$$Vout = \frac{10K}{CdS\ 저항값 + 10K} \times 5V$$

[그림 7-17] 황화카드뮴(CdS) 센서와 저항의 전압 분배 법칙

갖는다. 어두운 곳에서는 저항값이 커지며 극성도 없기 때문에 다음과 같이 전압분배 법칙을 이용하면 우노의 아날로그 IN의 입력으로 사용할 수 있다.

[그림 7-17]의 전압 분배 법칙을 활용해서 Vout의 출력값을 예상해 보자. 주변 광에 CdS 센서가 노출되면 밝기에 따라 저항값이 변화한다. 어두워지면 저항값이 커지기 때문에 Vout식에서 분모가 커져 출력 전압값은 감소하게 된다.

[그림 7-17]에 따라 배선을 하고, 예제를 통해 확인해 보자. 먼저 시리얼 모니터를 통해 센서 자체만의 출력값을 살펴보자.

베이스보드 활용

배선은 우노 보드의 A0 입력 소켓과 베이스보드의 CDS에 점퍼 와이어로 한 곳만 연결하면 된다. 베이스보드의 회로는 [그림 7-17]과 동일하고, Vout에 해당하는 부분이 베이스보드 상단 소켓의 CDS라고 생각하면 된다.

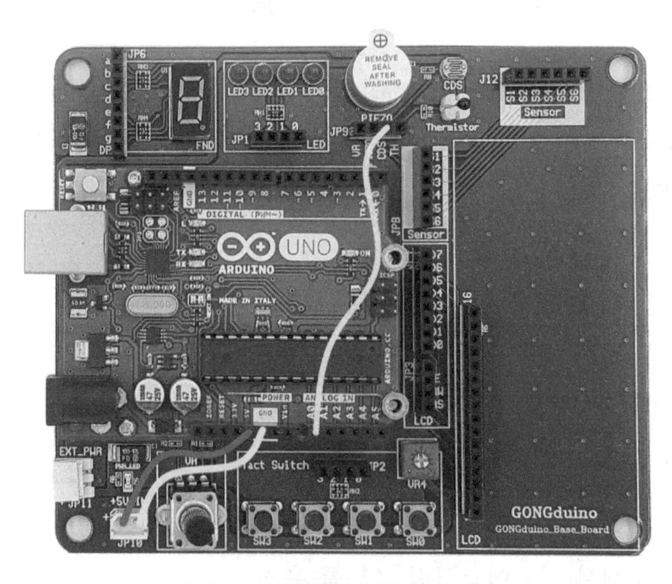

[그림 7-18] CdS 센서를 A0에 연결

브레드보드 활용

【준비물】

아두이노 UNO 보드	브레드보드 1개	저항 10KΩ 1개	CdS 센서 1개

【배선 및 회로도】

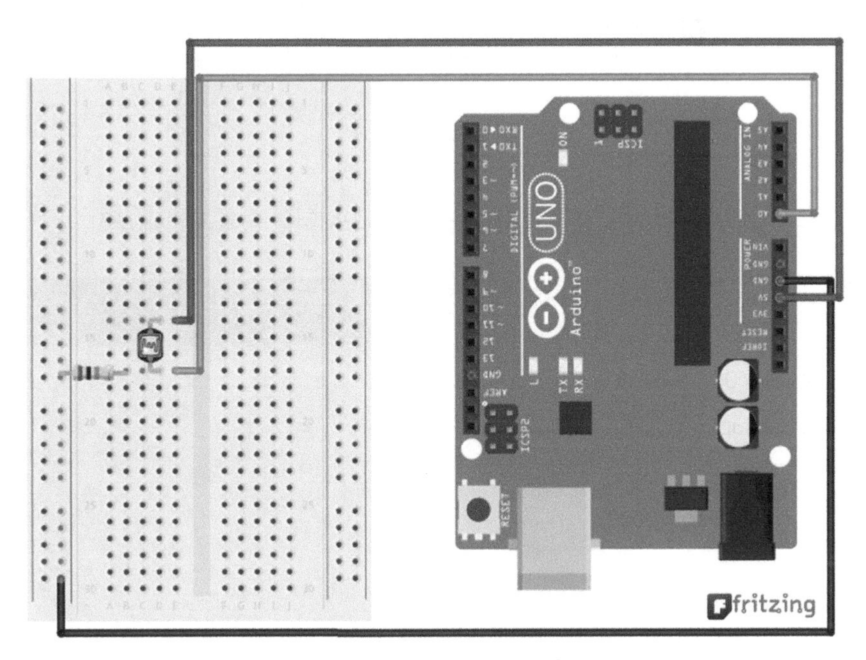

[그림 7-19] CdS 센서와 저항으로 회로 꾸미기

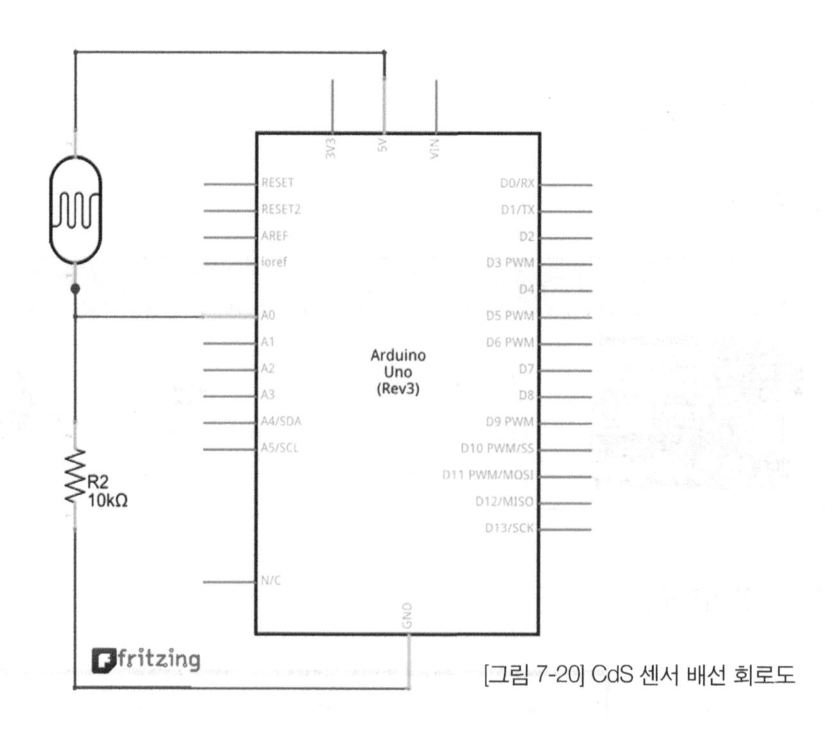

[그림 7-20] CdS 센서 배선 회로도

연습 예제 7.4

예제 6.1과 코드는 동일하다. 해당 출력값을 시리얼 모니터를 통해 확인해 보자.

AIN_CdS.ino

```
1    int val = 0;
2    void setup()
3    {
4        Serial.begin(9600);
5    }
6
7    void loop()
8    {
9        val = analogRead(0);
10       Serial.print( "CdS =  ");
11       Serial.println(val);
12       delay(200);
13   }
```

코드의 설명은 예제 6.1과 동일하기 때문에 생략한다.

실행 결과

센서를 손가락으로 갑자기 가리면 값이 급격하게 낮아져, 앞서 [그림 7-17]에서 예상했던 Vout의 출력값이 감소할 것이라는 점을 확인하였다. 다음 예제에서는 CdS 센서와 LED를 사용해서 밝기에 따라 LED를 ON/OFF 제어해 보자.

[그림 7-21] 시리얼 모니터 확인(Cds값 출력)

베이스보드 활용

[그림 7-22]와 같이 CdS 센서와 우노 보드를 연결하고, LED0를 디지털 출력 핀 2번과 연결한다.

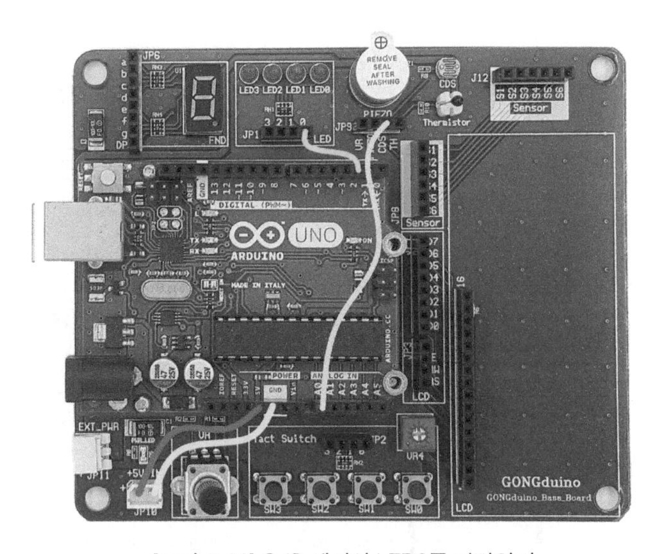

[그림 7-22] CdS 센서와 LED0를 연결하기

우노 보드	입 · 출력 방향	베이스보드
2번 핀	→	LED 0
A0	←	CDS

CdS 센서 1개와 LED0 1개를 사용해 간단하게 테스트를 해본다.

브레드보드 활용

【준비물】

아두이노 UNO 보드	브레드보드 1개	저항 300Ω 1개 / LED 1개	CdS 센서 1개 / 저항 10KΩ 1개

【배선 및 회로도】

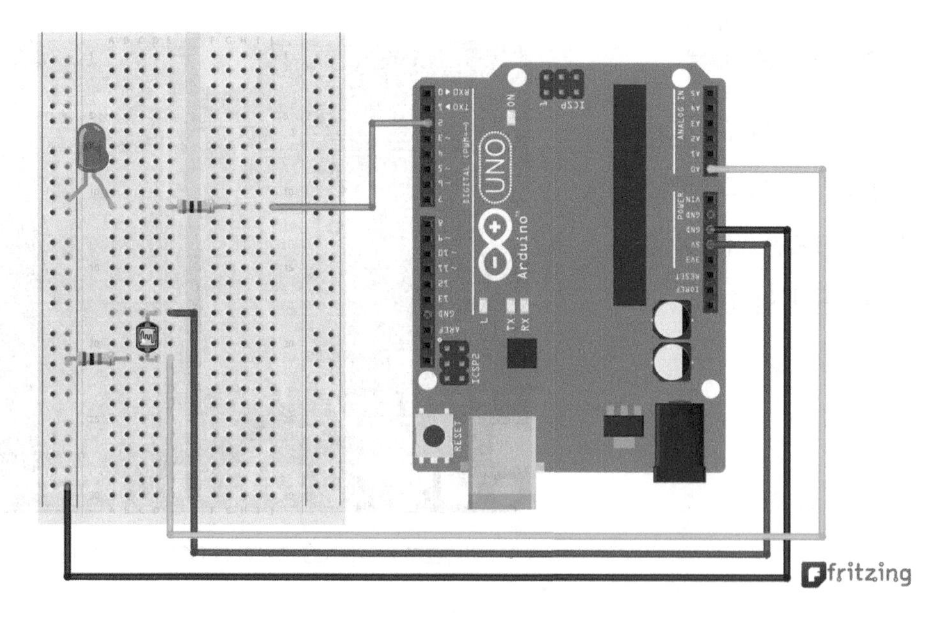

[그림 7-23] CdS센서와 LED를 연결하기

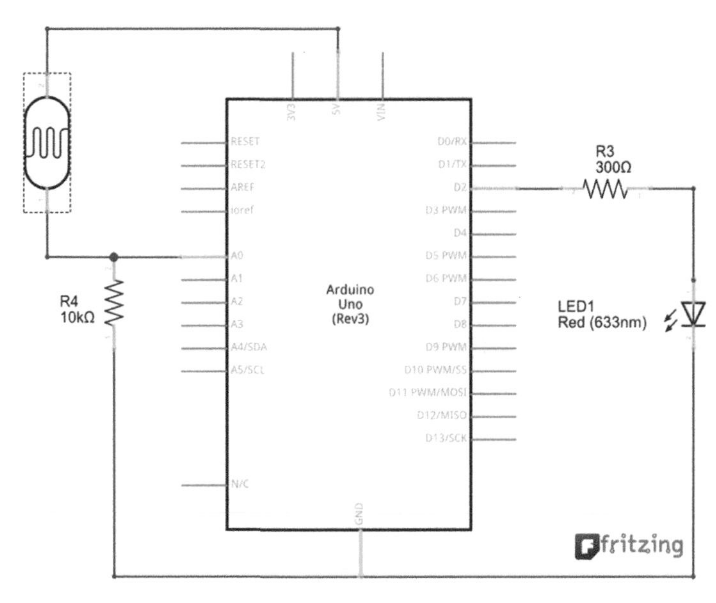

[그림 7-24] CdS 센서와 LED 배선 회로도

연습 예제 7.5

예제 6.2와 코드가 유사하다. 조도센서의 입력값에 따라, LED을 ON/OFF 제어해 본다. 주변이 어두워지면 LED를 켜는 간단한 코드이다. 경곗값은 자신의 환경에 맞게 수정할 수 있다. 여기에서는 200보다 작아지면 LED를 켠다.

AIN_CdS_LED1

```
1    int val = 0;
2    void setup()
3    {
4       Serial.begin(9600);
5       pinMode(2, OUTPUT);
6    }

7    void loop()
8    {
9       val = analogRead(0);
10      Serial.print( "Cds =  ");
11      Serial.print(val);
12      Serial.print( "  |     ");
13      if(val < 200){
14            digitalWrite(2, HIGH);
15            Serial.println( "LED ON" ); }
16      else{
17            digitalWrite(2, LOW);
18            Serial.println( "LED OFF" ); }
19      delay(200);
20   }
```

예제 6.2와 코드가 유사하기 때문에 자세한 내용은 참고하기 바란다.

실행 결과

CdS의 출력값 대비 LED 상태의 변화를 시리얼 모니터와 실제 하드웨어 제작물에서 비교 살펴본다. 출력값이 200보다 적으면, LED가 켜짐을 확인할 수 있다.

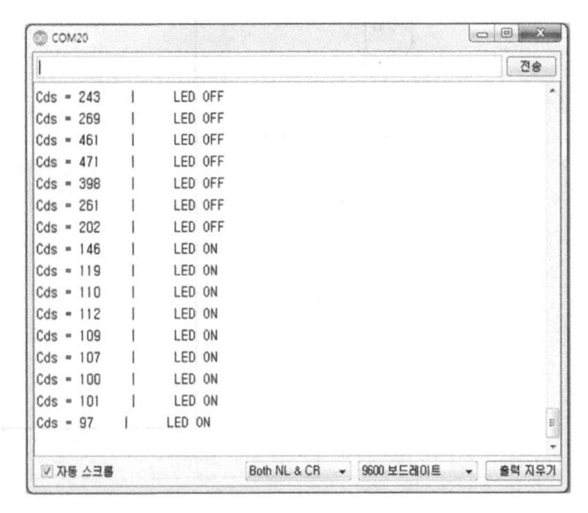

[그림 7-25] 시리얼 모니터 확인(CdS 값과 LED 상태)

심화 예제 7.6

예제 7.5에 가변저항을 추가하여 2개의 아날로그 IN 입력 신호로 A0와 A1을 사용해 보자. analogRead( ) 함수를 두 번 사용해, 두 개의 센서 입력 처리를 보여주는 예제이다. 가변저항의 사용 목적은 광센서의 입력값과 단순 비교하기 위한 것이다.

PART

08

LEARN CODING WITH ARDUINO

캐릭터 LCD에 출력하기

1. 캐릭터 LCD 모듈 소개
2. 캐릭터 LCD 특징 살펴보기
3. Hello world 출력하기
4. LCD 함수를 배우자
5. LCD에 센서값 출력하기
6. 사용자 정의 문자 출력

캐릭터 LCD에 출력하기

1 캐릭터 LCD 모듈 소개

캐릭터 LCD 모듈은 단순한 LED, FND, 부저 등의 출력이 아닌 글자(영어)와 숫자 등을 출력하는 장치이다. 우리가 사용할 LCD 모듈은 16열(Column)×2행(Row)의 총 32개의 문자를 출력할 수 있고, "16×2 캐릭터 LCD"라고 부른다.

[그림 8-1] 16×2 캐릭터 LCD 모듈

[그림 8-1]에서 보면 안쪽에 한 문자를 출력할 수 있는 한 칸을 확대하면 아래와 [그림 8-2]와 같이 8X5의 도트(dot)로 나누어져 있다. 모듈에서 제공하는 글자나 숫자 등을 사용할 수도 있고, 원하는 문자 등을 사용자가 만들어서 사용할 수도 있다.

각 칸은 좌표(X, Y)를 가지고 있는데, 위 글자의 좌표를 보면,

H(0,0), E(1,0), L(2,0), L(3,0), O(4,0), W(6,0), O(7,0), R(8,0), L(9,0), D(10,0), !(11,0)와 같다. H(0,0)의 아래 칸의 좌표는 (X,Y) = (0,1)이다.

[그림 8-2]에서 보듯이 하나의 문자를 표현하기 위해 8X5개의 작은 도트에 음영의 차이에 따라 글자를 출력한다. 도트에 검은색으로 나타나는 부분이 액정을 활성화시킨 결과이다.

글자의 모양을 고려해서 H의 맨 마지막 행은 사용하지 않았다. 도트의 사이즈가 8×5이라 해도 7×5로 사용해도 상관은 없다. 이 내용은 차츰 코드에서 확인할 수 있다.

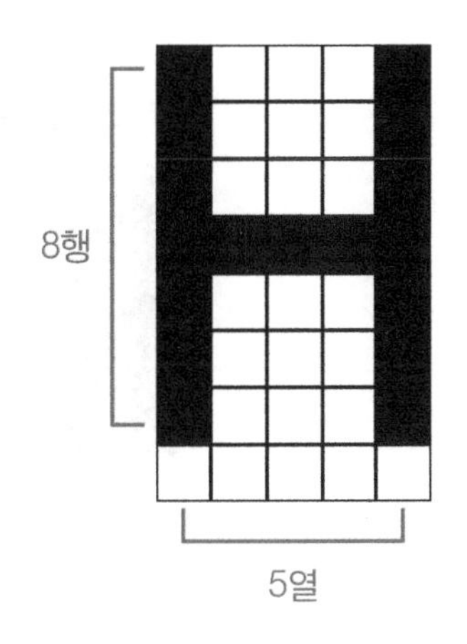

[그림 8-2] (8x5) 도트에 문자 H자 표시하기

모듈로 표현할 수 있는 글자나 숫자 등의 개수는 제조 업체마다 다르긴 하지만, 대략적으로 200여 개(영어 대・소문자, 숫자, 기호 등)까지 제공을 하고 있고, 사용자 정의 문자도 8개 정도 만들어 사용 가능하다. 사용자 정의 문자 만드는 방법은 이 8장의 마지막 부분에서 소개한다.

이처럼 단순하게 ON/OFF로 정보를 제공하는 LED나 한정된 숫자나 문자를 출력하는 7-세그먼트를 활용하는 것보다는 많은 정보를 출력해 주는 캐릭터 LCD의 활용법을 배워 보자. 센서의 출력값들을 시리얼 모니터가 아닌 캐릭터 LCD에 출력함으로써 독립된 타겟 시스템을 완성할 수 있을 것이다.

2 캐릭터 LCD 특징 살펴보기

LCD 모듈을 사용하기 위해서는 [그림 8-1]의 연결용 홀에 헤더 핀 등을 납땜 조립하여 사용한다. 이 홀은 16개로 되어 있는데 각각의 핀 명을 아래 표에서 확인한다.

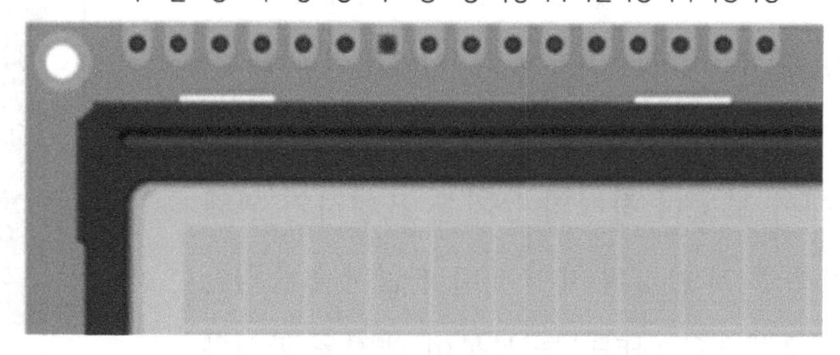

[그림 8-3] 커넥터 16핀

위 커넥터 16핀의 핀 이름은 아래 표와 같고, 간단하게 기능을 추가하였다.

번호	1	2	3	4	5	6	7	8	9	10	11	12	13	14	15	16
핀명	VSS	VDD	VL	RS	RW	E	D0	D1	D2	D3	D4	D5	D6	D7	A	K
용도	GND	+5V	전원	제어용 라인		데이터 라인									백라이트	

더욱 자세한 내용은 제공된 모듈의 데이터 시트를 확인해 봐야 할 것이다.

본 교재에서는 아두이노 사용자들이 쉽게 접근할 수 있는 범위 내에서 설명을 하고, 동작 방법 등의 기술적인 내용은 별도의 데이터 시트를 참고하기 바란다. 하지만 설명하는 내용을 잘 이해하면 전문 데이터 시트를 볼 때 편리할 것이다.

핀 no.	핀 명	우노 보드와의 연결	기능 설명
1	VSS	GND	모듈에 공급되는 전원(GND)
2	VDD	+5V	모듈에 공급되는 전원 +5V(혹은 +3V도 가능)
3	VL	가변저항 추가 구성	액정의 Contrast 조절용 전원, 가변저항으로 전압 분배 입력
4	RS	12번 핀	신호 레벨 High(명령어 입력), Low(데이터 입력) 제어
5	R/W	GND	신호 레벨 H(Read), L(Write) 제어, Write 기능(GND)만 사용함
6	E	11번 핀	High를 인가하면 모듈 사용 가능함(Enable)
7	D0	-	8bit 데이터 라인 최하위 bit 0 (4bit 사용 시 사용 불가)
8	D1	-	8bit 데이터 라인 bit 1 (4bit 사용 시 사용 불가)
9	D2	-	8bit 데이터 라인 bit 2 (4bit 사용 시 사용 불가)

10	D3	-	8bit 데이터 라인 bit 3 (4bit 사용 시 사용 불가)
11	D4	5번 핀	8bit 데이터 라인 bit 4
12	D5	4번 핀	8bit 데이터 라인 bit 5
13	D6	3번 핀	8bit 데이터 라인 bit 6
14	D7	2번 핀	8bit 데이터 라인 최상위 bit 7
15	A	+5V	액정의 백 라이트 공급 전원 +5V (혹은 +3V도 가능)
16	K	GND	액정의 백 라이트 공급 전원 GND

[표 8-1] LCD 모듈과 우노 보드의 연결 방법 및 기능 설명

위 표에서 고려해 볼 사항은 다음과 같다.

- 핀 번호 3: 액정의 글자 등이 잘 나타나지 않을 때, 가변저항을 돌려서 맞춰 주어야 한다. 회로 구성은 가변저항을 가지고 전압 분배 형식으로 전원(+5V~GND)을 인가해 주면 된다. 자세한 구성은 예제에서 확인해 본다.
- 핀 번호 4: RS는 Register Select의 약자로, 명령어 레지스터(Instruction Register)와 데이터 레지스터(Data Register)의 선택을 신호 레벨 high와 low로 선택할 수 있다. 명령어는 lcd.clear, lcd.blink 등의 명령어를 말하고, 데이터는 출력하고자 하는 문자들이다.
- 핀 번호 7~10: 4비트로 사용할 때는 이 라인들을 사용할 수 없다. 하지만 D7~D4의 4비트를 사용하더라도 8비트의 명령어나 데이터를 보낼 때는 상위 4비트 먼저 보내고, 하위 4비트를 그다음에 보내기 때문에 문제가 없다.
- 핀 번호 15~16: 액정의 백라이트에 전원을 인가해 주는 것으로, 모듈 내부에 저항이 있기 때문에 외부에서 단순히 전원을 공급해 주면 된다. 물론 밝기를 조절하고자 한다면 가변저항을 사용해서 전압 분배해 주면 된다.

3 Hello world 출력하기

베이스보드 활용

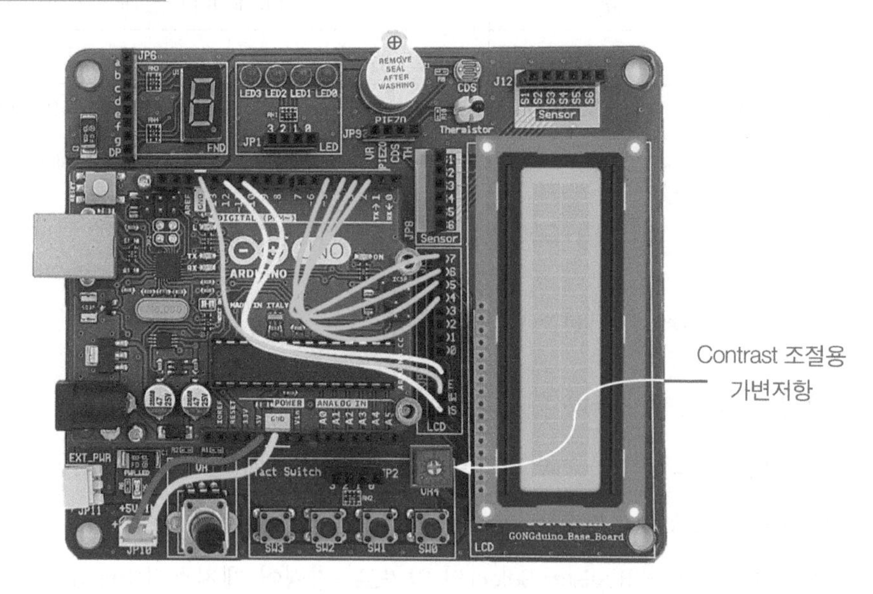

[그림 8-4] 캐릭터 LCD 장착 후 배선하기

베이스보드의 우측 LCD라고 쓰여 있는 16핀에 잘 맞춰 LCD 모듈을 연결한다. 아래의 표의 배선을 보고 [그림 8-4]와 같이 배선을 한다.

제어 선(3개 핀)과 데이터 선(4개 핀)만 점퍼 와이어로 연결하고, LCD 전원 선(VSS와 VDD)은 보드 내부에 연결되어 있어 연결할 필요가 없다. 그리고 우노 보드에서 베이스보드에 +5V를 공급하는 전원 케이블 2핀 연결을 확인하자. Contrast 조절용 가변저항을 (+)드라이버로 조절하면서 화면에 글자가 제대로 나오는지 반드시 확인해야 한다.

참고로, 베이스보드에는 백라이트 전원이 연결되어 있지 않아 백라이트는 나오지 않지만, 간혹 모듈 자체에서 전원이 공급되어 백라이트가 나오는 제품도 있으니 확인하기 바란다.

우노 보드	입 · 출력 방향	베이스보드 확장 소켓
2번 핀	→	D7
3번 핀	→	D6
4번 핀	→	D5
5번 핀	→	D4
11번 핀	→	E
12번 핀	→	RS
GND	→	RW

브레드보드 활용

【준비물】

아두이노 UNO 보드	브레드보드 1개	가변저항 10KΩ 1개	캐릭터LCD 1개

【배선 및 회로도】

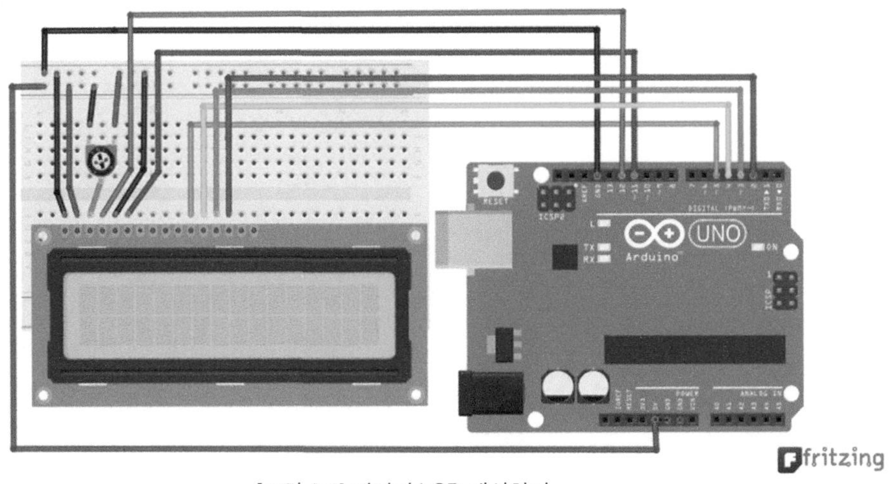

[그림 8-5] 캐릭터 LCD 배선하기

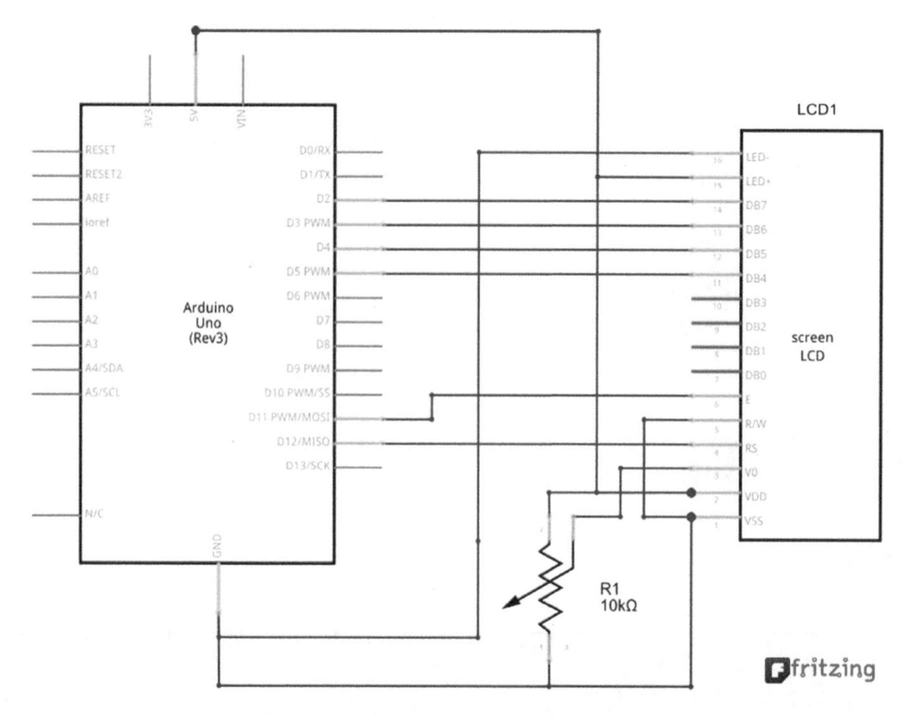

[그림 8-6] 캐릭터 LCD 배선 회로도

배선이 복잡하므로 주의해서 전원부터 차근차근히 배선하기 바란다. 특히, Contrast 조절용 가변저항을 사용해서 전원 연결을 반드시 해주어야 LCD 출력에 문제가 없다.

그리고 백라이트 전원을 인가해야 한다면 [그림 8-6]에 그려진 것과 같이 15번 핀(+5V)과 16번 핀(GND)을 각각 연결해 주면 된다.

연습 예제 8.1

LCD 모듈에 "Hello, World!" 문자들을 출력해 보자.

LCD_HELLO

```
1    #include <LiquidCrystal.h>
2    LiquidCrystal  lcd(12, 11, 5, 4, 3, 2);
3    void setup()
4    {
5         lcd.begin(16, 2);
6         lcd.print( "Hello, World!" );
7    }
8    void loop()
9    {
10   }
```

1: 캐릭터 LCD를 사용하기 위해서 헤더파일을 포함시킨다.

2: LCD와 아두이노의 핀을 연결시킨다. (LiquidCrystal 함수 사용)

LiquidCrystal lcd(RS, E, D4, D5, D6, D7)에 따라서 배선을 했던 핀 번호를 확인하고, LiquidCrystal lcd(12, 11, 5, 4, 3, 2)와 같이 작성한다.

3: setup( ) 함수 시작

5: 사용할 LCD 모듈의 열x행을 지정해 준다.

6: LCD에 "Hello, World!" 출력

7: setup( ) 함수 종료

9: loop( ) 함수의 시작

10: loop( ) 함수의 끝

참고로 아래의 LCD 관련 함수들을 알아두면 여러 가지 기능을 쉽게 구현할 수 있다.
다음 예제 8.2에서 몇 가지 함수를 사용한 예제에서 확인해 보자.

함수명	기능 설명
LiquidCrystal()	LCD 제어 선의 연결 핀을 설정한다. LiquidCrystal lcd(RS, E, D4, D5, D6, D7)로 간단히 사용이 가능하다.
begin()	LCD의 종류를 설정한다. lcd.begin(cols, rows)을 사용하여 LCD의 가로(칸)과 세로(줄) 수를 입력한다.
clear()	LCD 화면을 모두 삭제하고, 커서의 위치를 첫 위치(0,0)로 이동한다.
home()	커서의 위치를 첫 위치(0,0)로 이동한다.
setCursor()	커서의 위치를 설정한 위치로 이동한다. lcd.setCursor(x, y)로, 가로(x)와 세로(y) 위치를 설정한다.
write()	LCD에 글자를 출력한다. lcd.write(data)를 사용한다.
print()	LCD에 숫자나 문자열을 출력한다.
cursor()	LCD 화면에 커서(_)를 출력한다.
noCursor()	LCD 화면에서 커서를 감춘다.
blink()	LCD 화면의 커서를 깜빡인다.
noBlink()	LCD 화면의 커서를 깜빡이지 않는다.
display()	LCD 화면의 내용을 나타나게 한다.
noDisplay()	LCD 화면의 내용을 사라지게 한다.
scrollDisplayLeft()	LCD 화면의 내용을 왼쪽으로 한 칸 이동한다.
scrollDisplayRight()	LCD 화면의 내용을 오른쪽으로 한 칸 이동한다.
autoscroll()	LCD 화면이 자동으로 스크롤(이동)되도록 한다.
noAutoscroll()	LCD 화면이 자동으로 스크롤(이동)되지 않도록 한다.
leftToRight()	LCD 화면에 표시되는 글자가 왼쪽(현재 위치)에서 오른쪽 방향으로 출력되도록 한다.
rightToLeft()	LCD 화면에 표시되는 글자가 오른쪽(현재 위치)에서 왼쪽 방향으로 출력되도록 한다.
createChar()	LCD 모듈의 사용자 정의 문자를 생성한다.

[표 8-2] LCD관련 함수들

결과 확인

원하는 "Hellow World!" 출력이 나오는 지를 확인해 보고, 문제가 있다면 배선 등의 문제가 없는지 확인해 본다. 만약, 배선에 문제가 없는데 화면에 글자가 나타나지 않으면 3번 핀의 Contrast 조절용 가변저항을 돌려 가면서 잘 보이도록 맞춰 주어야 한다.

4 LCD 함수를 배우자

아두이노에서 제공하는 LCD 관련 함수들을 아래 예제를 통해 확인해 보자.

연습 예제 8.2

LCD 모듈에 함수를 이용하여 다양하게 출력하는 연습을 한다. 회로 배선 및 회로도는 위 예제와 동일하다.

LCD_func.ino

```
1   #include <LiquidCrystal.h>
2   LiquidCrystal lcd(12, 11, 5, 4, 3, 2);
3   void setup()
4   {
5     lcd.begin(16, 2);
6   }
7   void loop()
8   {
9     lcd.print( "Cursor ON-Blink" );
10    lcd.cursor();
11    lcd.blink();
12    delay(3000);
13    lcd.clear();
14    lcd.print( "Cursor OFF" );
15    lcd.noBlink();
16    lcd.noCursor();
17    delay(3000);
18    lcd.clear();
19    for (int i=0; i<=50; i++){
20      lcd.home();
21      lcd.print( "No : ");
22      lcd.print (i);
23      delay(300);
24    }
25    for (int i=0; i<3; i++){
26      lcd.noDisplay();
27      delay(500);
28      lcd.display();
29      delay(500);
30    }
31    for (int i=0; i<3; i++)
32    {
33      lcd.scrollDisplayRight();
34      delay(500);
35    }
36    for (int i=0; i<3; i++)
37    {
38      lcd.scrollDisplayLeft();
39      delay(500);
40    }
41    lcd.clear();
42  }
```

1: LCD 함수 관련 라이브러리 추가

2: LCD 사용 핀 설정

3: setup( ) 함수 시작

5: LCD 16x2짜리 사용

6: setup( ) 함수 종료

7: loop( ) 함수 시작

커서 깜박이기

9: LCD에 "Cursor ON-Blink" 출력

10: LCD에 커서 표시

11: 커서를 깜박인다.

12: 3000ms(3초) 시간 지연

커서 감추기

13: LCD 화면을 삭제하고, 커서의 위치를 첫 위치(0,0)로 이동

14: LCD에 "Cursor OFF" 출력

15: 커서 깜박임을 멈춘다.

16: LCD에서 커서를 감추기

17: 3000ms(3초) 시간 지연

숫자 0~50까지 출력하기

18: LCD 화면을 모두 삭제하고, 커서의 위치를 첫 위치(0,0)로 이동

19: 반복문 설정 - 50회 반복

20: 커서 위치를 첫 위치(0,0)로 이동

21: LCD에 "No : " 출력

22: LCD에 "i"값 출력 (i는 0~50까지의 수)

23: 300ms(0.3초) 시간 지연

출력 글자 깜박이기

25: 반복문 설정 - 3회 반복

26: LCD 화면에 문자 출력을 허가(Enable)하지 않는다.

27: 500ms(0.5초) 시간 지연

28: LCD 화면에 문자 출력을 허가한다.

29: 500ms(0.5초) 시간 지연

30: 반복문 종료

출력 글자 오른쪽으로 이동시키기

31: 반복문 설정 - 3회 반복

33: LCD 내용을 오른쪽으로 한 칸 이동을 세 번 반복한다(총 3칸 이동).

34: 500ms(0.5초) 시간 지연

출력 글자 왼쪽으로 이동시키기

36: 반복문 설정 - 3회 반복

38: LCD 내용을 왼쪽으로 한 칸 이동을 세 번 반복한다(총 3칸 이동).

39: 500ms(0.5초) 시간 지연

40: 반복문 종료

41: LCD 화면 삭제

42: loop( ) 함수 종료

실행 결과

코드에서 각 함수의 기능을 정확히 살펴보고 싶으면,

```
while(1);          // 무조건 정지시킨다.
```

이라고 적절히 코드 사이에 끼워 넣고, 다시 업로드를 해서 확인해 볼 수 있다. 제공된 LCD_func.ino에서 주석 처리된 부분을 한 번씩 풀고, 번갈아 가면서 확인해 보자.

5 LCD에 센서값 출력하기

센서의 출력값을 확인하기 위해 7장에서는 시리얼 모니터를 활용하였다. 독립적인(stand-alone) 타겟 시스템 구축을 위해 센서 등의 출력값을 모니터링하는 방법 중에 이러한 LCD를 활용하는 경우가 많다.

앞선 예제 8.2의 코드 중에 '0~50'을 출력하는 부분의 코드를 사용하여 다음의 출력 형태를 갖는 코드를 작성해 실습해 보자.

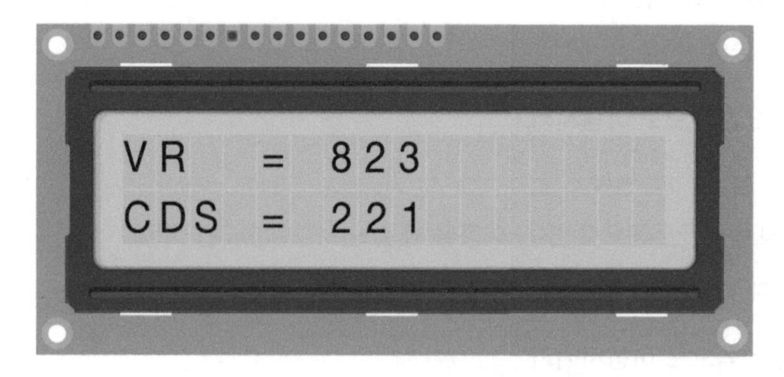

[그림 8-7] 가변저항(VR)과 CdS센서 출력값 출력

[그림 8-7]에 표현되는 것과 같이 아날로그 입력 소자인 가변저항과 조도센서의 입력값(AD 변환 후)을 LCD에 출력하는 코드를 작성해 보자.

베이스보드 활용

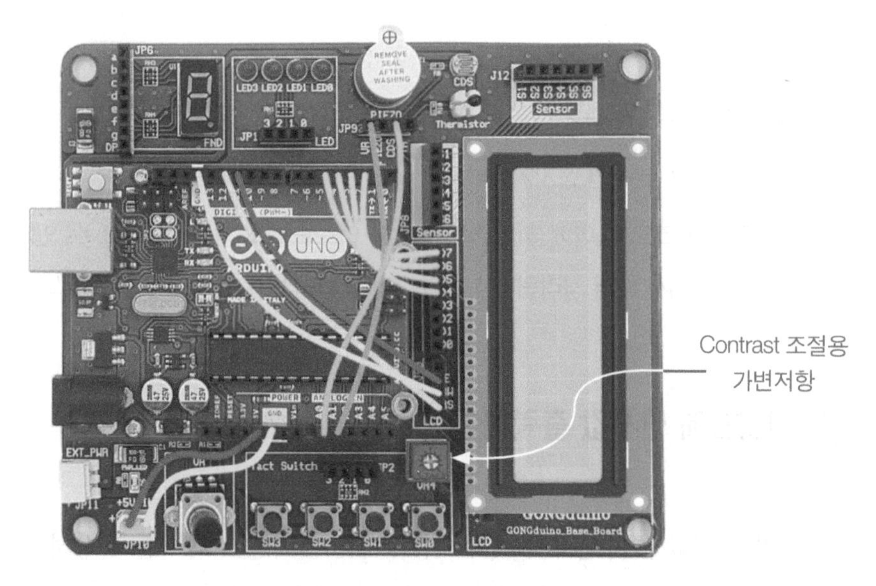

[그림 8-8] 캐릭터 LCD와 센서들 배선하기

캐릭터 LCD를 배선 한 후에 2개의 센서 배선을 한다.

우노 보드	입 · 출력 방향	베이스보드 확장 소켓
2번 핀	→	D7
3번 핀	→	D6
4번 핀	→	D5
5번 핀	→	D4
11번 핀	→	E
12번 핀	→	RS
GND	→	RW
ANALOG IN A0	→	CDS
ANALOG IN A1	←	VR
GND	←	RW

브레드보드 활용

【준비물】

예제 8.1에서 사용한 LCD 출력 관련 부품과 7장에서 사용한 센서들을 준비한다. 배선은 LCD를 먼저 장착한 후에 테스트를 해보고, 나머지 센서들을 구성하여 각각 테스트해 본 후에 예제 8.3을 작성한다.

【배선 및 회로도】

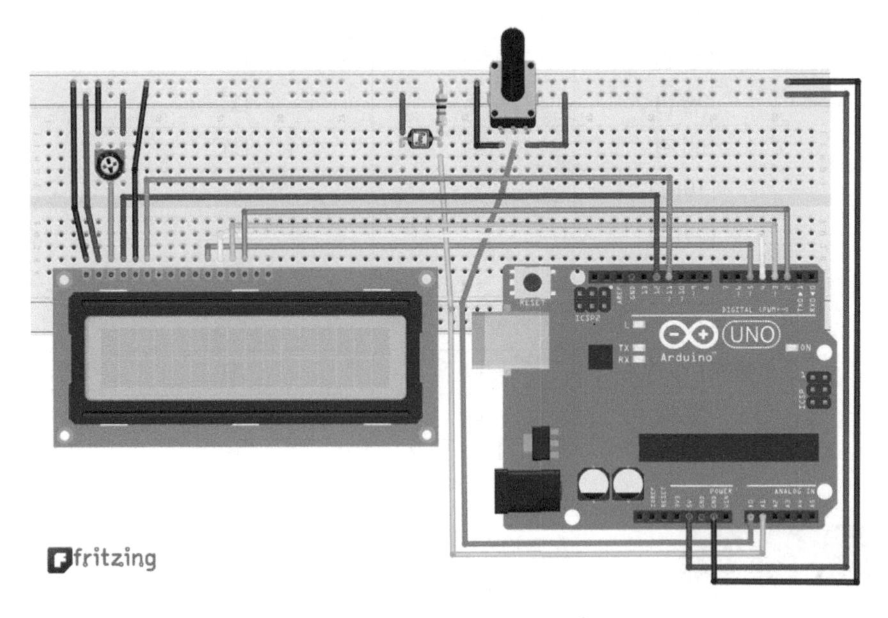

[그림 8-9] 브레드보드에 캐릭터 LCD와 센서들 배선하기

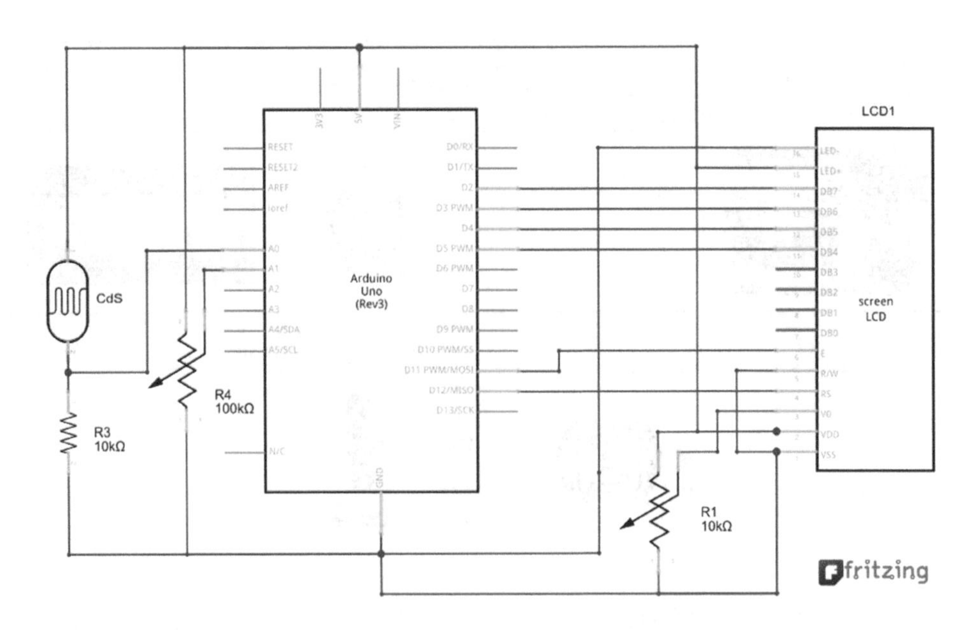

[그림 8-10] 캐릭터 LCD와 센서들 배선 회로도

연습 예제 8.3

[그림 8-7]와 같이, 캐릭터 LCD에 가변저항과 CdS 조도센서의 출력값을 표현해 보자.

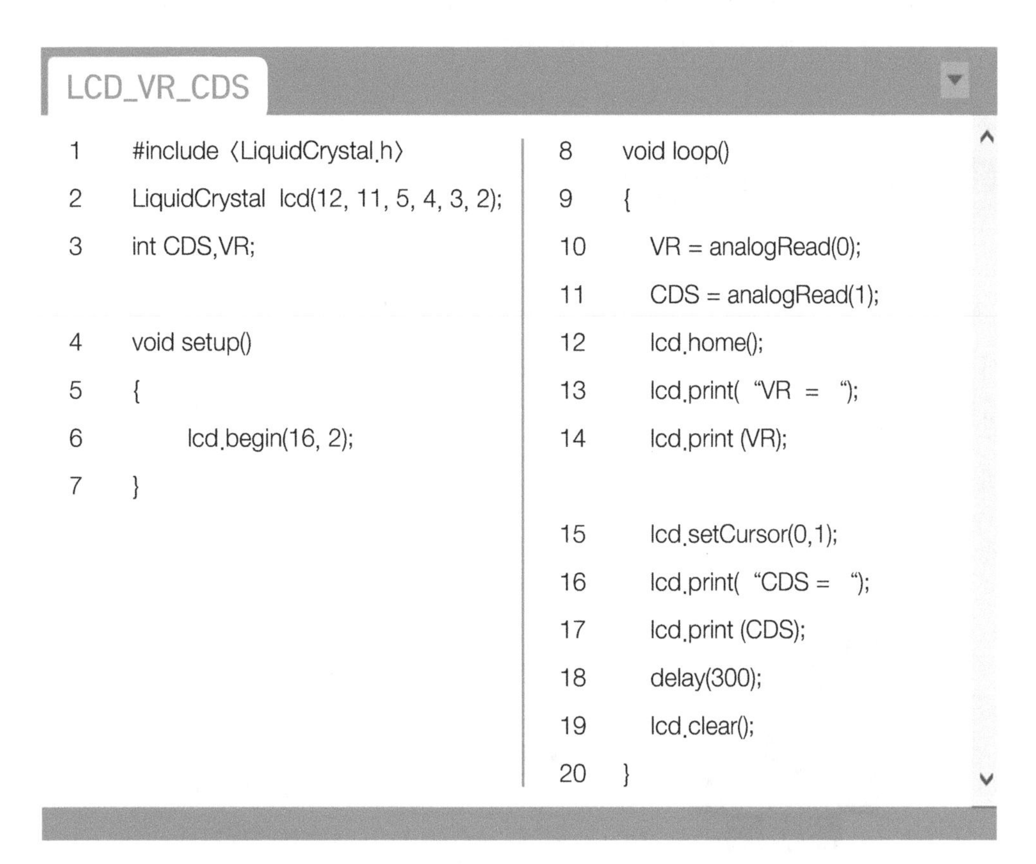

LCD_VR_CDS

```
1   #include <LiquidCrystal.h>
2   LiquidCrystal  lcd(12, 11, 5, 4, 3, 2);
3   int CDS,VR;

4   void setup()
5   {
6           lcd.begin(16, 2);
7   }

8   void loop()
9   {
10      VR = analogRead(0);
11      CDS = analogRead(1);
12      lcd.home();
13      lcd.print( “VR  =  “);
14      lcd.print (VR);

15      lcd.setCursor(0,1);
16      lcd.print( “CDS =  “);
17      lcd.print (CDS);
18      delay(300);
19      lcd.clear();
20  }
```

1: LCD 함수 관련 라이브러리 추가

2: LCD 사용 핀 설정

3: 센서들의 값을 임시 저장할 변수 선언

6: LCD 16x2짜리 사용

10: 아날로그 IN 핀 0번을 가변저항의 입력으로 한다.

11: 아날로그 IN 핀 1번을 CdS의 입력으로 한다.

12: 커서를 좌표 (0,0)으로 이동한다.

13: 캐릭터 LCD에 "VR = "을 출력한다.

14: VR 변수에 저장된 값을 LCD에 출력한다.

15: 커서를 좌표 (0,1)으로 이동한다(둘째 줄로 이동한다).

16: 캐릭터 LCD에 "CDS = "를 출력한다.

17: CDS 변수에 저장된 값을 LCD에 출력한다.

18: 화면에 센서값들을 출력하는 딜레이 시간을 설정

19: 새로운 값을 갱신하기 위해서 화면을 지워 준다.

6 사용자 정의 문자 출력

LCD 모듈에서 제공하는 문자 이외에 사용자가 원하는 그림이나 문자들을 만들어서 출력할 수 있다. 우리가 사용하는 16×2 캐릭터 LCD는 총 8 바이트(8개)의 문자만 만들 수 있다. 아래 그림과 같이 캐릭터 LCD에 하나의 문자를 출력하는 부분은 8×5의 도트(Dot)로 구성되어 있다.

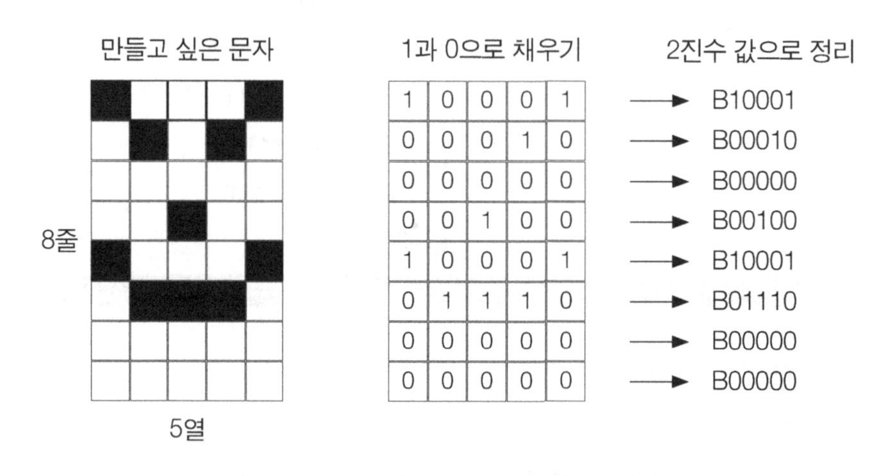

[그림 8-11] 8X5개의 도트에 문자 만드는 방법

[그림 8-11]의 좌측 그림처럼 원하는 빈칸에 색을 칠하는 형식으로 원하는 문자를 만들어 본다. 색이 칠해지는 부분은 '1'이 되고, 칠해지지 않는 부분은 '0'으로 채워 그대로 2진수 값으로 만들면 된다. 'B'는 2진수(Binary)의 첫 글자이다.

맨 마지막 페이지에 있는 [그림 8-14]의 '도트 눈금표'를 활용해 다양한 문자 등을 만들어 화면에 출력해 보기를 바란다.

연습 예제 8.4

LCD 모듈에 [그림 8-11]의 사용자 정의 문자를 출력해 보자.

회로 배선 및 회로도는 예제 8.1과 동일하다.

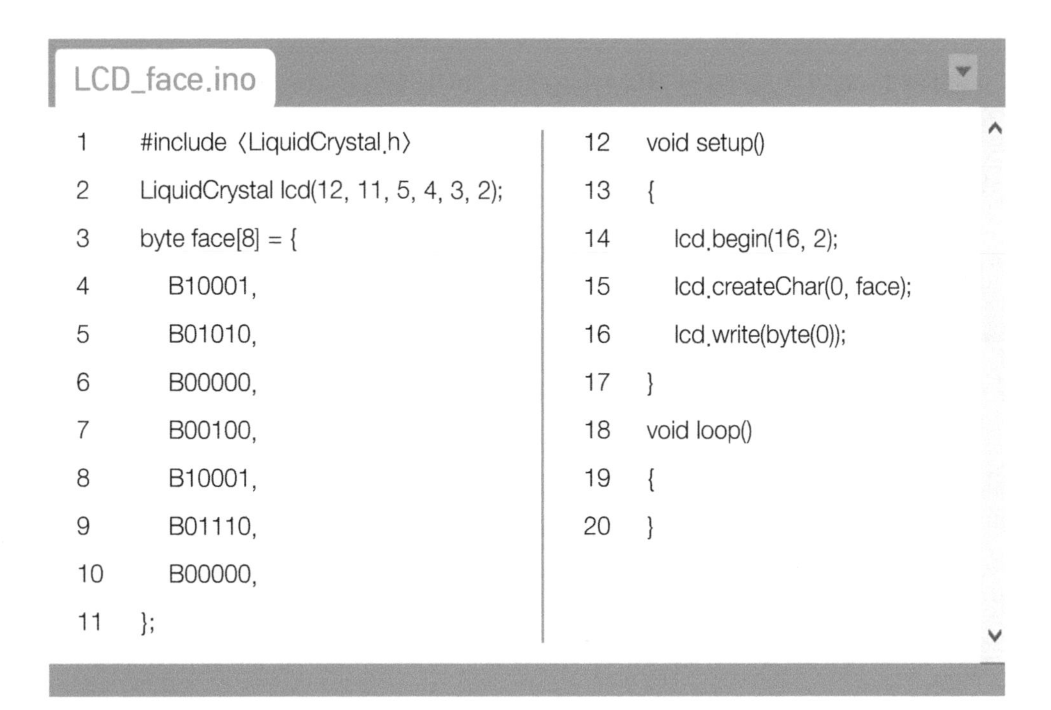

LCD_face.ino

```
1   #include <LiquidCrystal.h>
2   LiquidCrystal lcd(12, 11, 5, 4, 3, 2);
3   byte face[8] = {
4       B10001,
5       B01010,
6       B00000,
7       B00100,
8       B10001,
9       B01110,
10      B00000,
11  };
12  void setup()
13  {
14      lcd.begin(16, 2);
15      lcd.createChar(0, face);
16      lcd.write(byte(0));
17  }
18  void loop()
19  {
20  }
```

1: LCD 함수 관련 라이브러리 추가

2: LCD 사용 핀 설정

3: byte형의 배열을 사용해 row(행) 단위의 2진수 값 저장

face[8]의 8개의 값 중 마지막 B00000은 생략함(마지막 8번째 행은 잘 사용하지 않음)

4~10: 1번째 ~7번째 행의 2진수 값을 배열 변수 명 face[]에 저장

11: 배열의 끝

14: LCD 16x2짜리 사용

15: 사용자 정의 문자 생성

lcd.createChar(num,data)의 함수 원형에서 lcd.createChar(0,face)으로 지정하였다. num자리에는 0~7까지 마치 인덱스(Index)와 같이 8개의 숫자만 사용된다. 즉 사용자 정의 문자는 8개만 만들어 사용할 수 있다. data는 사용자가 만든 문자를 가리킨다.

16: 이 문자를 출력할 때는 write(byte(0)), write(byte(1)), ……. write(byte(7))로 index 하여 사용한다.

18: loop( ) 함수에서는 아무런 내용이 없어, 단순히 출력만 확인하기 위한 예제이다.

실행 결과

[그림 8-11]과 같은 모양의 한 개의 사용자 정의 그림을 확인할 수 있다.

연습 예제 8.5

다음의 예제는 예제 8.4에 또 다른 한 개의 문자(하트 모양)를 출력해 보는 예제이다.

LCD_face_heart

```
1   #include <LiquidCrystal.h>
2   LiquidCrystal lcd(12, 11, 5, 4, 3, 2);
3   byte face[8] = { B10001, B01010, B00000, B00100, B10001, B01110, B00000, };
4   byte heart[8] = { B01010, B11111, B11111, B11111, B01110, B00100, B00000, };
5   void setup()
6   {
7     lcd.begin(16, 2);
8     lcd.createChar(0, face);
9     lcd.createChar(1, heart);
10    lcd.write(byte(0));
11    lcd.write(byte(1));
12    //lcd.write(byte(9));
13  }
14  void loop()
15  {
16  }
```

실행 결과

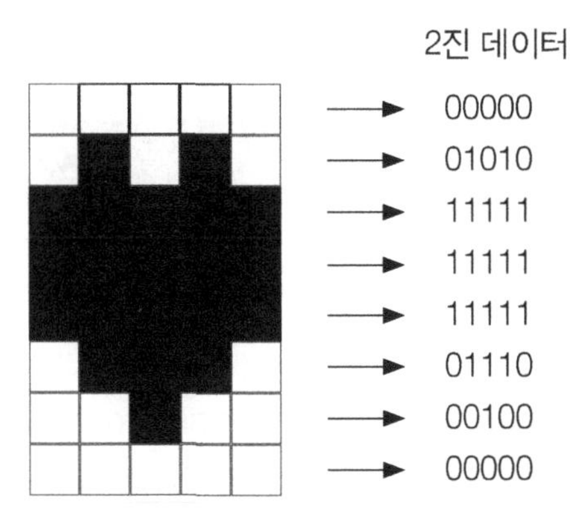

[그림 8-12] 추가된 하트 모양 문자

코드 라인 4와 같이 byte heart[8]의 2진수 데이터 값을 가지는 배열을 추가하고,

```
lcd.createChar(1, heart);    // createChar 함수와 write 함수가 사용됨을 암기하자.
lcd.write(byte(1));
```

와 같이 1이라는 인덱스를 만들어, 출력할 때도 byte(1)의 형태로 LCD 화면에 출력한다.

연습 예제 8.6

캐릭터 LCD가 사용자 문자를 8개까지만 허용한다고 언급했다. 총 8개의 사용자 문자를 활용한 예제를 실습하자. 아래 그림은 캐릭터 LCD의 앞부분을 보여주고 있다.

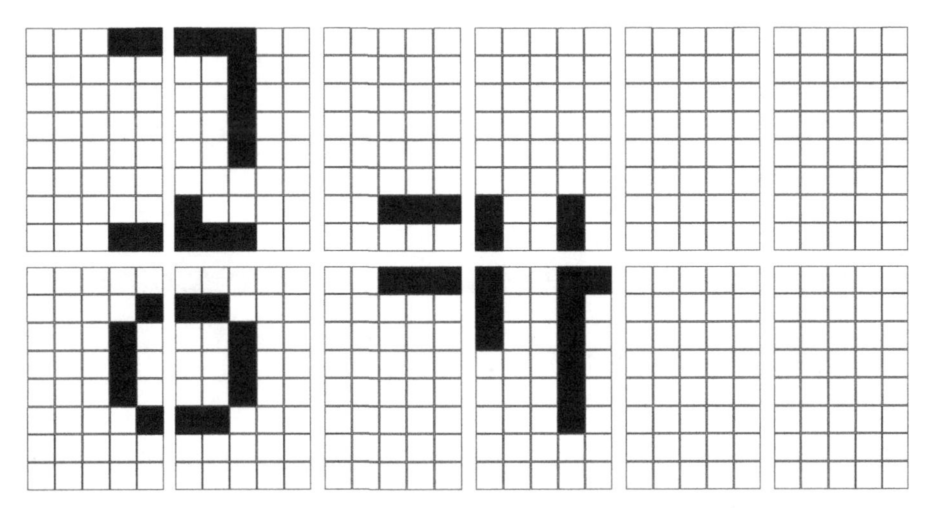

[그림 8-13] 8개의 사용자 문자

[그림 8-13]과 같이 예를 들어 '공카'를 만들기 위해 좌표 (0,0), (1,0), (2,0), (3,0), (0,1), (1,1), (2,1), (3,1)에 8개의 문자를 출력한다.

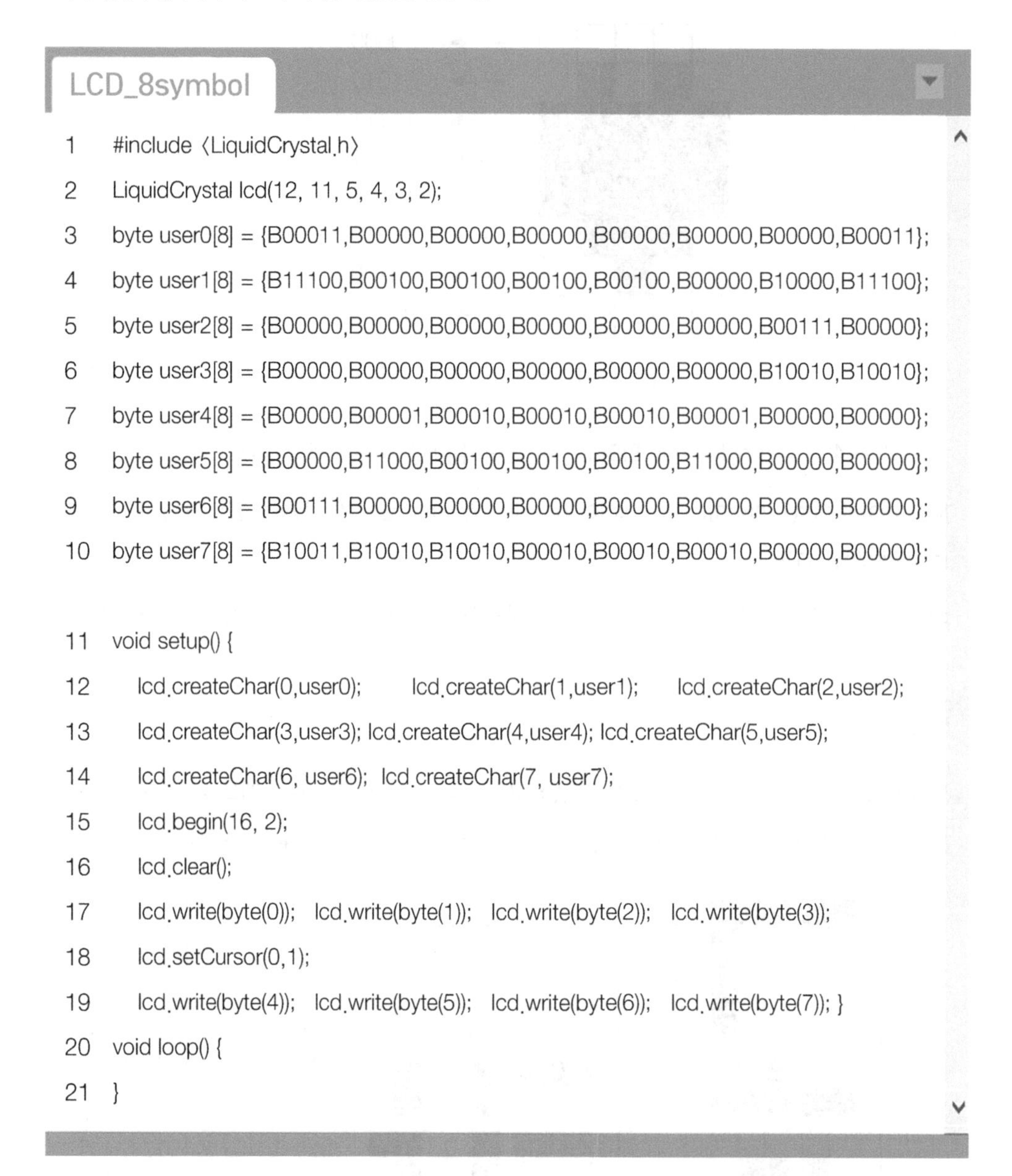
LCD_8symbol

```
1   #include <LiquidCrystal.h>
2   LiquidCrystal lcd(12, 11, 5, 4, 3, 2);
3   byte user0[8] = {B00011,B00000,B00000,B00000,B00000,B00000,B00000,B00011};
4   byte user1[8] = {B11100,B00100,B00100,B00100,B00100,B00000,B10000,B11100};
5   byte user2[8] = {B00000,B00000,B00000,B00000,B00000,B00000,B00111,B00000};
6   byte user3[8] = {B00000,B00000,B00000,B00000,B00000,B00000,B10010,B10010};
7   byte user4[8] = {B00000,B00001,B00010,B00010,B00010,B00001,B00000,B00000};
8   byte user5[8] = {B00000,B11000,B00100,B00100,B00100,B11000,B00000,B00000};
9   byte user6[8] = {B00111,B00000,B00000,B00000,B00000,B00000,B00000,B00000};
10  byte user7[8] = {B10011,B10010,B10010,B00010,B00010,B00010,B00000,B00000};

11  void setup() {
12    lcd.createChar(0,user0);     lcd.createChar(1,user1);     lcd.createChar(2,user2);
13    lcd.createChar(3,user3); lcd.createChar(4,user4); lcd.createChar(5,user5);
14    lcd.createChar(6, user6);  lcd.createChar(7, user7);
15    lcd.begin(16, 2);
16    lcd.clear();
17    lcd.write(byte(0));  lcd.write(byte(1));  lcd.write(byte(2));  lcd.write(byte(3));
18    lcd.setCursor(0,1);
19    lcd.write(byte(4));  lcd.write(byte(5));  lcd.write(byte(6));  lcd.write(byte(7)); }
20  void loop() {
21  }
```

1: LCD 함수 관련 라이브러리 추가

2: LCD 사용 핀 설정

3~10: byte형의 배열을 사용해 배열 명 user0[8] ~ user7[8]에 8개에 해당 LCD에 출력할 사용자 문자값을 저장

12~14: 사용자 정의 문자 생성

lcd.createChar(num,data)의 함수 원형을 이용해 lcd.createChar(0,user0)에서 lcd.createChar(7, user7)까지 user0 ~ user7의 총 8개 문자를 사용자 문자로 지정한다.

15: LCD 16x2짜리 사용

16: 잔상을 없애기 위해, 기존의 값을 지워 준다.

17: user0[8], user1[8], user2[8], user3[8]의 데이터 값을 좌표 (0,0), (1,0), (2,0) (3,0)에 각각 출력한다.

18: 좌표를 둘째 줄 첫 번째 칸 (0,1)로 변경한다

19: user4[8], user5[8], user6[8], user7[8]의 데이터 값을 좌표 (0,1), (1,1), (2,1), (3,1)에 각각 출력한다.

20: loop( ) 함수에서는 아무런 내용이 없어, 단순히 출력만 확인하기 위한 예제이다.

실행 결과

[그림 8-13]와 같은 모양의 사용자 정의 그림들을 확인할 수 있다.

다양한 형식의 문자들을 직접 다음 페이지에 있는 '문자용 도트 눈금표'를 이용해 원하는 문자를 만들어 보고, 2진수로 변경하여 다양한 출력을 해보자.

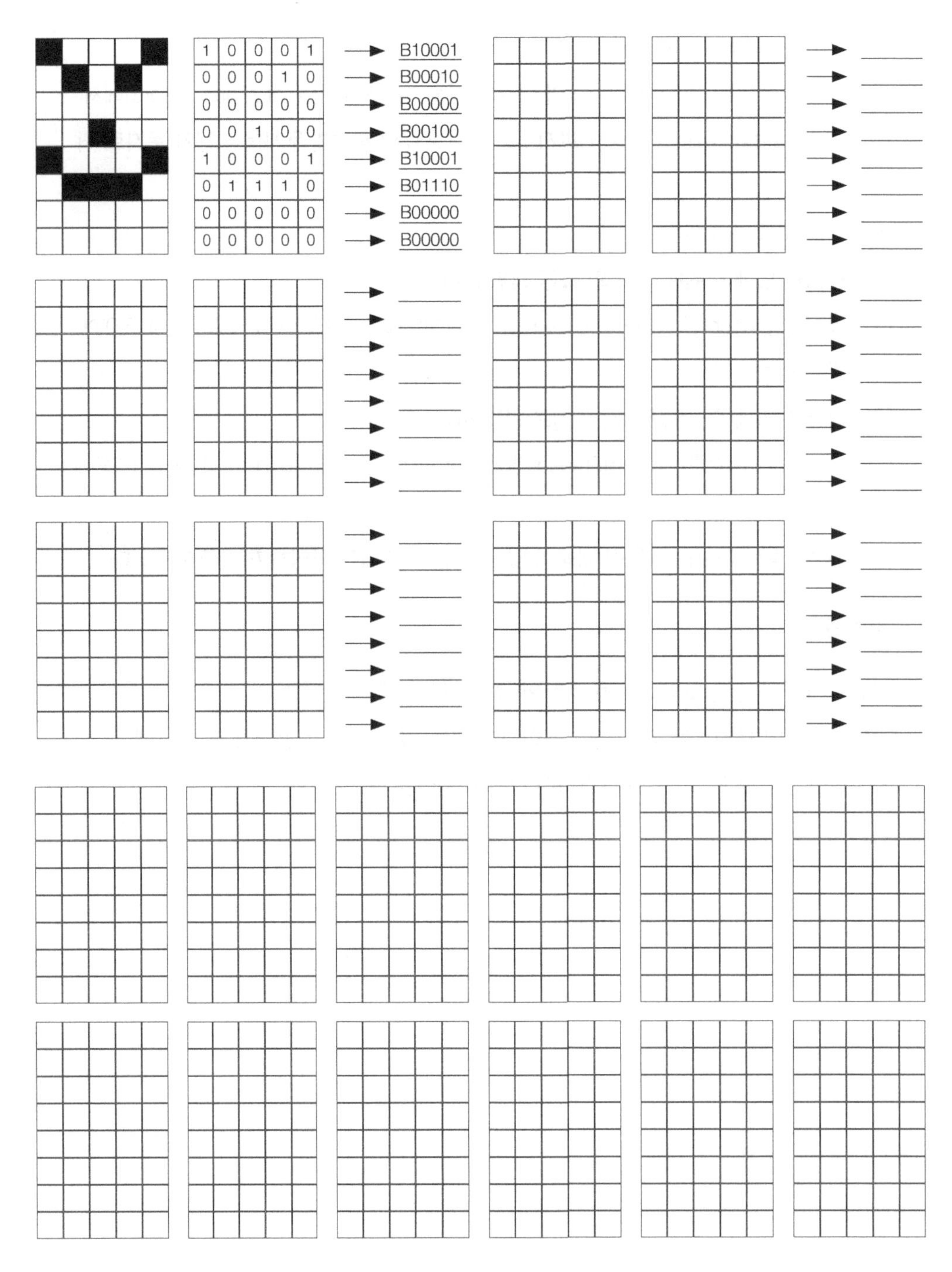

[그림 8-14] 문자용 도트 눈금표

PART 09

LEARN CODING WITH ARDUINO

아날로그 신호의 출력

아날로그 신호의 출력

1 아날로그 신호 출력 함수

앞서 아날로그 신호 입력 처리는 analogRead() 함수를 사용하여 최대 6개의 센서까지 적용이 가능했다. 이것은 아두이노 우노 보드 내의 CPU인 ATmega328P 내부의 ADC 관련 로직(회로)에서 담당하고 있다.

다음 표는 디지털과 아날로그 관련 주요 함수를 정리하였다.

디지털 입 · 출력 관련 함수	아날로그 입 · 출력 관련 함수	주요 기능
digitalWrite()	analogWrite()	신호 출력
digitalRead()	analogRead()	신호 입력
pinMode()	-	입 · 출력 방향 결정

[표 9-1] 아두이노 입 · 출력 관련 주요 함수들

위 표에서 좌측의 디지털 관련 입 · 출력 함수들은 익숙할 것이다. 중앙의 아날로그 관련해서는 analogRead() 함수만 앞서 다루었다. 본 장에서는 analogWrite() 함수를 다룬다.

먼저 위 표를 보고 **디지털과 아날로그 입 · 출력 함수의 공통점은 무엇인가?**

디지털이든 아날로그든 Write()와 Read()의 역할은 동일하게 신호의 입 · 출력을 담당하고 있다.

그렇다면 디지털과 아날로그 입 · 출력 함수의 차이점을 무엇인가?

디지털 관련 함수들은 디지털 핀 0~13번 핀 중에서 한 개(예를 들면 8번 핀)를 선택한다면, pinMode()로 방향(INPUT or OUTPUT)을 결정한 후 이 핀을 통해 읽기(read)나 쓰기(write)가 이루어진다.

하지만 아날로그 함수에서는 pinMode() 함수가 필요없다. 그 이유는 CPU 입장에서는 디지털 신호와 아날로그 신호 처리가 완전히 다른 개념으로 사용되고 있기 때문이다. analogRead(pin)에서 처럼 단순하게 지정된 A0 ~ A5의 핀만 지정하면 되고, 함수의 결괏값을 저장하기만 하면 되었다.

유사하게 이제 우리가 배울 analogWrite(pin, value) 함수도 해당 pin에 값(value)만 설정해 주면 된다. 따라서 analog 관련 함수에서는 입 · 출력 방향을 지정해 줄 필요가 없다.

analogRead() 함수와 analogWrite() 함수는 공통점이 있는가?

답 먼저 이야기 하면 완전히 다른 개념으로 공통점은 없다. 이를 설명하기 위해 [그림 9-1]의 CPU 내부의 블럭도를 살펴보자. 이번 설명에서는 단순하게 차이점을 설명하기 위한 보조 자료로 사용하고, 보다 자세한 내용은 CPU의 데이터 시트를 공부할 마음의 준비가 되어 있어야 한다. 아쉽지만, 본 교재에서는 다루지 않는다.

digitalRead()와 digitalWrite() 함수를 이용한 HIGH, LOW의 제어는 CPU 내부에서 동일한 로직(회로)를 사용해서 이루어진다([그림 9-1]의 (D)부분). 그렇기 때문에 동일 핀 번호를 가지고 IN/OUT PUT 설정으로 사용할 수 있었다.

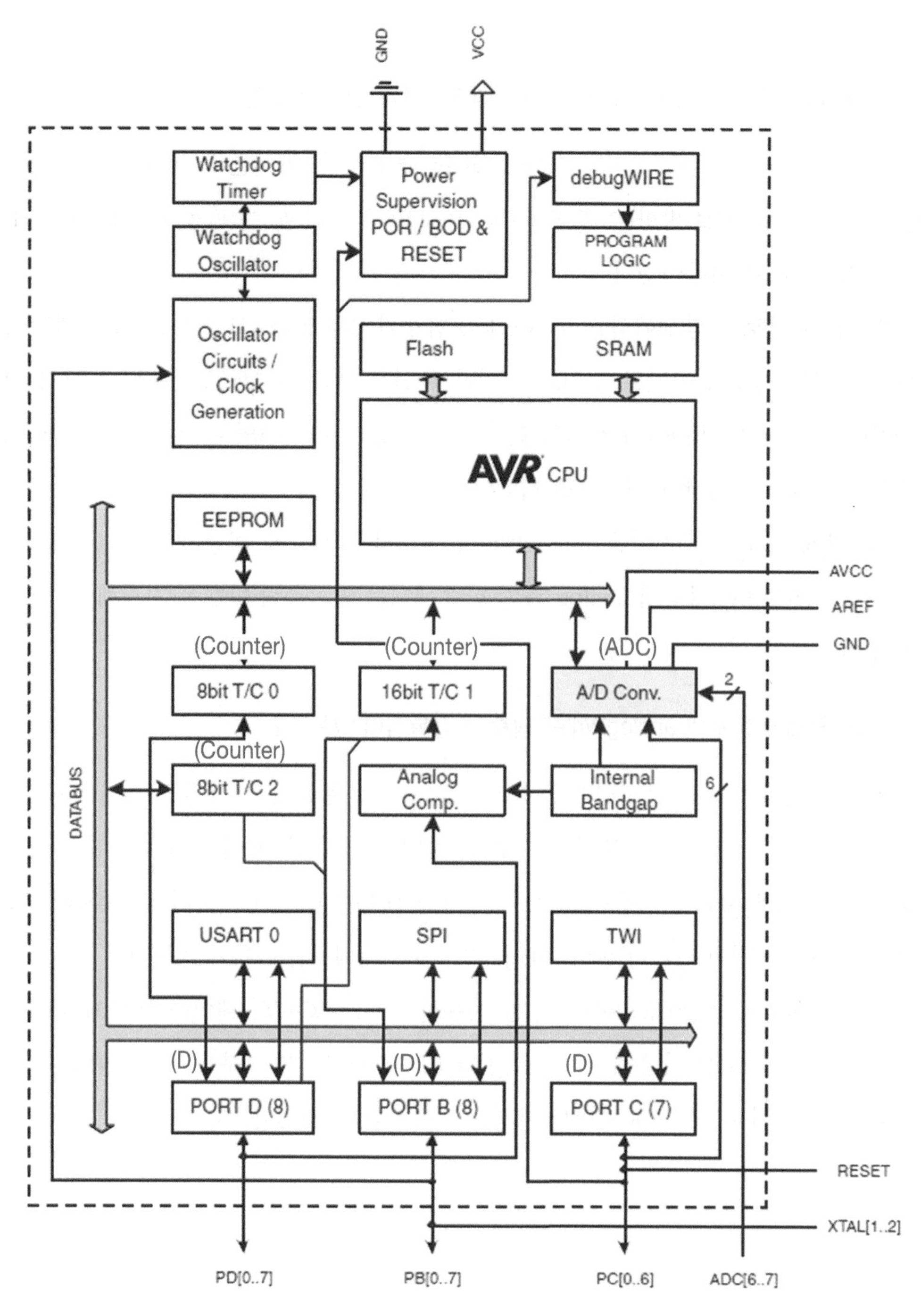

[그림 9-1] CPU(ATmega328P)의 내부 구조(블럭도)

analogRead() 함수를 사용할 때는 [그림 9-1]의 AD 변환 로직([그림 9-1]의 (ADC) 부분)을 사용하고, analogWrite() 함수를 사용할 때는 [그림 9-1]의 카운터 로직([그림

9-1]의 (Counter) 부분)를 사용한다. 디지털 함수와 달리 아날로그 두 함수는 완전히 다른 로직을 사용하기 때문에 analog-라는 말은 같지만, 읽기(ADC)와 쓰기(PWM)는 서로 다른 개념이다.

정리하면, analogWrite() 함수는 PWM이라는 기능의 출력을 이용해 모터의 속도나 LED의 밝기 등을 제어하는 데 사용된다.

2 PWM(Pulse Width Modulation)란 무엇인가?

아날로그 신호 입력은 ADC(Analog to Digital Conversion)이라는 변환을 거쳐 처리되고, 아날로그 신호 출력은 ADC의 역변환인 DAC(Digital to Analog Converter)라 할 수 있다. 하지만 PWM은 아날로그 형식의 출력 파형(예를 들면 주기적 sine 파형)이 아닌 디지털 파형(0과 1로 이루어진 주기적 구형파) 방식으로 출력한다.

다음의 [그림 9-2]를 보면서, PWM에 대해 구체적으로 살펴보자.

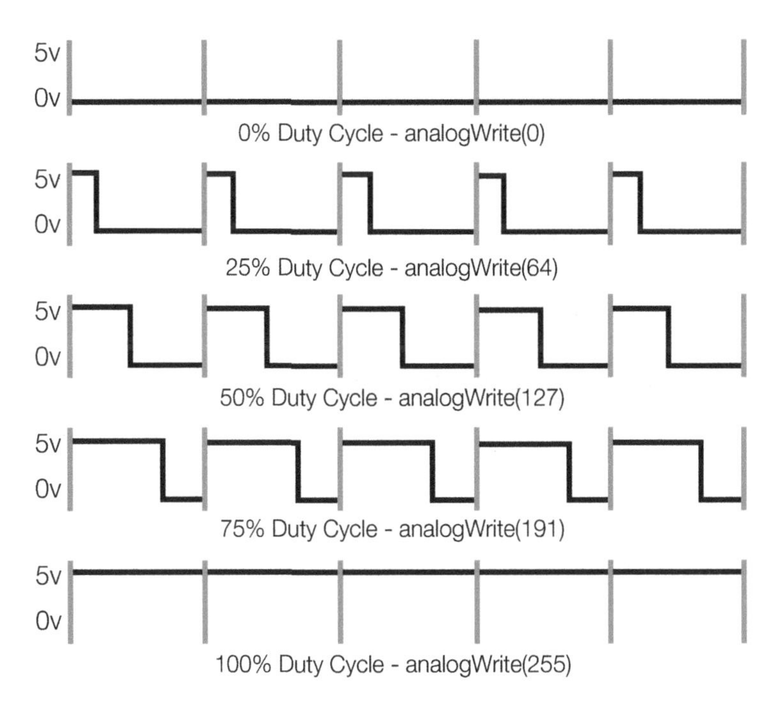

[그림 9-2] 듀티 비(Duty Ratio)와 analogWrite( ) 함수의 관계

위 파형 중에서 50% 듀티 비를 가지는 파형으로 PWM을 설명한다.

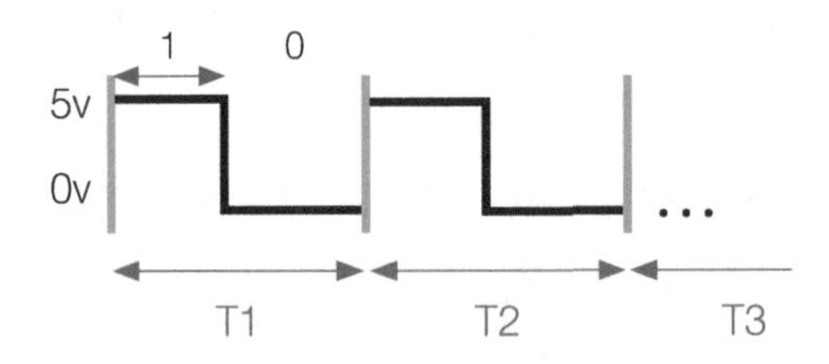

위 디지털 파형에서 5V가 유지되는 1이 되는 구간의 시간 폭을 펄스 폭(Pulse Width, PW)이라고 하고, T1, T2, T3는 서로 같은 값을 가지는 주기 파형이다.

PWM 기능을 활용하는 것은 반드시 주기가 같은(T1 =T2 =T3…) 파형을 이용해 [그림 9-2]와 같이 펄스 폭을 가변적으로 조절함으로써 에너지의 양을 조절할 수 있다.

이 주기 파형(T1 = T2 = T3…)이 PWM을 생성하기 위한 선제 조건이다.

펄스 폭이 한 주기(T1)의 반절을 유지할 때를 듀티 비가 50%라고 한다. 듀티 비가 100%인 파형에 비해 5V가 1이 되는 구간이 반절이므로 그만큼 에너지를 50%만 만들 수 있는 것이다.

아두이노에서는 0부터 255까지의 8비트 디지털 값을 출력하는 analogWrite( ) 함수를 지원하며, 이를 이용하여 가변 된 폭을 갖는 PWM 파형을 생성하여, 아날로그 신호 출력과 같은 효과를 낸다. 아두이노에서 제공하는 PWM의 펄스 주기(주파수)는 약 2ms(500Hz)이다.

3 아두이노 우노 보드의 PWM 활용

아두이노 우노 보드를 사용하면, 원하는 PWM 신호를 출력시킬 수 있다. 우노 보드의 아날로그 출력 핀을 살펴보자.

[그림 9-3] 우노 보드의 아날로그 출력 핀

아날로그 출력 신호를 내보내기 위해서는 상단의 '~'(물결표)가 있는 3, 5, 6, 9, 10, 11번의 6핀을 이용하면 된다. 물론 6개의 핀들은 PWM 기능을 사용하지 않을 때는 일반 디지털 입·출력 핀으로 사용된다. (팁. 핀 번호를 암기해 보자. 365일 중 가을은 9, 10, 11월이다.)

몇 가지 예제를 통해 PWM을 활용해 아날로그 신호를 출력하는 방법을 익혀 보자.

4 LED 밝기 조절하기

LED를 출력 장치로 하여 밝기 조절을 해보자.

베이스보드 활용

[그림 9-4] LED0 밝기 조절(PWM 사용)

아두이노 보드의 3번 핀과 베이스보드의 LED 0 핀을 연결 선으로 연결한다.

우노 보드	입 · 출력 방향	베이스보드
3번 핀	→	LED 0

브레드보드 활용

【준비물】

아두이노 UNO 보드	브레드보드 1개	저항 300Ω 1개 / LED 1개

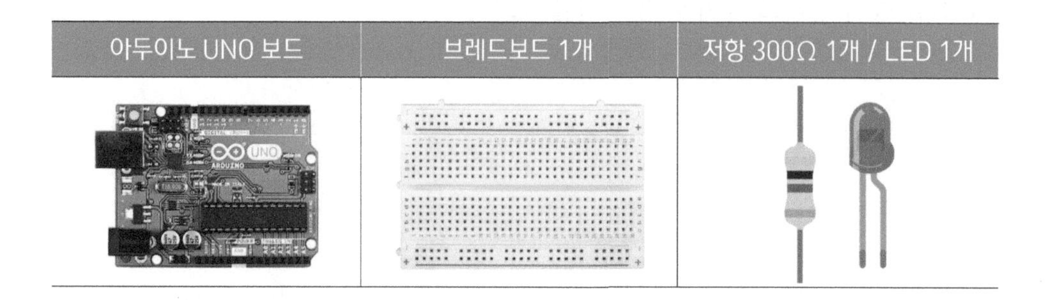

【배선 및 회로도】

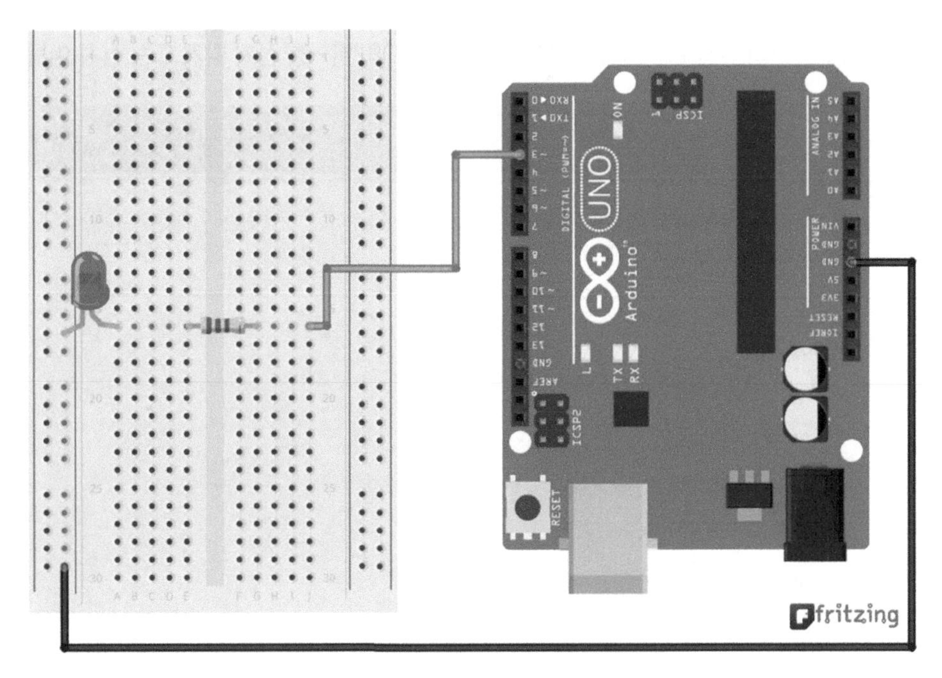

[그림 9-5] 우노에 LED와 저항 배선하기

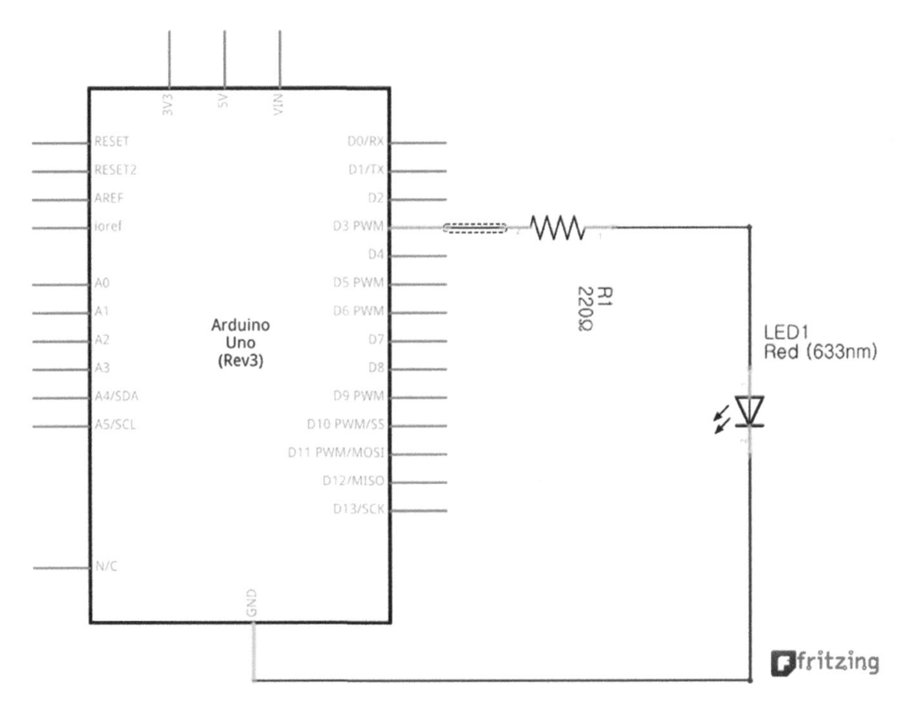

[그림 9-6] LED와 저항 배선 회로도

연습 예제 9.1

아두이노 3번 핀의 아날로그 출력(PWM)을 이용해 LED의 밝기를 점차 밝게 또는 점차 어둡게 한다.

PWM_LED.ino

```
1    void setup() {
2       pinMode(3, OUTPUT);
3    }
4    void loop() {
5       for (int i=0; i<=255; i++) {
6          analogWrite(3, i);
7          delay(10);   }
8       for (int i=255; i>=0; i--) {
9          analogWrite(3, i);
10         delay(10);   }
11   }
```

1: set( ) 함수 시작

2: 디지털 입 · 출력 핀 3번을 출력 모드로 설정

3: set( ) 함수 종료

4: loop( ) 함수 시작

5: LED 밝기를 256단계(0~255)로 점진적으로 밝게 하는 반복문 설정

6: 3번 핀에 PWM으로 출력

7: 10ms 시간 지연

8: LED 밝기를 256단계(0~255)로 점진적으로 어둡게 하는 반복문 설정

9: 3번 핀에 PWM으로 출력

10: 10ms 시간 지연

11: loop( ) 함수 종료

실행 결과

반복적으로 0~255단계로 LED가 점멸하는 것을 확인할 수 있다. PWM 출력이 가능한 5, 6, 9,10,11번 핀에서도 확인해 보자. 그 이외의 핀에서도 잘 동작하는가?

5 가변저항을 활용한 PWM 출력

입력 장치인 가변저항을 사용해 값의 변화량에 따라 LED의 밝기를 조절하는 코드를 작성해 보자.

베이스보드 활용

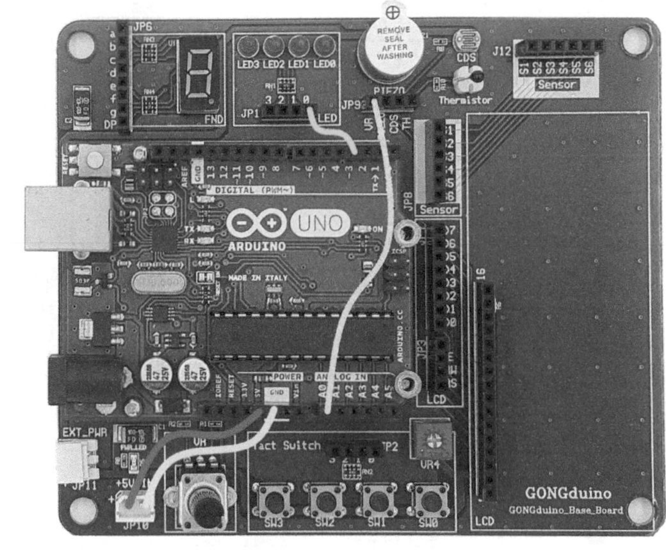

[그림 9-7] 가변저항과 LED0 배선하기

가변저항(VR)을 우노 보드의 A0에 연결하고, 디지털 핀 3번을 LED0에 연결한다.

우노 보드	입 · 출력 방향	베이스보드
3번 핀	→	LED 0
A0	←	VR

브레드보드 활용

【준비물】

아두이노 UNO 보드	브레드보드 1개	저항 300Ω 1개 / LED 1개	가변저항 10KΩ 1개

【배선 및 회로도】

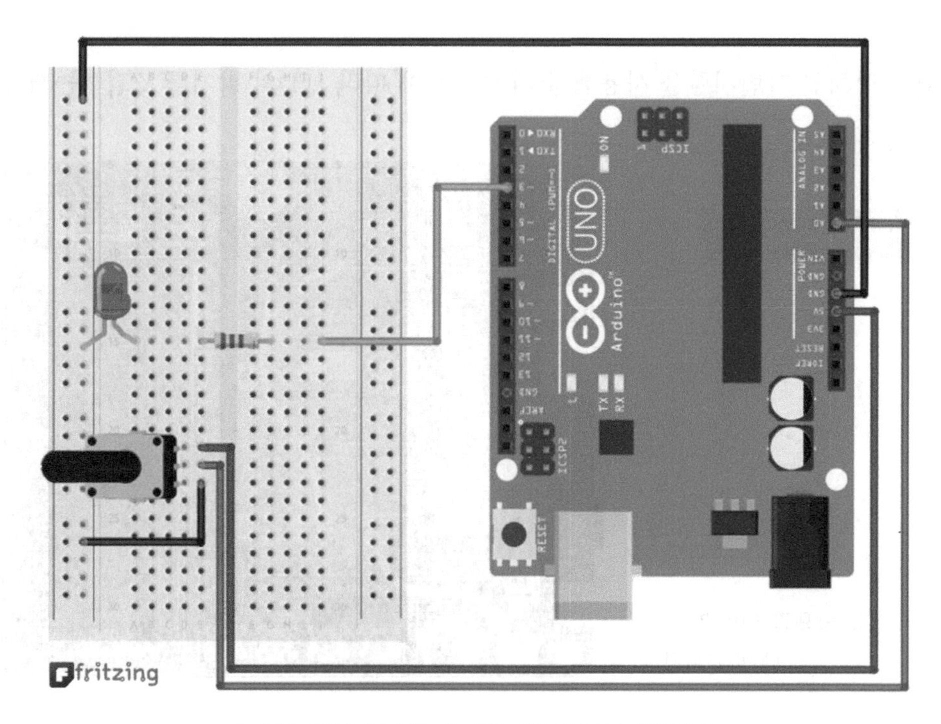

[그림 9-8] 브레드보드에 가변저항과 LED0 배선하기

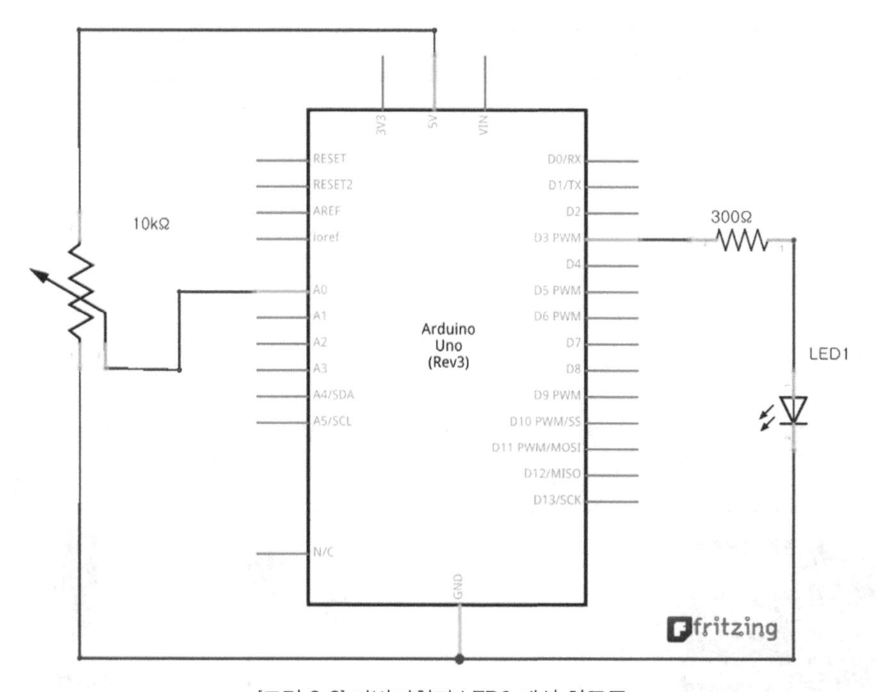

[그림 9-9] 가변저항과 LED0 배선 회로도

연습 예제 9.2

analogRead( ) 함수를 사용하여 가변저항의 값을 읽고, 아두이노 3번 핀의 아날로그 출력(PWM)을 이용해 LED의 밝기를 점차 밝게 또는 점차 어둡게 한다.

PWM_VR_LED

```
1   int val = 0;
2   void setup(){
3      pinMode(3, OUTPUT);
4   }

5   void loop() {
6      val = analogRead(0);
7      val = map(val, 0, 1023, 0, 255);
8      analogWrite(3, val);
9   }
```

1: AD 변환 값을 저장할 변수

3: 디지털 입 · 출력 핀 3번을 LED 출력 설정

6: 아날로그 입력 핀 0번에 연결된 가변저항의 값을 변수 val에 저장

7: 아두이노에서 제공하는 map()의 원형은 아래와 같다.

map(value, fromLow, fromHigh, toLow, toHigh) =

map(val, 0, 1023, 0, 255);

map은 mapping의 약자로, 큰 범위의 수들(아날로그 입력-VR)을 비율적으로 작은 범위의 수들(PWM 출력-LED)로 근사화하여 변경할 때 사용된다.
가변저항 입력값(10bit = 2^{10} = 1,024)을 PWM 값(8bit = 2^{8} =256)으로 변경

8: 3번 핀에 PWM(0~255 사이의 값)으로 출력

11: loop( ) 함수 종료

실행 결과

가변저항을 돌려 보면서, LED의 밝기가 변화하는 것을 확인할 수 있다. 시리얼 모니터를

확인해 가면서 변화를 확인하는 방법도 추천한다. 코드를 직접 추가해서 확인해 보기 바란다. 위 예제를 이용해, CdS 센서를 아날로그 입력으로 하여, 어두워질수록 LED가 더 밝게 빛나도록 하는 코드를 작성해 보자.

6 부저(buzzer)를 활용한 PWM출력

사람이 들을 수 있는 주파수 대역을 가청주파수 대역이라 하고, 20~20KHz의 주파수를 갖는다. 공기라는 매질을 통해서 전파되는 음파를 만들기 위한 전기적 소자들이 필요하다. 대표적으로 스피커, 부저 등이 있다.

부저에는 전자석 원리를 이용한 전자석(Electromagnetic) 부저와 압전 소자를 이용한 피에조(Piezoelectric) 부저가 있다. 흔히 부저하면 전자석 부저를 의미하고, 일정한 DC(직류) 전원인 3~5V 정도를 인가하면 단순하게 '삑-' 하는 소리를 낸다.

하지만 단순하게 코일, 자석 및 떨림판으로 이루어진 무회로 부저인 경우에는 마치 스피커처럼 음계를 표현할 수 있다. 피에조 부저 또한 무회로 전자석 부저와 같이 가격이 저렴하고 동일한 목적으로 사용된다.

다음 예제에서는 4옥타브 도에서 5옥타브 도까지를 위 표의 주파수 값을 가지고 출력해 보자.

베이스보드 활용

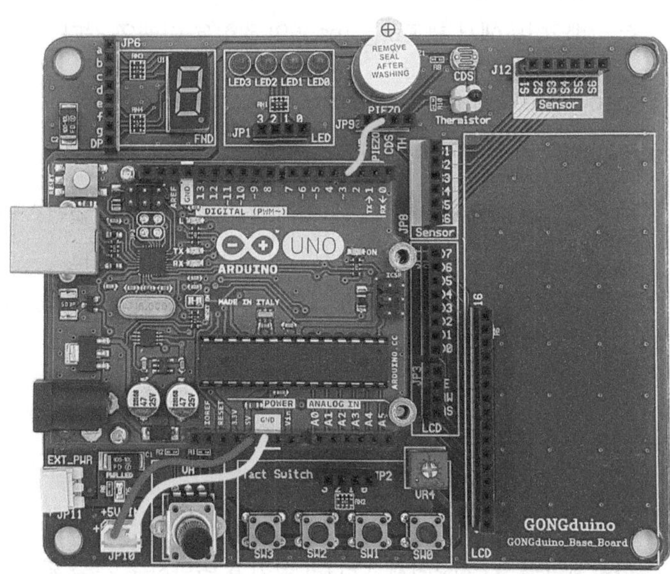

[그림 9-10] 무회로 부저 배선하기

우노 보드	입·출력 방향	베이스보드
3번 핀	→	PIEZO

우노 보드 3번 핀을 베이스보드의 PIEZO에 그림과 같이 연결하자.

브레드보드 활용

【준비물】

아두이노 UNO 보드	브레드보드 1개	부저 1개

【배선 및 회로도】

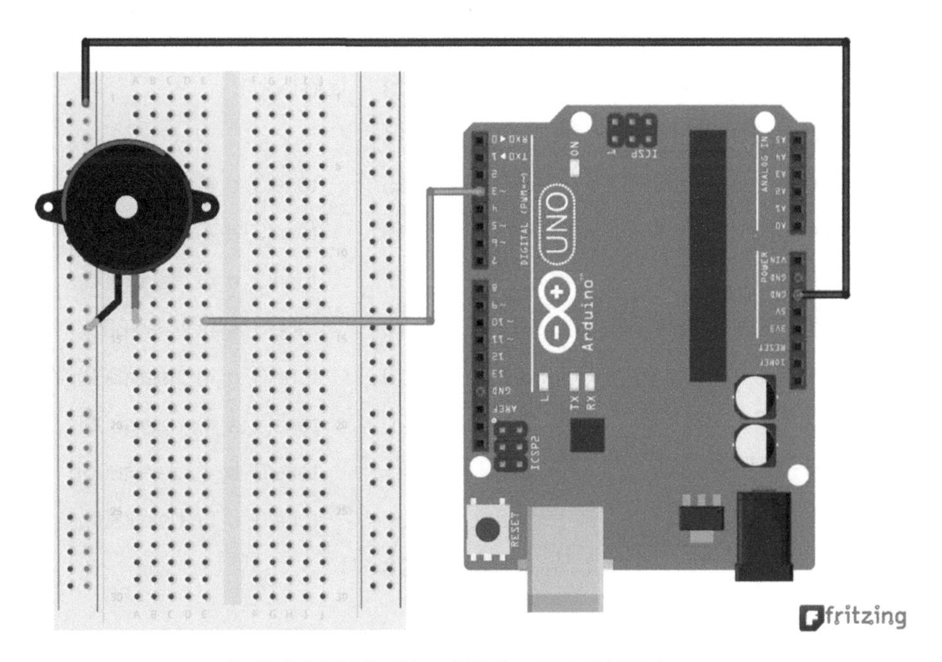

[그림 9-11] 브레드보드에 무회로 부저 배선하기

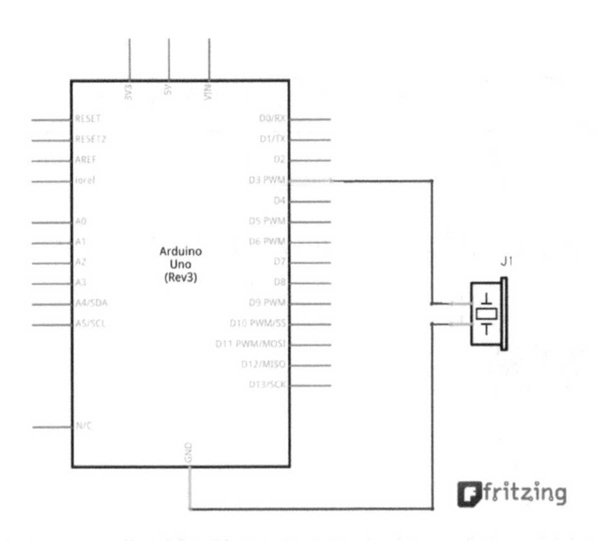

[그림 9-12] 무회로 부저 배선 회로도

피에조 부저나 무회로 부저의 극성에 맞게 배선한다.

연습 예제 9.3

피에조 소자에서 4옥타브 도에서 5옥타브 도까지 연주해 본다.

BUZ_tone.ino

```
1   #define c_4  261
2   #define d_4  293
3   #define e_4  329
4   #define f_4  349
5   #define g_4  392
6   #define a_4  440
7   #define b_4  493
8   #define c_5  523
9   void setup()
10  {
11      //pinMode(3, OUTPUT);
12  }
13  void loop()
14  {
15      tone(3, c_4); delay(800);
16      tone(3, d_4); delay(800);
17      tone(3, e_4); delay(800);
18      tone(3, f_4); delay(800);
19      tone(3, g_4); delay(800);
20      tone(3, a_4); delay(800);
21      tone(3, b_4); delay(800);
22      tone(3, c_5); delay(800);
23  }
```

1~8: 261 주파수의 소리를 c_4으로 정의 (도), 293 주파수의 소리를 d_4으로 정의 (레)
329 주파수의 소리를 e_4으로 정의 (미), 349 주파수의 소리를 f_4으로 정의 (파)
392 주파수의 소리를 g_4으로 정의 (솔), 440 주파수의 소리를 a_4으로 정의 (라)
493 주파수의 소리를 b_4으로 정의 (시), 523 주파수의 소리를 c_5으로 정의 (도)

11: 디지털 입 · 출력 핀 3번을 출력 모드로 지정할 필요가 없다.

14~23: 부저에서 각 주파수의 소리를 800ms 동안 출력한다.

실행 결과

각 음계의 주파수 값을 define 하였다.

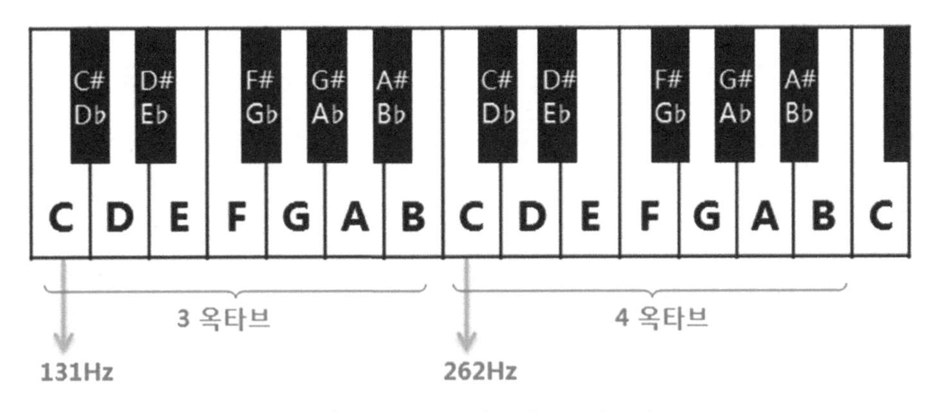

[그림 9-13] 건반 위치에 따른 주파수 값

아두이노 지원 함수인 tone( ) 함수와 notone( ) 함수에 대해서 알아보자.

tone( ) 함수의 원형은 tone(pin, frequency)이고,
tone(3, c_4);와 같이 사용되었다.

tone( ) 함수를 핀 3번에서 사용하다가 만약 다른 핀 5번에도 tone( ) 함수를 사용하고자 한다면 반드시 notone( ) 함수를 실행한 뒤에 5번 핀에 tone( ) 함수를 사용해야 한다.

notone( ) 함수의 원형은 notone(pin)이고,
notone(3);와 같이 사용된다.

notone( ) 함수의 사용은 다음 예제 9.5에서 확인해 보자.

연습 예제 9.4

배선은 예제 9.3와 동일하다.

우노 3번 핀의 톤을 조절하여 부저에서 사이렌 소리가 나도록 해보자.

PWM_BUZ.ino

```
1    void setup() {
2      //pinMode(3, OUTPUT);
3    }

4    void loop() {
5      tone(3, 500);
6      delay(500);
7      tone(3, 250);
8      delay(500);
9    }
```

2: 디지털 입 · 출력 핀 3번을 출력 모드로 지정할 필요가 없다.

5: 부저에 500Hz 소리를 500ms 동안 출력

7: 부저에 250Hz 소리를 500ms 동안 출력

실행 결과

단순한 멜로디 음을 출력한다. 각자 자신이 원하는 멜로디 음을 만들어 보자.

연습 예제 9.5

배선은 예제 9.3와 동일하다. 다음의 동요를 부저를 통해 출력해 보자.

우노 3번 핀의 톤을 조절하여 다음의 동요(첫 줄만 - 13개 음계)를 연주해 보자.

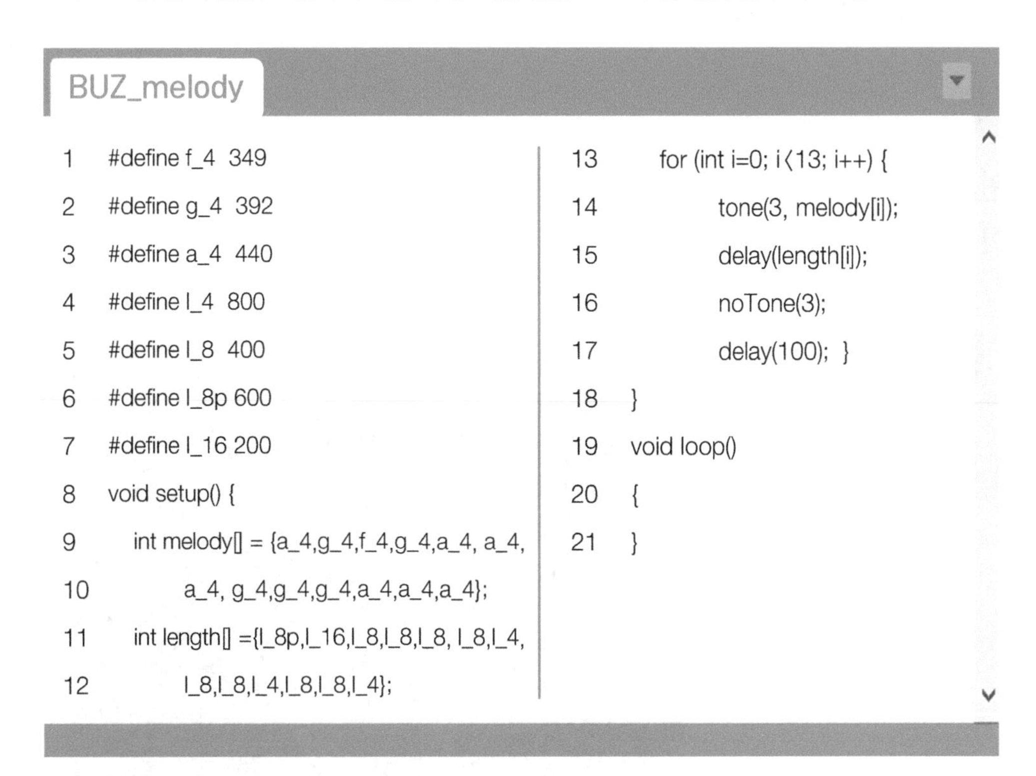

BUZ_melody

```
1   #define f_4  349
2   #define g_4  392
3   #define a_4  440
4   #define l_4  800
5   #define l_8  400
6   #define l_8p 600
7   #define l_16 200
8   void setup() {
9     int melody[] = {a_4,g_4,f_4,g_4,a_4, a_4,
10           a_4, g_4,g_4,g_4,a_4,a_4,a_4};
11    int length[] ={l_8p,l_16,l_8,l_8,l_8, l_8,l_4,
12           l_8,l_8,l_4,l_8,l_8,l_4};
13      for (int i=0; i<13; i++) {
14            tone(3, melody[i]);
15            delay(length[i]);
16            noTone(3);
17            delay(100);  }
18    }
19    void loop()
20    {
21    }
```

1~3: 동요 연주를 위한 3 종류의 음계의 주파수를 변수 f_4, g_4, a_4에 정의

4~7: 음의 길이(length)를 4가지 단계로 나누어서 박자를 맞춘다.

9: 배열 melody[]에 13개의 음계를 차례대로 저장하였다.

11: 음의 길이를 length[ ] 배열에 차례대로 저장하였다.

13: 13개의 음계를 차례대로 출력하기 위해 반복문을 사용함

14: 차례대로 멜로디 음을 딜레이(ms)만큼 출력하고, notone( ) 함수로 리셋시킨다.

17: 음계 사이에 적당하게 지연 시간을 둔다.

실행 결과

코드 라인 16에서 사용한 notone( ) 함수를 주석 처리하고, 실행시켜 보면 마지막 음계에서 계속 소리가 출력됨을 알 수 있다. 이처럼 하나의 핀에서 출력되는 tone( )을 리셋시킬 때도 사용된다. 한 번 출력되고 소리가 꺼지는데, 다시 듣고 싶으면, 우노 보드의 리셋 버튼을 눌러 다시 재실행시켜서 확인할 수 있다. 이와 같은 방법으로 간단한 동요등을 직접 우노에서 실행시켜 부저 등으로 출력시켜 보자.

7 전자피아노 만들기

버튼 스위치 4개와 부저를 통해 전자피아노를 만들어 보자. 더 많은 버튼을 적용하여 다양한 음계를 출력할 수 있지만, 여기에서는 공두이노 베이스보드의 버튼이 4개인 관계로 4개를 활용한다. 원하는 버튼의 수를 늘려서 연주해 보자.

베이스보드 활용

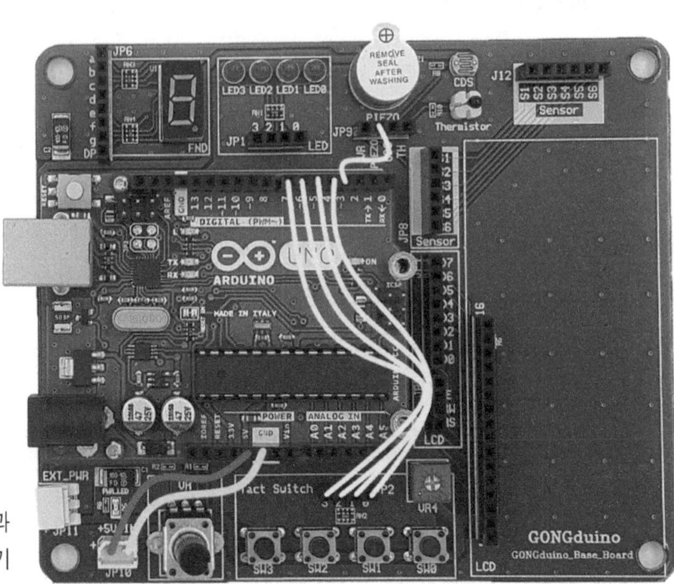

[그림 9-14] 4개의 버튼과 부저 배선하기

베이스보드의 SW(스위치) 4개와 부저를 점퍼 와이어로 우노 보드와 그림과 같이 연결한다.

우노 보드	입 · 출력 방향	베이스보드	연주음
3번 핀	→	PIEZO	출력
4번 핀	←	SW0	파
5번 핀	←	SW1	미
6번 핀	←	SW2	레
7번 핀	←	SW3	도

브레드보드 활용

【준비물】

아두이노 UNO 보드	브레드보드 1개	부저 1개	저항 10KΩ 4개 / 택트스위치 4개

【배선 및 회로도】

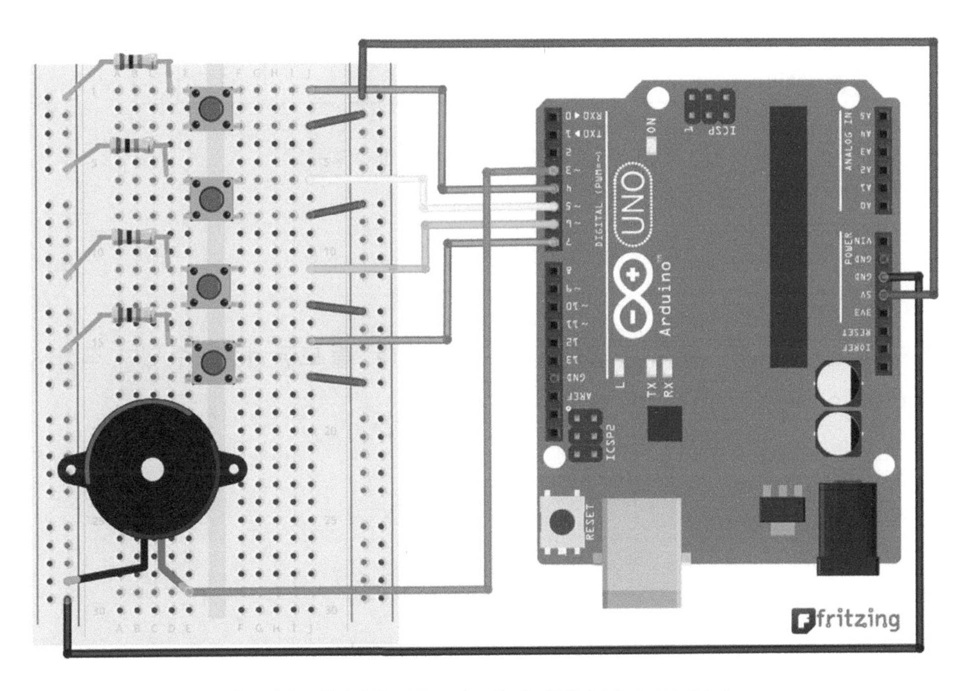

[그림 9-15] 브레드보드에 4개의 버튼과 부저 배선하기

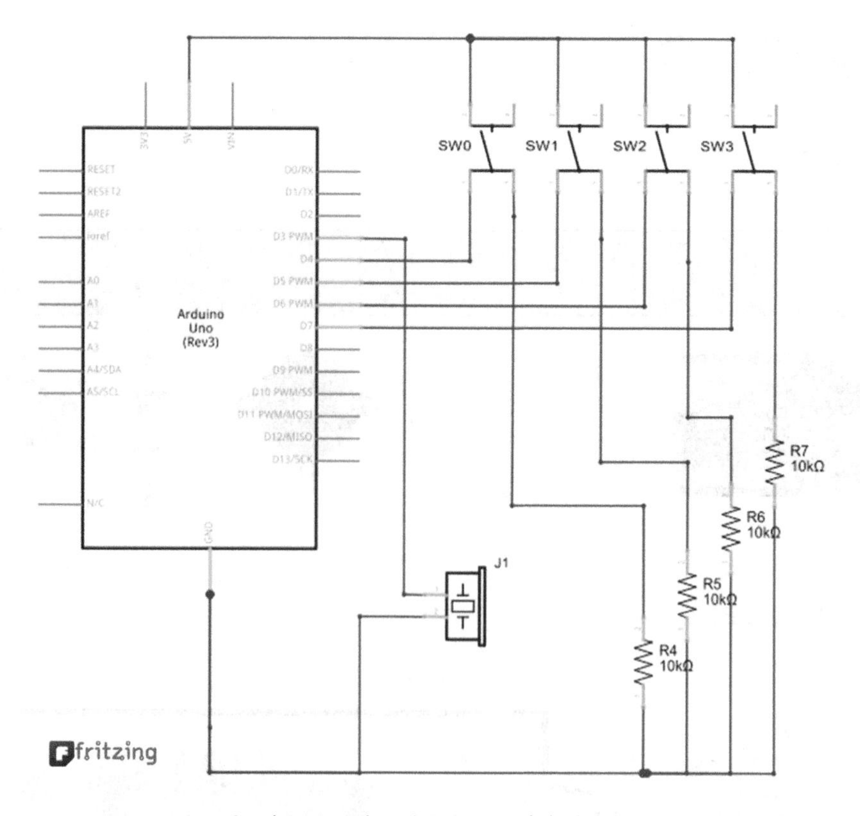

[그림 9-16] 4개의 버튼과 부저 배선 회로도

심화 예제 9.6

예제 9.5에서 살펴봤던 동요를 직접 버튼으로 눌러가며 2줄 모두 연주할 수 있다. 직접 예제 9.5의 악보를 보고 연주하면 된다.

PART 10

LEARN CODING WITH ARDUINO

아두이노로 모터 제어하기

PART 10

아두이노로 모터 제어하기

모터는 전기에너지를 운동에너지로 바꿔줄 수 있는 장치라고 할 수 있다. 본 교재에서는 DC(직류) 전원을 공급 전원으로 사용하는 DC 모터, 스텝 모터, 서보 모터의 특성을 이해하고, 활용하는 방향으로 설명을 한다.

이 모터들은 아두이노를 활용한 프로젝트에서 많이 사용되고 있으며, 그만큼 실생활에서 많이 적용되어 왔다. 특히, 바로 프로젝트에 활용할 수 있도록 관련 모터의 드라이버 모듈을 활용하여 하드웨어를 구성하고, 코드를 작성하여 실습을 한다. 자세한 모터의 원리 및 구동 방식의 기술적인 내용을 전부 담기에는 한계가 있으니, 다른 전문 서적을 참고하기 바란다.

1 소형 DC 모터 제어하기

아두이노에서 수행하는 프로젝트에서 사용하는 DC 모터는 대부분 소형 DC 모터이다. 물론, 대형 모터를 제어할 수도 있지만, 그 모터에 맞는 별도의 장치(드라이버 모듈 및 전원 장치)들이 필요하다. DC 모터의 간단한 원리 및 모듈 소개를 통해 코드를 작성해 보도록 하자.

1) 소형 DC 모터 소개

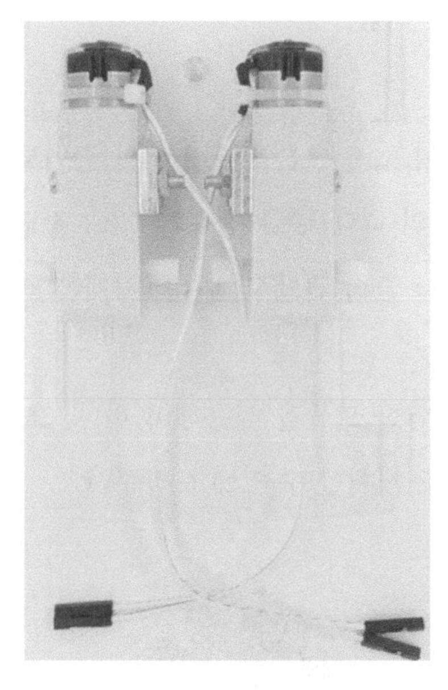

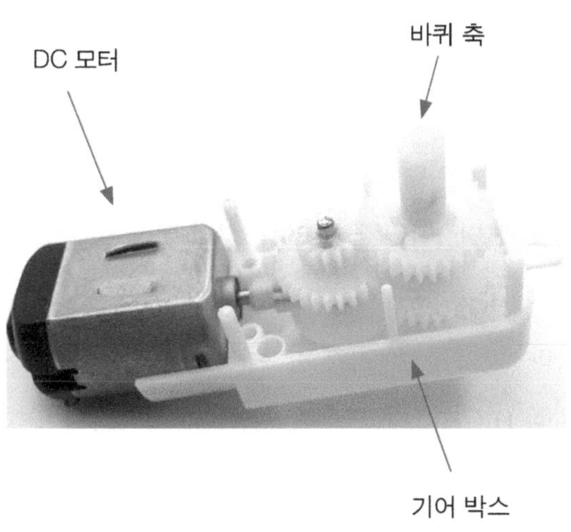

[그림 10-1] 로봇 플랫폼에 사용되는 소형 DC 모터

DC 모터를 로봇 플랫폼에 적용하는 과정은 추후에 설명을 한다. 실습에 사용할 DC 모터에 5V 공급 전원을 인가하면 모터는 회전을 한다. 하지만 모터에 극성이 표시가 되어 있지 않아 정방향과 역방향을 결정짓기에 곤란하다. 로봇에 장착을 한 후에 코드에 맞춰 방향을 정한다.

특히, [그림 10-1]과 같이 DC 모터와 기어를 포함한 형태로 되어 있기 때문에 모터 자체의 고속의 회전을 바퀴 축에 전달될 때는 저속이지만 보다 큰 힘을 낼 수 있다. 마치 기어를 가지고 있는 자전거를 생각하면 쉽게 이해할 수 있다. 기어비가 클수록 더 많이 페달을 밟아 줘야 하지만 작은 힘으로 일정한 거리를 이동할 수 있는 것과 같다.

2) DC 모터용 드라이버 모듈 소개

이러한 모터 내부의 회전축에 부하(기어 및 연장 축)를 연결하여 힘을 발생시킬 수 있다. 이 힘의 크기의 단위는 보통 와트(Watt)나 마력(HP(Hose power), 1HP = 0.75kW)으로 표현된다.

아두이노 우노와 같은 제어기의 디지털 입·출력 핀에서 출력할 수 있는 전류의 세기는 20mA 정도이다. 이 정도의 크기의 전류로 힘을 계산해 보면,

힘(Watt) = **전압**(V) × **전류**(I) = 5V × 0.02A = 0.1 Watt

가 된다. 여기에서 전원은 모터에 공급되는 전원이고, 전류는 제어기에서 출력되는 전류의 크기이다. 교재에서 사용할 소형 DC 모터의 최대 공급 전류는 0.6A 정도를 필요로 한다. 따라서 모터를 직접 우노 보드의 입·출력 핀에서 제어하기에는 전류가 많이 부족하다.

따라서 [그림 10-2]와 같은 전류 증폭용 IC를 포함한 모듈을 사용해야 한다. 또한, 간단한 HIGH, LOW 신호로 DC 모터의 회전 방향도 제어할 수 있게 도와준다.

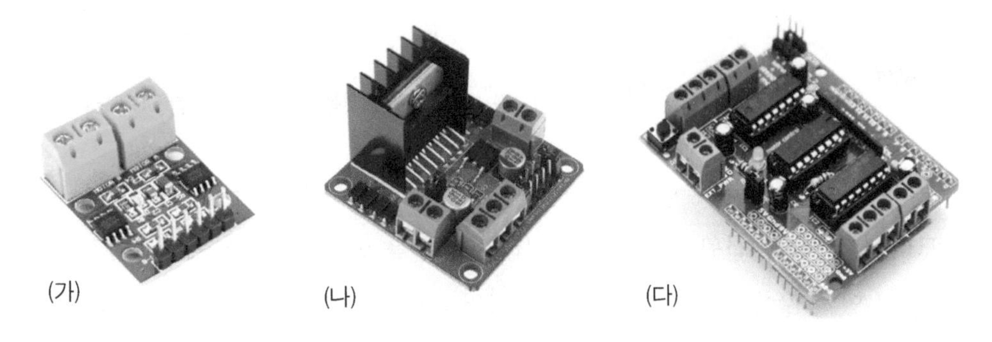

[그림 10-2] 다양한 DC 모터 드라이버 모듈

(가)는 2개의 DC 모터를 사용 가능하고, 적용된 모터 드라이버 IC는 L9110인 모듈이다. (나)는 2개의 DC 모터를 사용 가능하고, 사용된 모터 드라이버 IC는 L298N인 모듈이다. (다)는 동시에 4개의 DC 모터를 사용 가능하고, 사용된 모터 드라이버 IC는 L293D인 쉴드이다.

특히, 각 모듈들은 스텝 모터 제어도 가능하기 때문에, 설계하고자 하는 목적에 맞춰 적절한 드라이버 모듈을 선택해야 한다. 자세한 내용은 모듈의 데이터시트를 참고해야 한다.

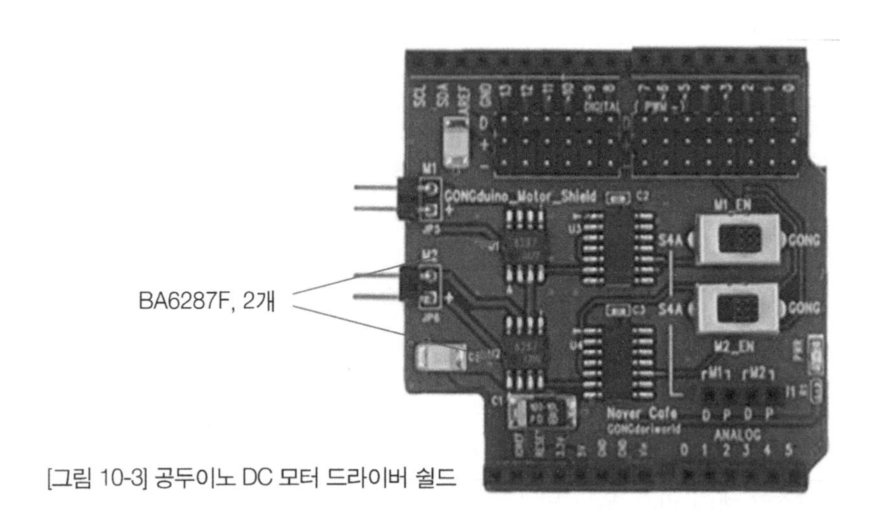

[그림 10-3] 공두이노 DC 모터 드라이버 쉴드

[그림 10-3]은 로봇 플랫폼에 사용되는 DC 모터 드라이버 쉴드로서, 사용된 DC 모터 드라이버 IC는 BA6287F(2개 사용됨)이다. 2개의 DC 모터를 사용할 수 있으며, 쉴드 내부에서 결선이 완성되어 있어 소스 코드로 4개의 핀을 설정해 주면 별도의 케이블 배선 없이 바로 사용이 가능하다.

이 쉴드를 사용한 실습은 다음 11장에서 자세하게 이루어지고, [그림 10-2]의 모듈 중 가격이 저렴한 편인 (가)의 L9110 모듈을 가지고 간단한 DC 모터 동작을 실습해 보자.

3) L9110 모터 드라이버 모듈 사용하기

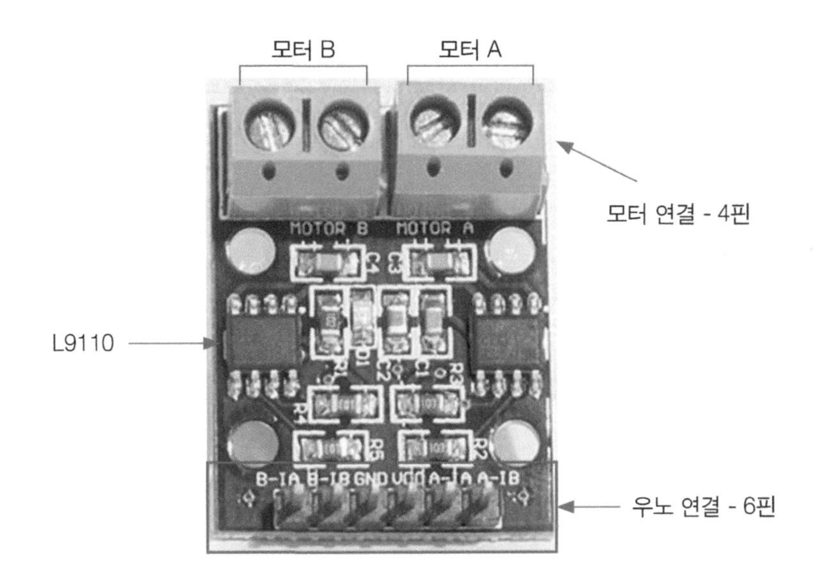

6핀 이름	B-IA	B-IB	GND	VCC	A-IA	A-IB
기능	모터 B Input A	모터 B Input B	접지	2.5~12V DC 모터 전원	모터 A Input A	모터 A Input B
우노 연결	10번	9번	GND	외부 or +5V	6번	5번

[그림 10-4] L9110 드라이버 모듈 신호 종류 및 우노와 연결

[그림 10-4]의 모터 드라이버 L9110 모듈은 헤더 핀 6핀의 GND와 VCC를 중심으로 좌우 대칭 구조를 가지고 있다. 상단의 터미널 블록에 좌우 각각 모터 B와 모터 A를 연결하고, 하단의 6핀 헤더 핀은 우노 및 모터 공급 전원과 연결한다.

특히, VCC는 모터 공급 전원으로서 사용할 모터의 스펙에 맞춰 입력해 준다. 우리가 사용한 소형 DC 모터는 5V용이므로 AA배터리 4개를 사용하면 된다. 한편, 모듈에서 제공하는 개별 모터당 허용 전류는 최대 800mA이다. 자세한 연결 방법은 브레드보드 배선을 참고하기 바란다.

브레드보드 활용

【준비물】

아두이노 UNO 보드	브레드보드 1개	모듈 1개	DC모터 2개	배터리 AA 4개
	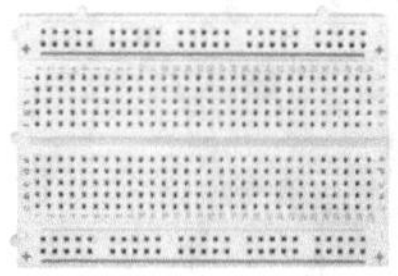	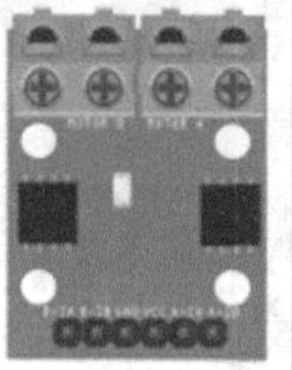	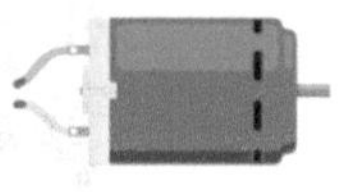	

【배선】

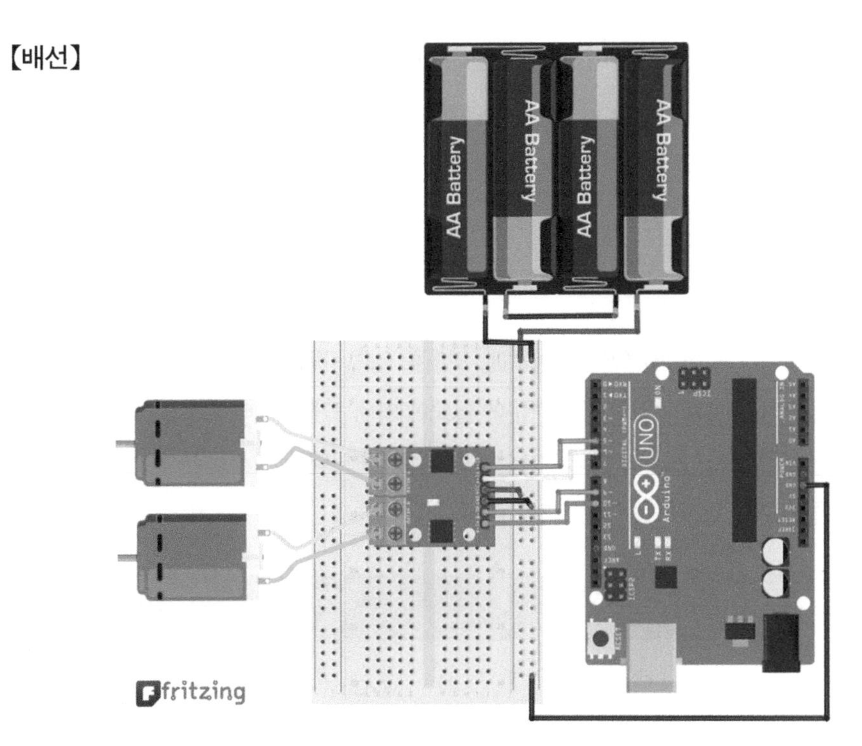

[그림 10-5] L9110 드라이버 모듈 활용 배선하기(배터리 전원 사용할 때)

모터에 공급되는 전원은 배터리 AA사이즈로 4개를 사용하고, 배터리 홀더에 넣어서 사용해야 한다. 또는, 우노 보드의 외부 입력 DC 잭 커넥터를 통해 배터리 홀더를 연결하여 사용할 수도 있고, 전원용 DC 어댑터를 이용할 수도 있다.

이 외부 전원은 모터용(모듈을 통해 공급됨)이며, 이 모듈에는 최대 12V까지만 인가하여 사용할 수 있으므로 사용하고자 하는 모터의 입력 전압을 확인해야 한다.

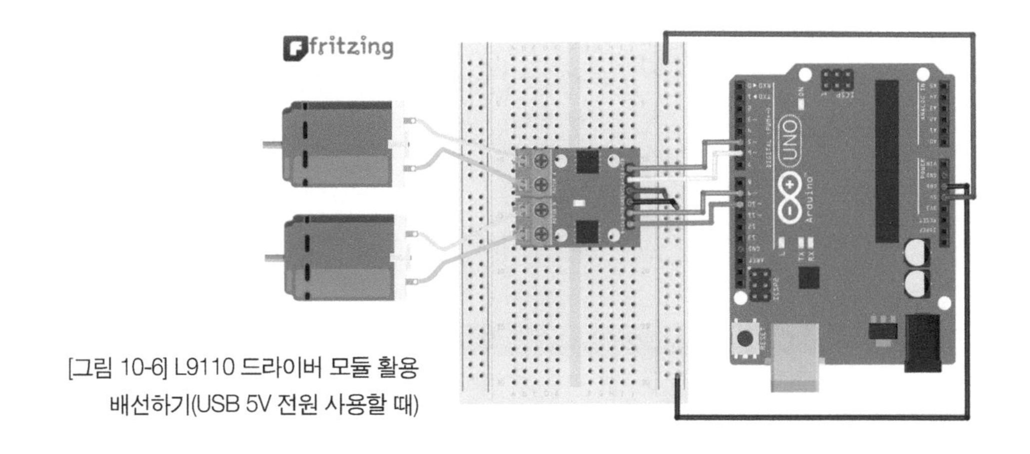

[그림 10-6] L9110 드라이버 모듈 활용 배선하기(USB 5V 전원 사용할 때)

간단하게 [그림 10-6]과 같이 배터리 없이 USB 케이블로 공급되는 5V를 모터에 인가하여 동작시켜 볼 수 있다. [그림 10-5]와 모터의 회전력을 비교해 본다면 차이점을 느낄 수 있다.

연습 예제 10.1

DC 모터용 L9110 드라이버 모듈을 이용해, 모터를 2초 간격으로 정회전 및 역회전시켜 보자. 2개의 모터를 사용한 코드이기 때문에 필요에 따라 1개의 모터로 실습을 할 경우 해당 모터에 관련된 코드는 주석 처리(//)해주면 된다. 만약 모터 A만 사용한다면 motB에 관련된 라인들을 주석 처리해 준다.

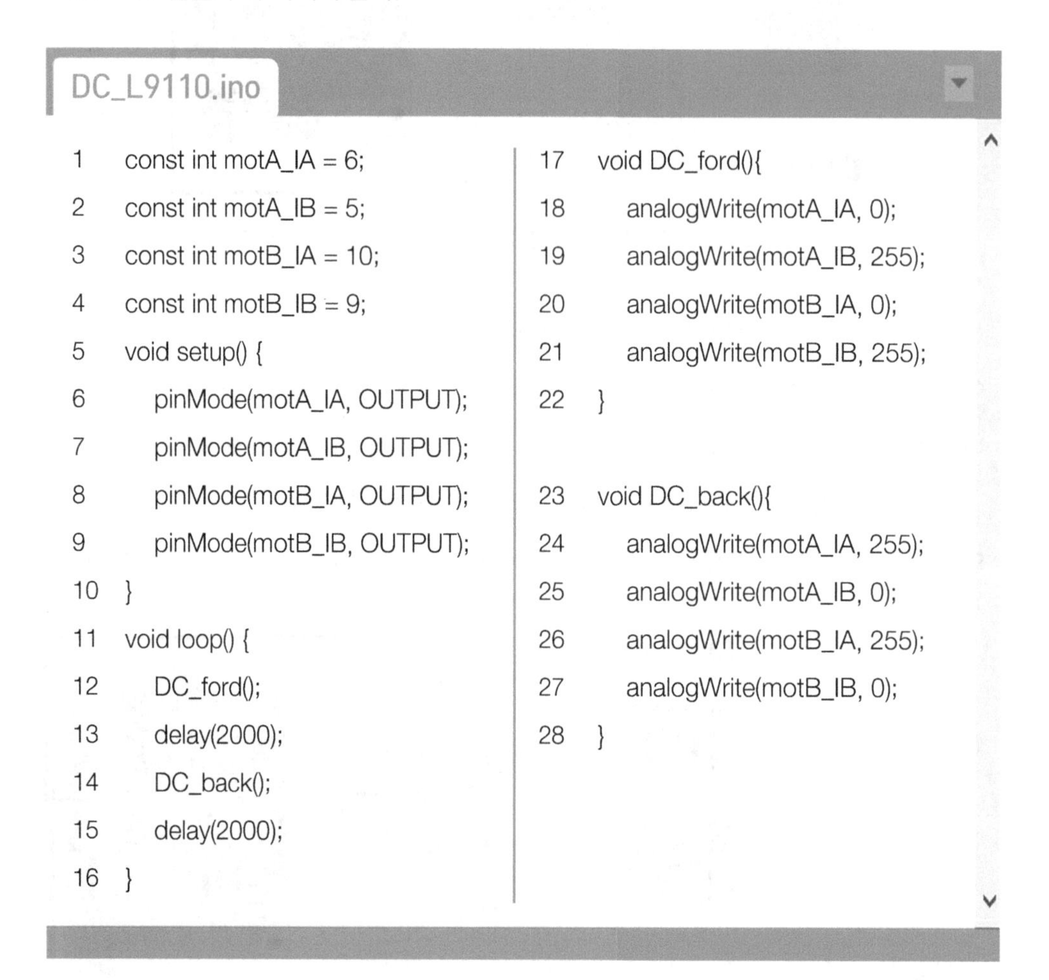

DC_L9110.ino

```
1   const int motA_IA = 6;
2   const int motA_IB = 5;
3   const int motB_IA = 10;
4   const int motB_IB = 9;
5   void setup() {
6     pinMode(motA_IA, OUTPUT);
7     pinMode(motA_IB, OUTPUT);
8     pinMode(motB_IA, OUTPUT);
9     pinMode(motB_IB, OUTPUT);
10  }
11  void loop() {
12    DC_ford();
13    delay(2000);
14    DC_back();
15    delay(2000);
16  }
17  void DC_ford(){
18    analogWrite(motA_IA, 0);
19    analogWrite(motA_IB, 255);
20    analogWrite(motB_IA, 0);
21    analogWrite(motB_IB, 255);
22  }

23  void DC_back(){
24    analogWrite(motA_IA, 255);
25    analogWrite(motA_IB, 0);
26    analogWrite(motB_IA, 255);
27    analogWrite(motB_IB, 0);
28  }
```

1~4: 모터 A와 B의 제어를 위한 우노의 출력 핀(PWM) 번호를 정한다.
motorA의 InputA와 InputB용 출력 핀을 지정하고, motorB도 마찬가지이다.

5~10: 우노의 핀을 모두 출력으로 정한다.

11~16: 모터를 직진(DC_ford)시키거나 후진(DC_back)시키는 함수를 사용한다.

17~22: analogWrite( ) 함수를 사용하여, 모터 두 개를 동시에 전진시키도록 한다.

23~28: analogWrite( ) 함수를 사용하여, 모터 두 개를 동시에 후진시키도록 한다.

실행 결과

2초(2000ms) 간격으로 모터 2개가 동시에 정회전 및 역회전하는 것을 확인할 수 있다. 모터의 속도 조절은 최댓값인 255를 200 이하로 수정하여 업로드하면 된다.

2 스텝 모터 제어하기

DC 모터와 달리 스텝 모터는 입력 펄스(step이라고도 함)로 제어가 되기 때문에 정확한 각도(위치) 제어 및 정밀한 모터 정지 등에 유리하다. 마이컴으로 제어가 용이하고, 가격도 저렴해 3D 프린터, 에어컨 풍향, CCTV 헤드 이동, 프린터 헤드 이동 등 주변에서 많이 사용되고 있다.

1) 스텝 모터 소개

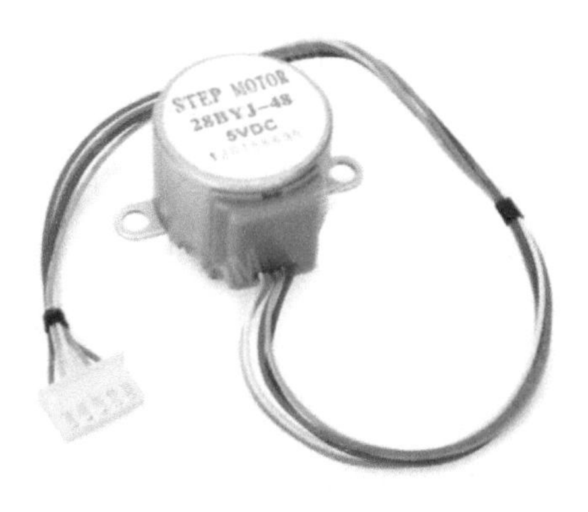

[그림 10-7] 유니폴라 방식의 스텝 모터(28byj-48)

스텝 모터의 구동 방식은 1상 여자 방식, 2상 여자 방식, 1-2상 여자 방식이 있다. 여기서 여자(Excitation)란 권선 코일에 전류를 흘렸을 때 발생하는 전자계에 의해 모터를 움직일 수 있다는 의미로 1상(Phase)이란 1개의 권선에 전류를 흘려주는 방식이고, 2상은 2개의 권선에 전류를 흘려주는 것을 말한다. 1-2여자 방식은 1상 여자와 2상 여자를 교대로 반복한다는 의미로 한 번은 한 개의 코일에, 다음에는 2개의 코일에 동시에 전류는 흘려주는 방식으로 보다 정밀하게 모터를 회전시킬 수 있다.

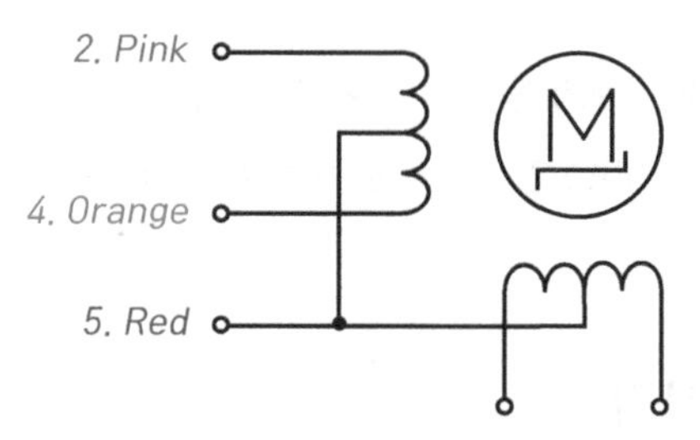

Half-Step Switching Sequence

Lead Wire Color	→ CW Direction (1-2 Phase)							
	1	2	3	4	5	6	7	8
4 Orange	—	—						—
3 Yellow		—	—	—				
2 Pink				—	—	—		
1 Blue						—	—	—

[그림 10-8] 1-2상 여자 방식의 하프 스텝 제어(모터 28byj-48)

[그림 10-8]은 모터 내부의 권선을 간략하게 도식화한 것으로 총 5색의 입력 선을 가지고 있다. 모터를 구동하기 위해서는 표와 같이 4가지 입력 선에 HIGH와 LOW 신호를 입력해야 한다. 빈칸은 LOW 신호를 의미하고, 총 8단계(step)를 마치면 시계 방향으로 1회전을 하게 된다.

즉 step 1단계에서는 (4,3,2,1 선) = (HIGH, LOW, LOW, LOW),

step 2단계에서는 (4,3,2,1 선) = (HIGH, HIGH, LOW, LOW),

:

step 7단계에서는 (4,3,2,1 선) = (LOW, LOW, LOW, HIGH),

step 8단계에서는 (4, 3, 2, 1 선) = (HIGH, LOW, LOW, HIGH)

와 같이 순차적으로 신호를 인가하면 시계방향으로 1회전을 하게 된다.

여기에서 step1 → step 2 → … step7 → step8 순서로 신호를 인가하면 시계방향으로 회전을 하고, step8 → step7 → … step2 → step1와 같이 반대로 신호를 인가하면 반시계방향으로 회전한다.

2) 스텝 모터 드라이버 모듈 소개

스텝 모터도 우노와 같은 마이컴에서 제어할 때 전류 증폭용 IC를 포함한 모듈을 사용해야 한다. 복잡한 드라이버 IC를 포함한 모듈의 경우에는 회전 방향을 변경할 때 HIGH, LOW 신호로 제어를 할 수 있지만, 이 스텝 모터의 경우에는 [그림 10-8]과 같이 각 핀에 펄스를 인가해 주어야 한다. 편의상 아두이노 환경에서 저렴하면서 많이 사용되는 몇 가지 모듈에 대해 알아본다.

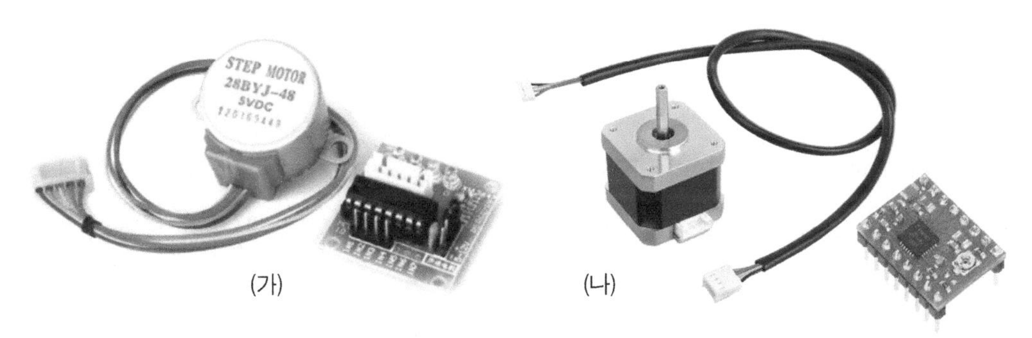

[그림 10-9] 스텝 모터와 드라이버 모듈

(가)는 드라이버 IC인 ULN2003을 포함하는 모듈과 5V용 스텝 모터(28byj-48)이다.

(나)는 드라이버 IC인 A4988을 포함하는 모듈과 12V용 스텝 모터이다.

스텝 모터를 사용할 목적에 따라 선택해야 하며, 여기에서는 [그림 10-9]의 (가)를 이용해 사용법 위주로 설명을 한다. 더욱 자세한 내용은 관련 데이터시트를 참고해야 한다.

3) ULN2003A 모듈 사용하기

우노 보드	출력 방향	드라이버보드
11번 핀	→	1N1
10번 핀	→	1N2
9번 핀	→	1N3
8번 핀	→	1N4
GND	→	접지(-)
+5V or Vin	→	5~12V(+)

[그림 10-10] ULN2003A 드라이버 모듈 신호 종류 및 배선

ULN2003A 드라이버 IC를 포함한 [그림 10-10]의 모듈을 사용하기 위해서는 위 표와 같이 배선을 하면 된다. 우노 보드에서 모듈의 IN1~IN4 헤더 핀과 연결하여 제어 신호를 보내고, 스텝 모터에 공급될 전원을 2핀의 헤더 핀(모터 전원 -, +)과 연결시킨다.

우측에는 5V 동작 스텝 모터(28byj-48)를 연결시키면 되고, 필요에 따라 12V용 스텝 모터를 사용할 수도 있을 것이다. 12V용 스텝 모터를 사용할 경우에는 공급 전원도 12V이어야 한다.

브레드보드 활용

【준비물】

아두이노 UNO 보드	브레드보드 1개	모듈 1개	스텝모터 1개

【배선】

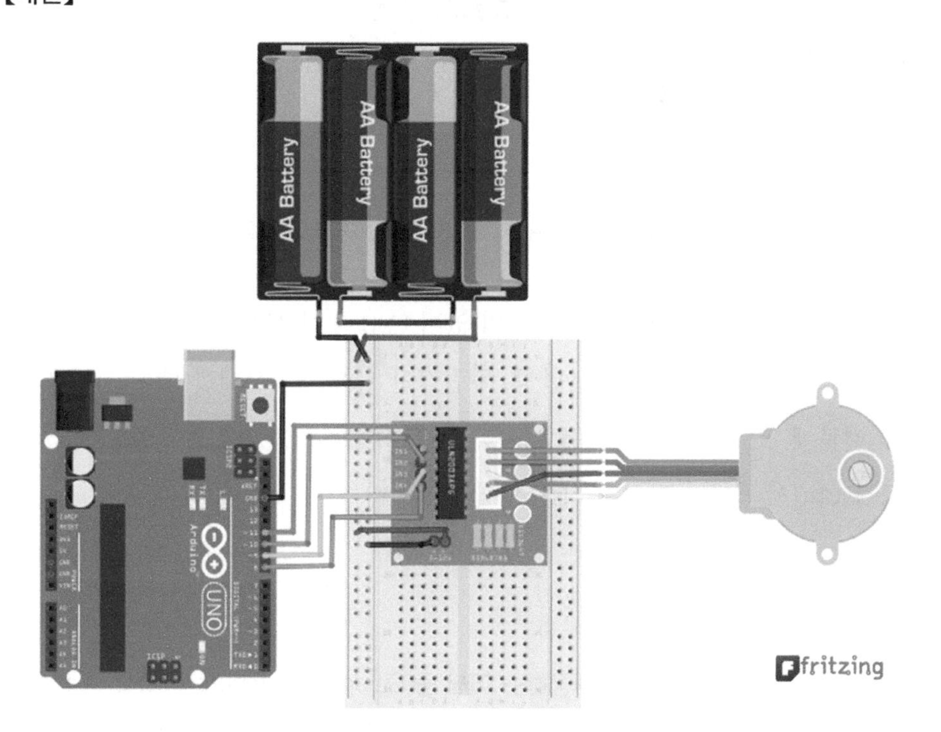

[그림 10-11] ULN2003A 모듈과 스텝 모터 배선(배터리 전원 사용할 때)

스텝 모터에 공급되는 전원은 DC 모터의 경우와 마찬가지로, 배터리 홀더를 이용하고, 우노 보드의 외부 입력 DC 잭 커넥터를 통해 배터리 홀더를 연결하여 사용할 수도 있고, 전원용 DC 어댑터를 이용할 수도 있다.

이 외부 전원은 모터용(모듈을 통해 공급됨)이며, 모듈에는 최대 12V까지만 인가하여 사용할 수 있기 때문에 사용하자고 하는 모터의 입력 전압을 확인해야 한다. 여기에서는 5V용 스텝 모터이므로, 5V를 입력해야 한다.

[그림 10-11]과 [그림 10-12]에서 모터와 연결 커넥터 단자의 케이블이 꼬여 있는 것은 무시하고, 모터를 모듈의 커넥터의 방향에 맞춰 꽂아서 사용하면 된다.

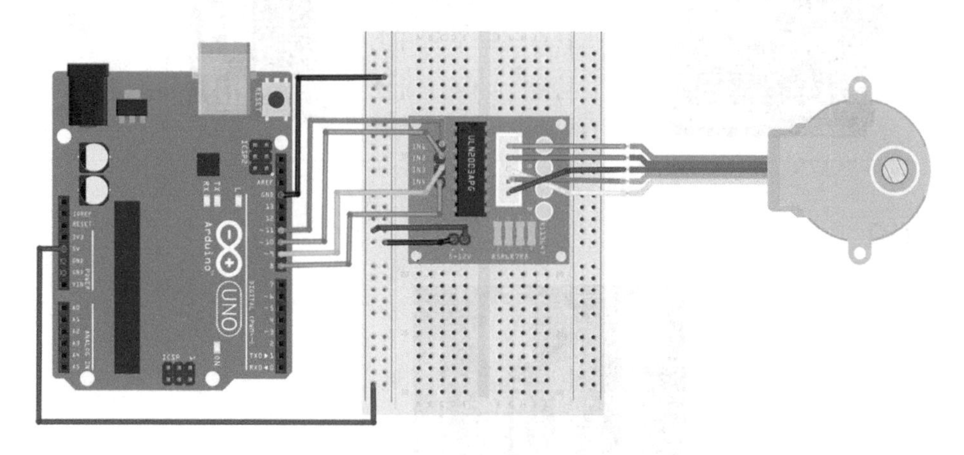

[그림 10-12] ULN2003A 모듈과 스텝 모터 배선(USB 5V 전원 사용할 때)

간단하게 [그림 10-12]와 같이 배터리 없이 USB 케이블로 공급되는 5V를 모터에 인가하여 동작시켜 볼 수 있다. 만약, 독립적인 시스템을 설계할 때에는 허용 전류 문제 때문에 별도의 전원 장치를 사용해야 원활한 동작을 얻을 수 있다. 모터의 스펙을 고려해서 적당한 전원 장치를 선택해야 한다.

연습 예제 10.2

다음 예제는 아두이노 IDE에서 제공하는 예제 중 Stepper → stepper_oneRevolution을 수정하여 사용한 것이다. 스텝 모터를 정 · 역방향으로 회전시켜 보고, 주석의 내용을 잘 확인해서, 스텝 모터의 특성을 이해해 보자.
특히, 다음 코드는 제공된 라이브러리(Stepper.h)를 사용했기 때문에 배선은 [그림 10-11] 혹은 [그림 10-12]처럼 하고, 소스 코드 라인 3처럼 불가피하게 코드에서 배선을 변경해 주어야 한다는 점을 주의하자. 자세한 내용은 주석을 참고하기 바란다.

STEP_ULN2003

```
1    #include <Stepper.h>
2    const int stepsPerRevolution = 2048;
3    Stepper myStepper(stepsPerRevolution,8,10,9,11);

4    void setup() {
5       myStepper.setSpeed(14);
6       Serial.begin(9600);
7     }

8    void loop() {
9       Serial.println( "clockwise" );
10      myStepper.step(stepsPerRevolution);
11      delay(500);

12      Serial.println( "counterclockwise" );
13      myStepper.step(-stepsPerRevolution);
14      delay(500);
15   }
```

1: 아두이노에서 제공하는 스텝 모터 관련 라이브러리(Stepper.h)를 추가한다.

2: 모터 1회전당 모터 내부에서 필요로 하는 스텝(Step) 수를 결정한다.

왜 2048인가?

실습에서 사용하는 5V용 스텝 모터(28byj-48)는 대략 다음과 같은 스펙을 가진다.

- 4상(phase)으로 이루어진 1-2여자 방식의 유니폴라(Unipolar) 스텝 모터이다.
- 최대 속도는 14RPM이다.
- 감속비는 1/64이기 때문에 모터 중심에서 1회전할 때, 최종 출력단 회전각(Outer)은 5.625°이다. (다음 그림 10.13에서 보면, 중심 회전수 : 최종 출력단 회전수 = 64 : 1 = 360° : Outer일 때 Outer는 5.625°)

- 내부 중심축에서의 1회전에 필요한 스텝은 32스텝을 필요로 한다.

따라서 최종 출력단이 1회전하기 위해서는 32step(중심축 1회전 시)×64(감속비)이므로 최종 2048의 스텝이 필요하다. 다음 그림을 보고 이해해 보자.

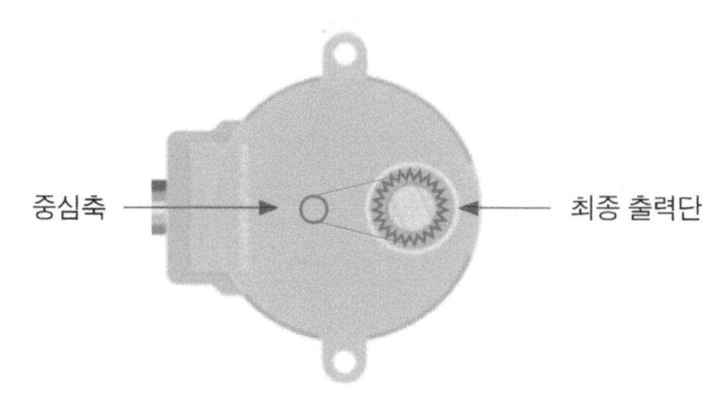

[그림 10-13] 스텝 모터의 최종 출력단과 중심축

실습에 사용된 스텝 모터(28byj-48)는 총 5단계의 기어 구조를 가진다. [그림 10-13]은 간략하게 중심축과 출력단에 벨트로 연결 된 모습으로 표현한 것이다.
중심축이 1회전하면 최종 출력단은 5.625° 회전한다. 그리고 이 중심축의 1회전을 위해 내부에서 총 32스텝(Step)의 내부 동작이 이루어진다.
즉 중심축의 32setp의 동작에 의해 최종 출력단은 5.625° 회전을 한다면, 최종 출력단에서 1회전인 360°(5.625°×64)를 회전하기 위해서는 중심축에서 32 steps×64 = 2048의 스텝이 필요하다. 1024스텝이면 반 바퀴만 회전할 것이다.
만약, 중심축의 1회전이 32스텝이고 1/16의 감속비를 가진다면, 최종 1 회전에 필요한 스텝 수는 512이다. 모터마다 스펙을 확인하고 코드를 작성하자.

3: 제공된 Stepper 관련 라이브러리의 새로운 함수를 지정한다. 함수의 원형은 아래와 같다.

Stepper(steps, pin1, pin2, pin3, pin4);
여기에서 모듈과의 연결을 고려한다면,
Stepper(stepsPerRevolution,IN4,IN2,IN3,IN1); 을 Stepper(stepsPerRevolution,8,10,9,11); 과 같이 설정한다.

배선은 [그림 10-12]와 같이 하고, 코드에서는 IN2와 IN3의 순서를 주의해야 한다. 이유는 Stepper 라이브러리와 실제 모터(28byj-48)의 배선이 다르기 때문이고, 이 Stepper.h 라이브러리를 모터 28byj-48 모델에 사용하는 한 위와 같이 코드를 작성해 주어야 한다. 이 설정은 모터마다 다르고, 해당 모터에 맞는 설정을 한다.

5: Stepper 라이브러리의 setSpeed(rpms) 함수는 코드에서처럼 RPM(Rotations per Minute) 값을 입력하여 사용한다. 예제에서 사용한 모터는 최대 14rpm까지 사용 가능하기 때문에 14값은 최대 속도로 생각하고, 0~13 사이의 값을 넣어 보고 속도 변화를 관찰해 보자. 주의할 것은 이 함수 자체는 모터를 가동시키지 않는다. 단지 속도 값만을 지정할 뿐이다.

6: 시리얼 모니터를 사용하기 위해 설정한다.

10: 시계방향으로 모터를 회전시킨다.

step( ) 함수는 step(steps)의 원형을 가지고, 변수 stepsPerRevolution에서 지정한 값만큼만 회전을 하게 된다. 2048이면 1회전이고, 1024이면 반 회전을 한다. 이 값을 가변적으로 사용한다면 회전 각도를 조절할 수 있을 것이다.

주의할 점은 코드 10라인은 회전을 끝낼 때까지 이 코드 라인에서 대기하고 있다는 점으로, 되도록이면 빠른 실행을 위해 모터를 최대 속도 myStepper.setSpeed(14);로 설정을 한 뒤에 사용하기를 권장하고 있다.

11: 0.5초 동안 멈춘다

13: 시계 반대 방향으로 모터를 회전시킨다.

'~' 표시의 의미는 코드 라인 10라인처럼 시계방향으로 회전을 했다면, 반대로 회전시킨다는 '방향 전환'의 의미이다. 만약 10라인에서 반시계방향으로 회전했다면, 여기에서는 시계 방향 회전을 할 것이다.

14: 0.5초 동안 멈춘다.

실행 결과

코드 라인 2에서 2048값을 1024, 512, 0 등의 값으로 변경해 넣어 업로드해 보자. 코드 라인 10과 13에서 해당 값만큼만 회전을 한다.

가변저항을 이용해 모터의 속도를 제어해 볼 수 있는 예제(STEP_speedcontrol.ino) 소스를 제공하고 있으니, 회로를 배선하고 가변저항의 저항값의 변화에 따라 속도가 변화하는 것을 확인해 보기 바란다.

3 서보 모터의 활용

0~180°까지 움직일 수 있으며, 모터가 기어 형식으로 되어 있기 때문에 사용자가 회전하는 각도의 크기를 조절해 줄 수 있다.

다음 예제는 서보 모터를 0~180°까지 범위로 움직여 보고, 초음파센서를 부착하였을 경우 정면을 중심으로 좌우로 90° 범위 내에서 동작할 수 있도록 서보 모터 위에 초음파센서를 고정해 주는 역할을 할 것이다.

베이스보드 활용

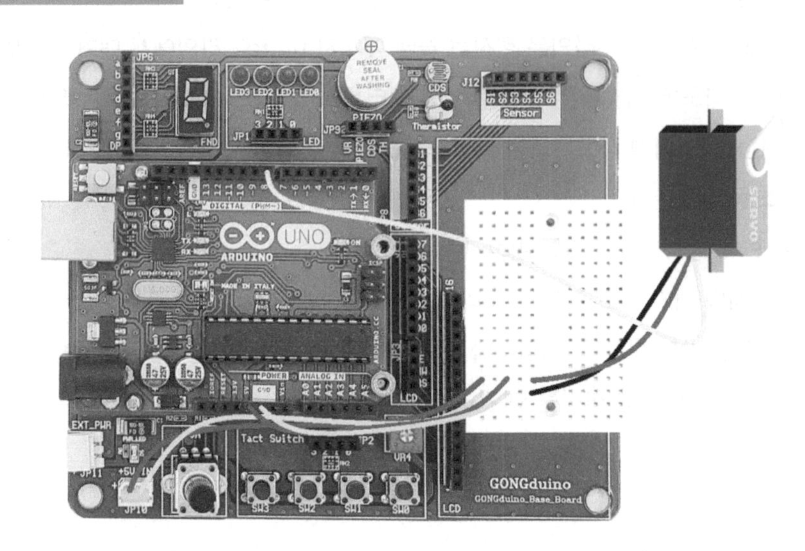

아두이노 보드	연결 방향	서보 모터
GND	→	GND
8번 PIN	→	OUT
+5V	→	VCC

[그림 10-14] 서보모터 배선하기

공두이노 모터 쉴드를 사용하고 있다면, 3열의 헤더 핀에 서보 모터의 3핀 커넥터를 직접 연결해서 사용하면 편리하다. 그렇지 않다면, [그림 10-14]처럼 우노에 직접 연결해서 배선을 해보자.

브레드보드 활용

【준비물】

아두이노 UNO 보드	브레드보드 1개	서보모터 1개

【배선 및 회로도】

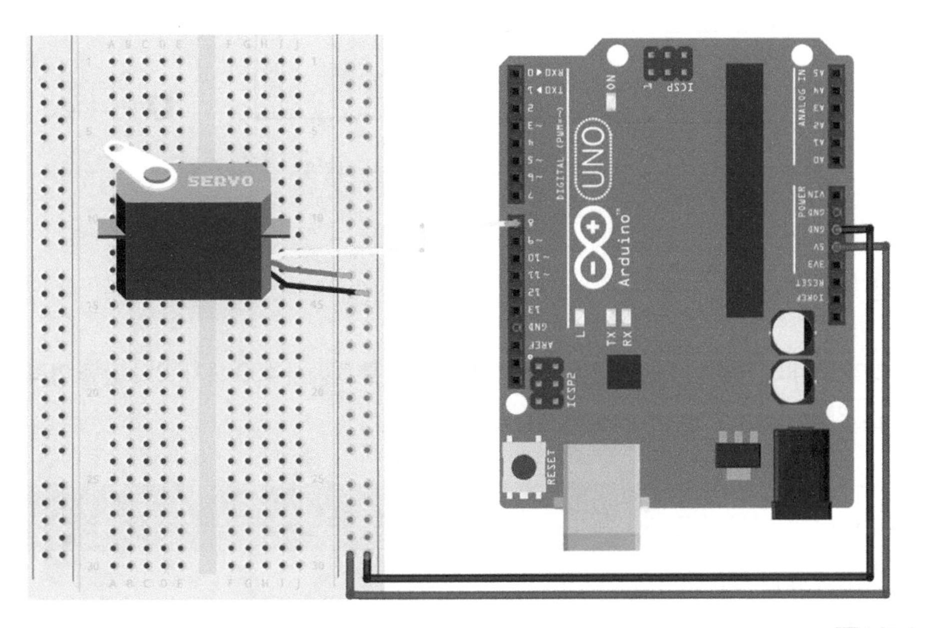

[그림 10-15] 브레드보드에 서보 모터 배선하기

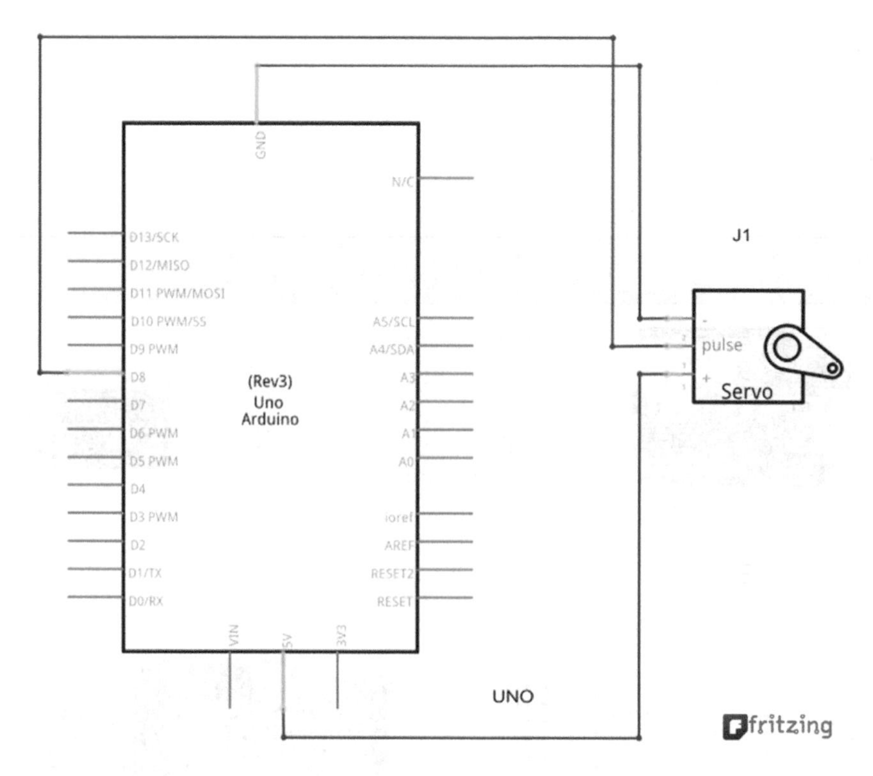

[그림 10-16] 서보 모터 배선 회로도

연습 예제 10.3

시리얼 모니터를 통해, 1의 값을 입력하면 서보 모터를 0°에서 180°까지, 2의 값을 입력하면 다시 180°부터 0°까지 움직이는 코드를 작성해 보자.

Servo.ino

```
1  #include <Servo.h>
2  Servo myservo;
3  void setup() {
4     myservo.attach(8);
5     Serial.begin(9600);
6  }
7  void loop() {
8     if(Serial.available()> 0){
```

```
9           int select=Serial.parseInt();
10          switch(select){
11          case 1:
12            for(int i = 0; i <= 180; i+=10) {
13              myservo.write(i);
14              Serial.print( "servo motor Moving angle :  ");
15              Serial.println(i);
16              delay(100);
17              select=0; }
18          break;

19          case 2:
20            for(int i = 180; i >= 10; i-=10) {
21              myservo.write(i);
22              Serial.print( "servo motor Moving angle :  ");
23              Serial.println(i);
24              delay(100);
25              select=0; }
26          break;
27          }
28      }
29  }
```

1: 서보 모터를 사용하기 위한 라이브러리를 추가한다.

2: 서보 모터를 사용하기 위한 함수(myservo)를 설정한다.

4: 서보 모터에 펄스를 공급해 줄 우노 보드의 핀 번호(8번 핀-변경 가능)를 지정한다.

5: 시리얼 모니터를 위한 전송 속도 9600 설정

8: 시리얼 모니터에서 입력받는 값이 있으면 해당 if문을 실행시킨다.

9: 시리얼 모니터에서 입력받은 정숫값을 select 변수에 저장

10: select값이 1이면 해당 case문 실행

12~13: 서보 모터를 변수 i에 따라 10도 단위로 반복 증가하여 회전시킴(i+=10은 i=i+10)

14~15: 현재 서보 모터가 몇 도 회전했는지 시리얼 모니터에 출력

16: 0.1초 멈춤

17: select값을 0으로 초기화함

18: break문으로 case 1을 벗어남

19: Select값이 2인 경우 해당 case문 실행

20~21: 서보 모터를 변수 i에 따라 10도 단위로 반복 감소하여 회전시킴(i-=10은 i=i-10)

22~23: 현재 서보모터가 몇 도 회전했는지 시리얼 모니터에 출력

실행 결과

프로그램 업로드 후 시리얼 모니터를 켜고, 1(혹은 2)를 입력하면 180도(0도)까지 회전하는 것을 확인할 수 있다. 서보 모터의 정중앙에(90°) 초음파센서 모듈을 장착해야 하기 때문에 좌우로 90°씩 움직이는 정중앙 부분을 찾자.

PART

11

LEARN CODING WITH ARDUINO

DC 모터로 로봇 움직이기

1. 로봇 플랫폼 소개
2. 로봇 플랫폼 구성품과 조립하기
   1) PC판(plate)에 모터 조립하기
   2) 플레이트에 볼트 류 체결하기
   3) 바퀴와 배터리홀더 조립하기
   4) 보드 류 조립하기
   5) 신호 배선 하기
3. 모터 쉴드 사용하기
4. 로봇 전진시키기
5. DC 모터의 PWM 제어
   1) 직진하지 않는 로봇 바로잡기
   2) 로봇의 좌회전 및 우회전

DC 모터로 로봇 움직이기

1 로봇 플랫폼 소개

이제 11장부터 14장까지 공통으로 사용되는 로봇 플랫폼의 구성품을 알아보고, 조립해 보자. 이 로봇 플랫폼을 가지고 3가지 형태의 로봇을 만들고 구동시켜 보는 코딩을 해보자.

1) 초음파센서와 서보 모터를 활용한 자율주행 로봇

[그림 11-1] 자율주행 로봇 플랫폼 완성

[그림 11-1]은 12장에서 다루게 될 초음파센서와 서보 모터를 이용한 자율주행 로봇의 모습이다.

2) 스마트폰과 블루투스 통신을 통한 로봇 주행

[그림 11-2] 블루투스 모듈을 장착한 로봇 플랫폼 완성

[그림 11-2]는 13장에서 다루게 될 블루투스 모듈을 장착한 로봇의 모습으로 스마트폰 앱을 통해 로봇을 제어한다.

3) 적외선센서로 움직이는 라인트레이서

[그림 11-3]은 14장에서 다루게 될 적외선센서를 이용한 라인트레이서 로봇의 모습이다.

[그림 11-3] 라인트레이서용 로봇 플랫폼 완성

세 가지 로봇의 형태와 목적은 다르지만, 모두 공통의 로봇 플랫폼을 사용한다. 또한, 각각의 로봇의 활용에 앞서 모터 및 센서들에 대한 설명을 앞 부분에서 다룬다. 필요에 따라 원하는 로봇을 만들어 보자.

2 로봇 플랫폼 구성품과 조립하기

로봇 플랫폼은 아두이노 우노와 공두이노 베이스보드를 기반으로 해서 조립되기 때문에 학습한 내용 및 하드웨어를 그대로 적용하여 구성하면 된다. 먼저 보드류 및 센서류를 제외한 플랫폼을 조립하여 보자. 조립은 그림의 번호에 따라 순서대로 조립해 나간다.

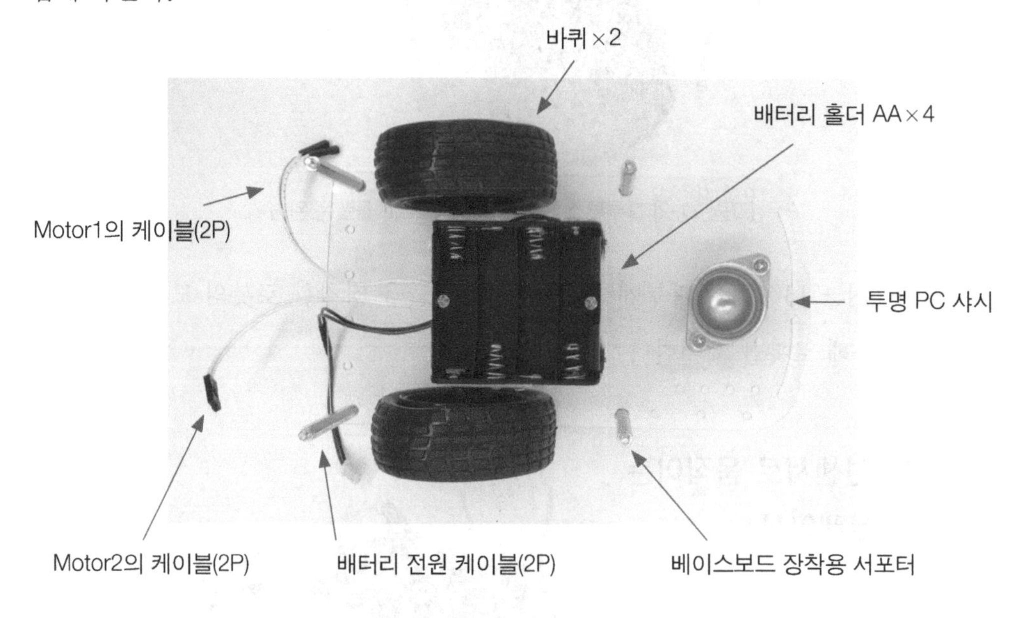

[그림 11-4] 공통 사용될 로봇 바디 최종 조립 모습

로봇 플랫폼 바디는 기어드(Geared) DC 모터 2개로 이루어진 2륜 구동이며, 아크릴이 아닌 폴리카보네이트(Poly Carbonate, PC)를 사용하여 충격 및 내구성이 뛰어나고 추가 홀 작업 등이 우수하다. 쉽게 말해 아크릴은 깨지기 쉬우나 PC는 연질이어서 깨지지 않는다.

1) PC판(plate)에 모터 조립하기

육각 드라이버, 십자 드라이버 등의 공구류를 가지고 조립해 보자.

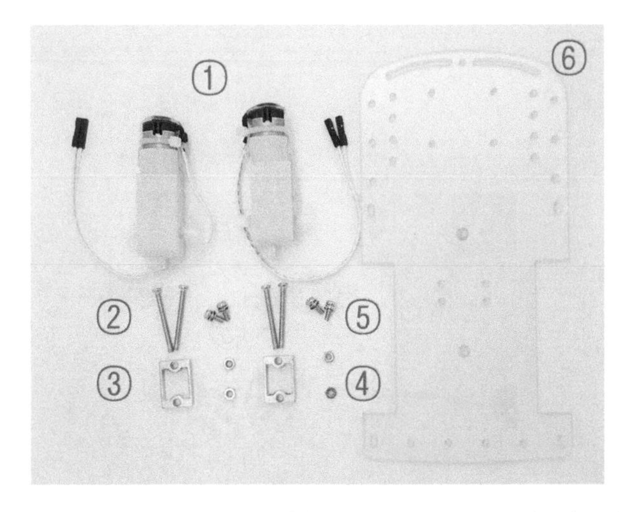

준비물

① DC 모터
② 볼트(32mm)
③ 브라켓
④ 너트
⑤ 와샤(washer) 볼트
⑥ 플레이트

[그림 11-5] PC플레이트와 모터조립 준비물

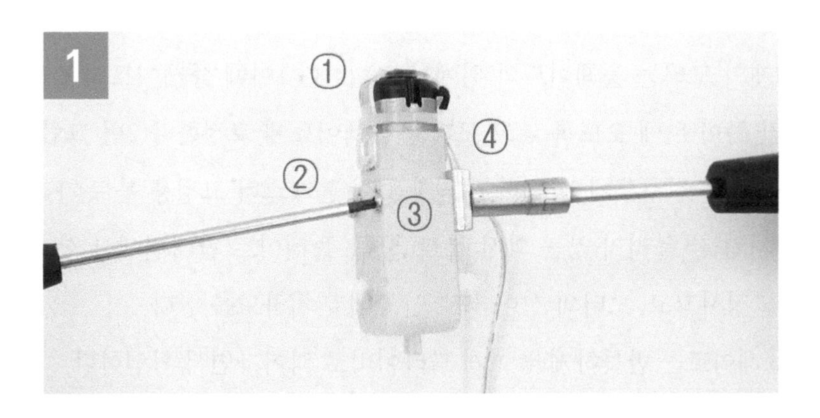

③번의 브라켓을 모터 케이블이 위치한 쪽에 조립한다. 브라켓 밑면의 2개의 볼트 구멍이 그림과 같이 아래를 향하도록 한다. 이 구멍은 플레이트에 고정용이다. 모터와 브라켓에 볼트 2개와 너트로 조립해 2세트를 완성한다.

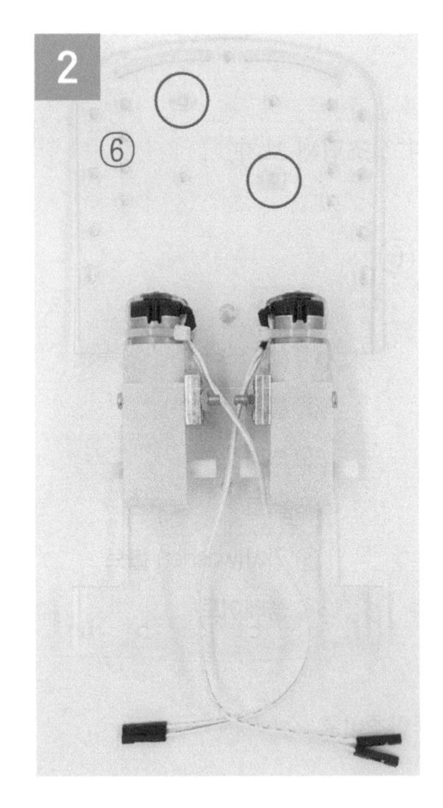

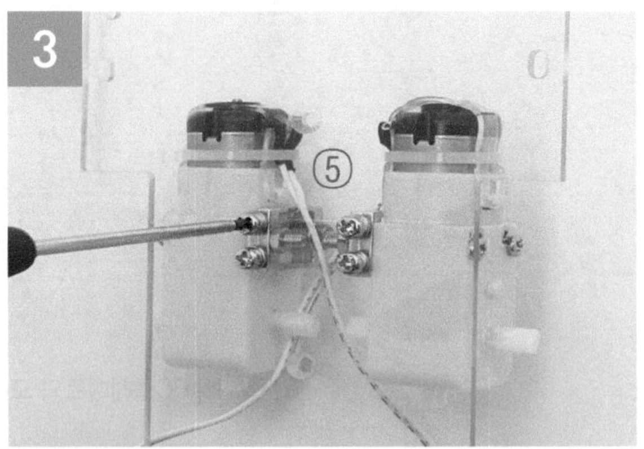

조립된 2개의 모터는 플레이트의 위에서 조립한다. 이때 플레이트의 빨간 원 안에 움푹 들어간 쪽이 위에 오도록 놓고 모터를 플레이트에 고정한다(2번 그림). 빨간 원의 접시나사용 홀은 추후에 보조 바퀴 역할을 할 볼캐스터 고정용 볼트 자리이다.

3번 그림처럼 잘 풀리지 않는 와샤 볼트(⑤)를 플레이트 반대편에서 십자드라이버로 단단히 고정시키고, 모터의 선이 서로 안쪽에 위치하도록 한다.

모터와 플레이트는 반듯하게 놓이게 드라이버로 죄어가면서 확인한다.

2) 플레이트에 볼트 류 체결하기

플레이트에 볼 캐스터와 서포터류 등을 볼트 체결하자.

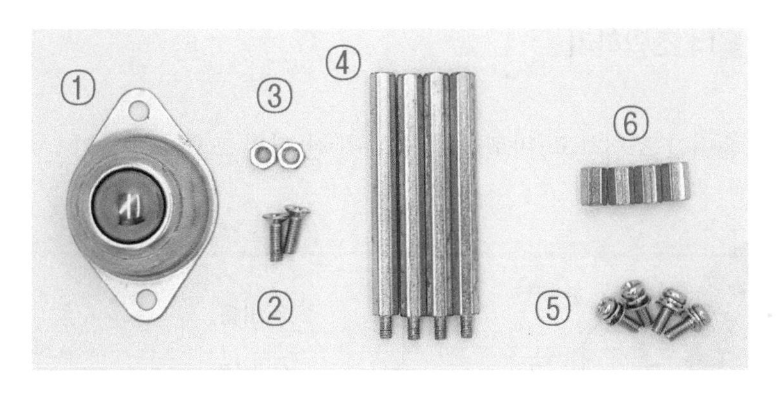

준비물

① 볼 캐스터
② 볼트(접시)
③ 너트
④ 서포터(50mm)
⑤ 볼트(와셔)
⑥ 볼트(암놈)

[그림 11-6] 볼 캐스터와 서포터류 등 준비물

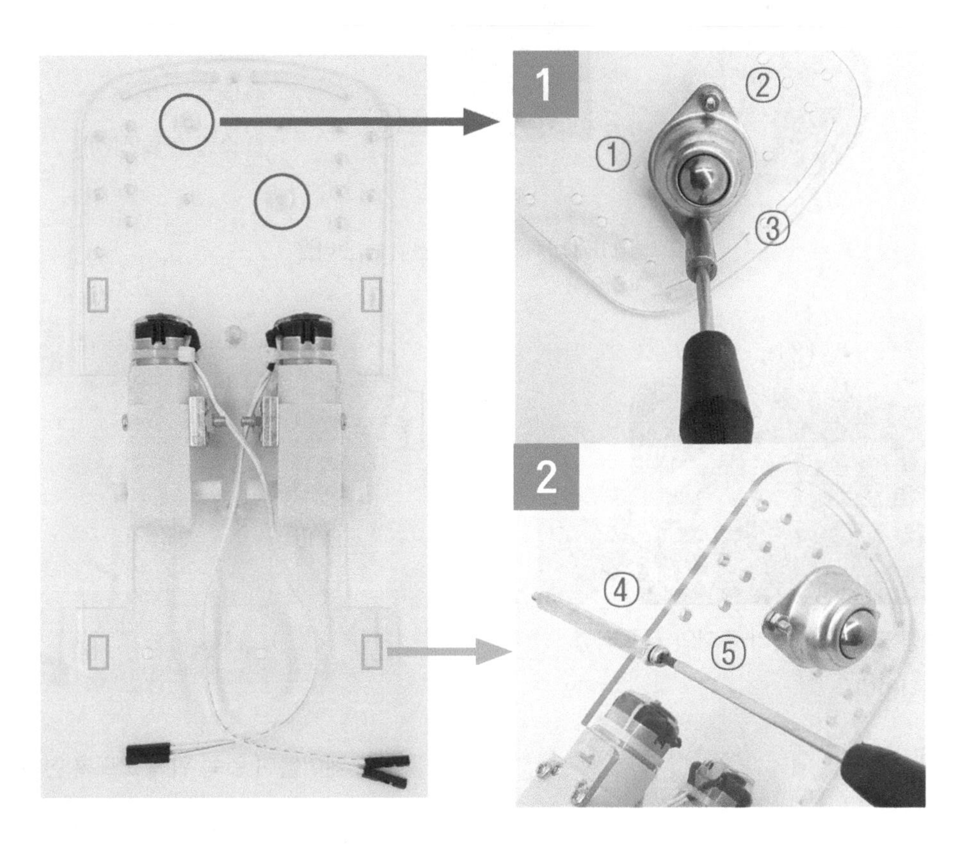

1번 그림과 같이 빨간색 원이 표시된 곳에 접시 볼트를 넣고 반대편에서 너트로 체결하여 볼 캐스터를 고정한다(모터와 볼 캐스터는 반대 위치에 놓이게 조립되어야 한다). 2번 그림과 같이 4개의 서포터를 볼 캐스터 위치에서 와셔 볼트로 단단히 고정한다. 이 50mm 서포터 4개는 공두이노 베이스보드 고정용 지지대이다.

3) 바퀴와 배터리 홀더 조립하기

플레이트에 배터리 홀더를 조립하고, 바퀴를 홀에 맞춰 잘 끼워 조립 완성하자.

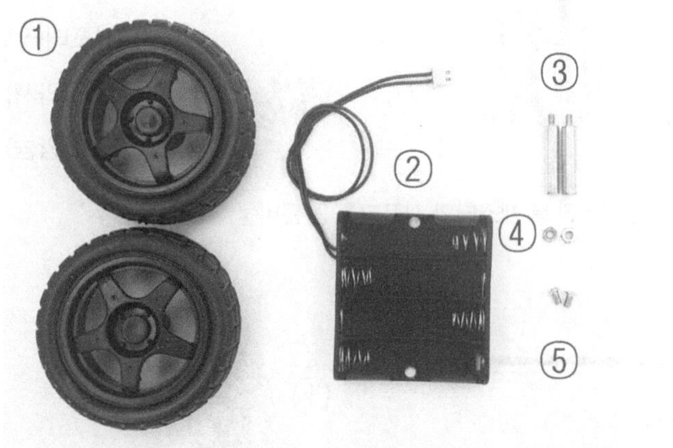

준비물

① 바퀴

② 배터리 홀더

③ 서포터(25mm)

④ 너트

⑤ 소형 볼트(접시)

[그림 11-7] 바퀴와 배터리 홀더 등 준비물

소형 볼트로 배터리 홀더와 서포터를 체결한다.

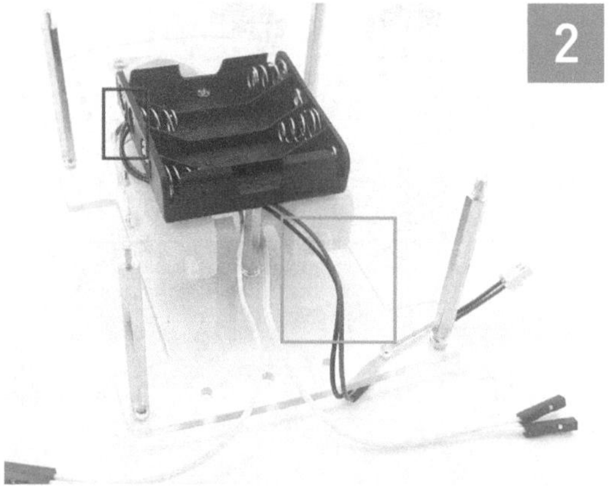

배터리 홀더의 케이블이 왼쪽 위에 오도록 한다. 케이블이 바퀴에 걸리지 않도록 그림과 같이 모터 사이로 선을 뺀다.

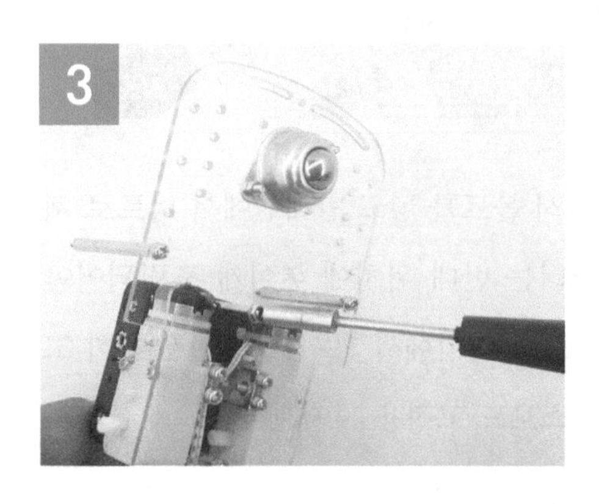

반대편에서 너트로 육각 드라이버로 단단히 고정한다.

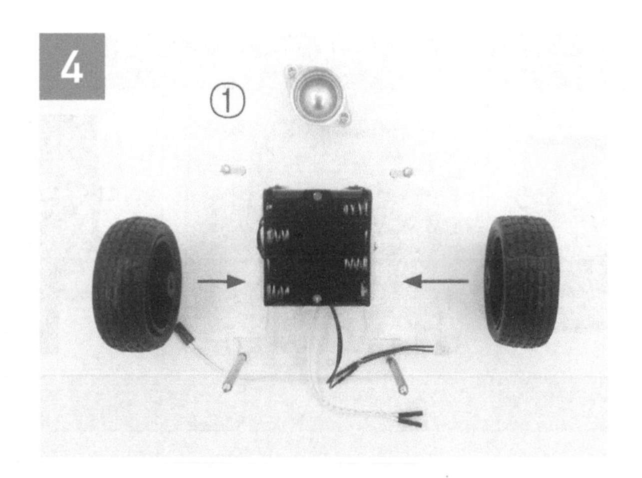

바퀴를 DC 모터와 그림과 같이 꽉 끼운다(모터 쪽의 끼움 홈 주의).

[그림 11-8] 최종 완성된 플랫폼 바디

4) 보드류 조립하기

DC 모터로 움직이는 로봇을 만들기 위해서는 다음 [그림 11-9]와 같은 보드류 및 부품들이 필요하다. 기존에 사용했던 보드들이며, 다음의 설명을 잘 따라 하다 보면 어려움이 없이 조립이 가능하다.

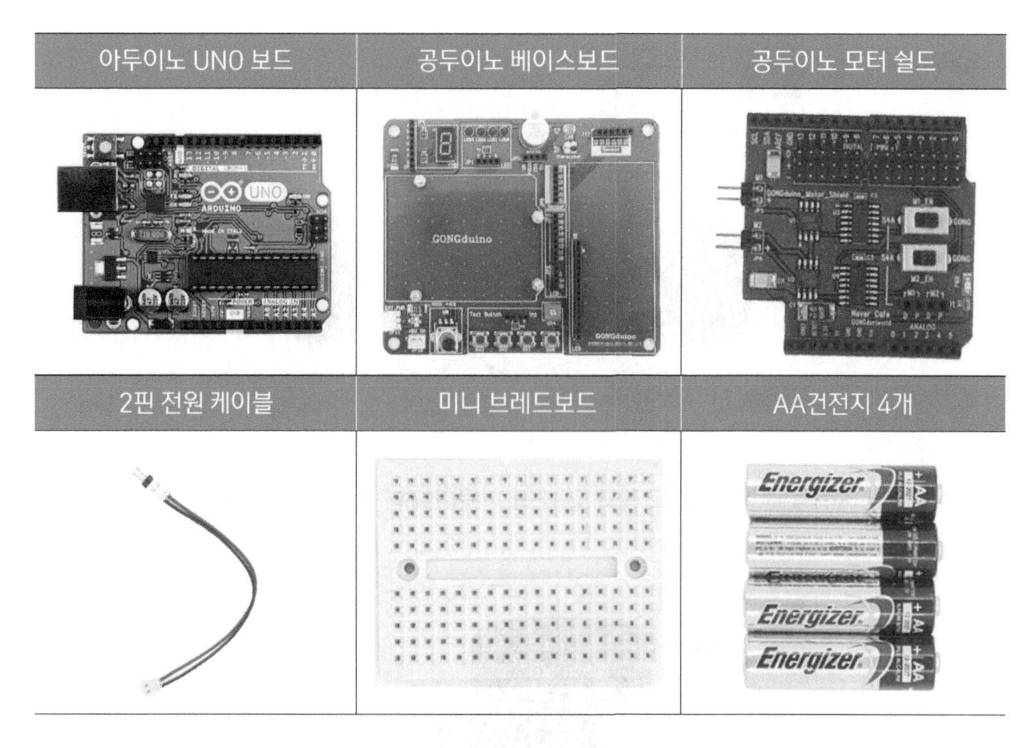

[그림 11-9] 로봇 완성에 필요한 주요 부품들

다음 순서에 따라 조립해 보자.

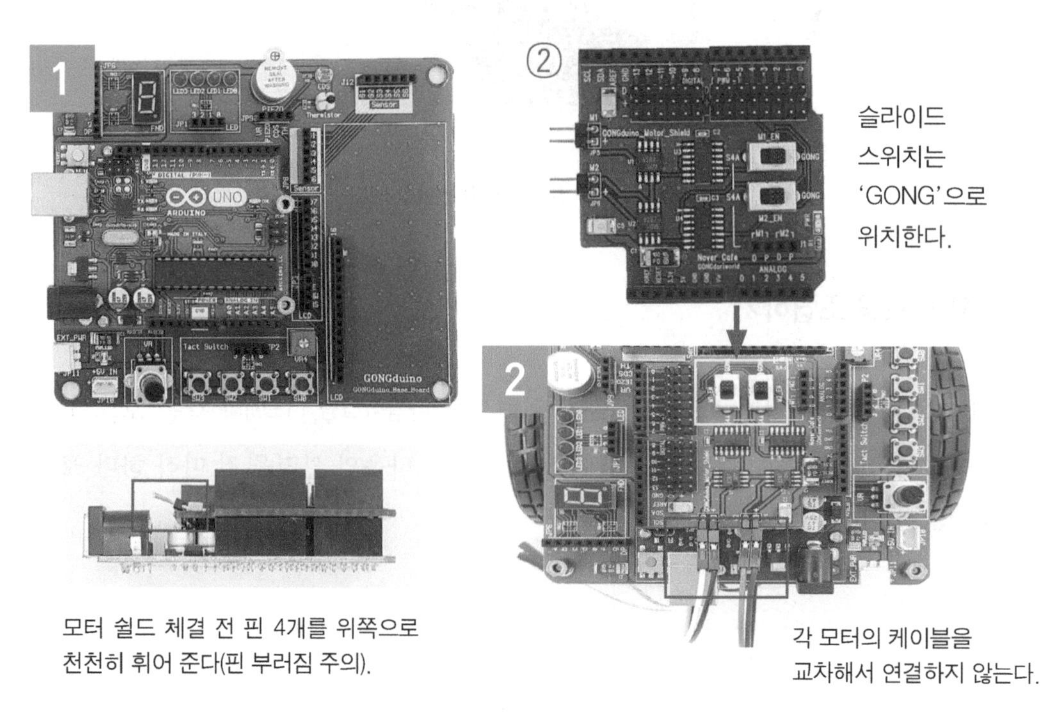

1번과 같이 베이스보드에 우노 보드를 서포터 체결하고, 2번과 같이 모터 쉴드(②)를 우노 보드 위에 적층하여 조립한다. 모터 쉴드의 핀 배열에 주의해서 핀의 방향을 맞추고, 지긋이 눌러가며 적층한다. 다시 보드를 적층 해체할 때는 한쪽씩 조심해서 볼펜 등으로 지렛대 원리를 이용해 핀이 구부러지지 않도록 주의한다.

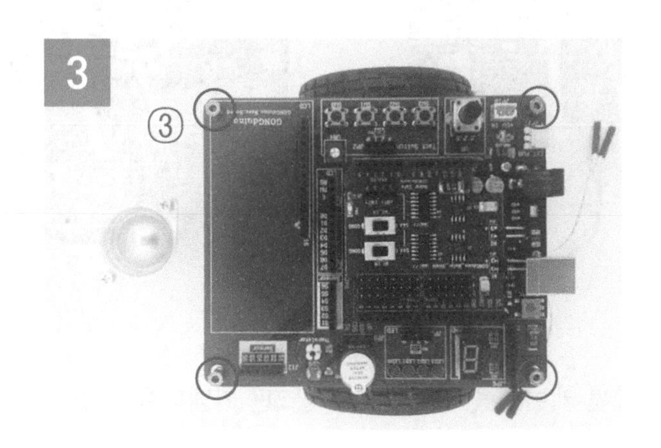

로봇 플랫폼 바디에 보드류를 서포터 구멍에 맞춰 올려 놓은 뒤 너트 서포터로 체결한다. 물론, 베이스보드를 체결하기 전 배터리 4개를 극성에 맞게 끼우기 바란다. 배터리를 교체할 경우에는 위 4개의 서포터를 다시 풀고 교체한다.

5) 신호 배선하기

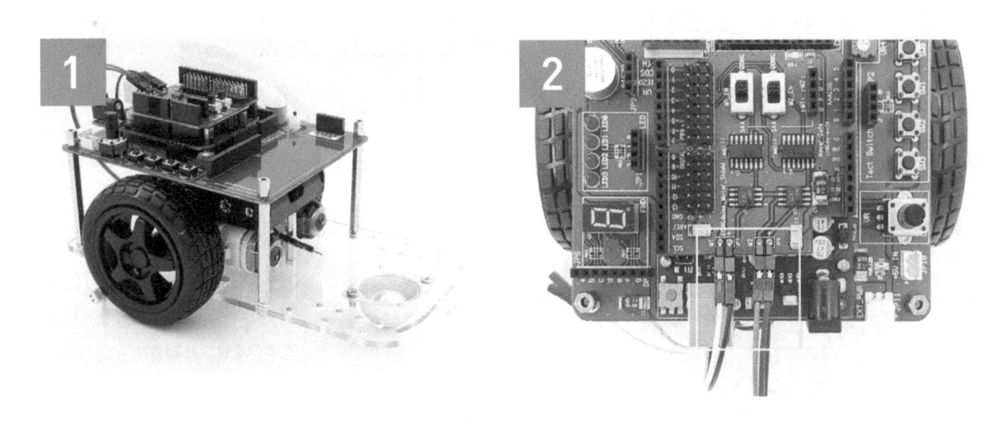

그림 1과 같이 모터 쉴드를 장착한 후 신호선 배선을 하자. 그림 2에서 왼쪽 모터의 전원선을 쉴드의 M1에, 오른쪽 모터의 전원선을 쉴드의 M2에 엇갈리지 않도록 연결

한다(박스 안). 이때 DC 모터의 +, - 극성은 무시하고 연결한다.

추후에 소스 코드의 내용에 맞춰 바퀴를 회전시켜 가면서 케이블을 다시 연결한다.

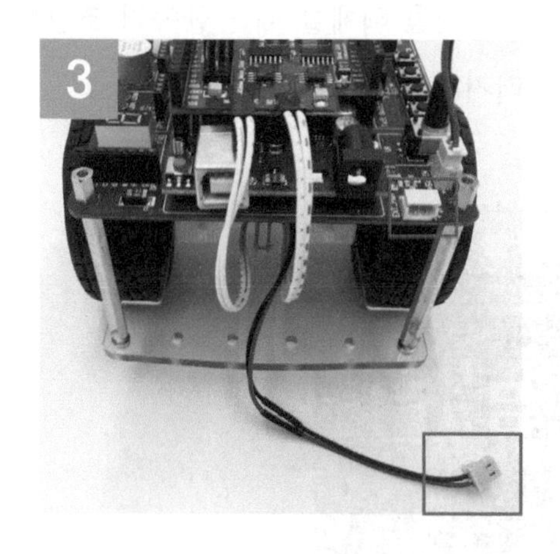

배터리의 전원 2핀 케이블을 베이스보드의 2핀 커넥터에 맞춰 연결한다(그림 3과 4). 배터리로 로봇 구동 시 이 케이블을 통해 메인 전원을 공급하게 된다. 4번 그림과 같이 모양에 맞춰 잘 끼우고, 뺄 때는 케이블을 잡지 말고, 흰색 플라스틱 부분을 꽉 잡고 빼야 한다. 케이블을 잡고 뽑을 시 단선이 발생할 수 있으니 주의하자.

전원이 공급되면 베이스보드의 녹색 LED가 ON이 되고, 배터리 전원은 로봇 구동할 때에만 사용하고, 업로드 시에는 빼어 두어야 한다.

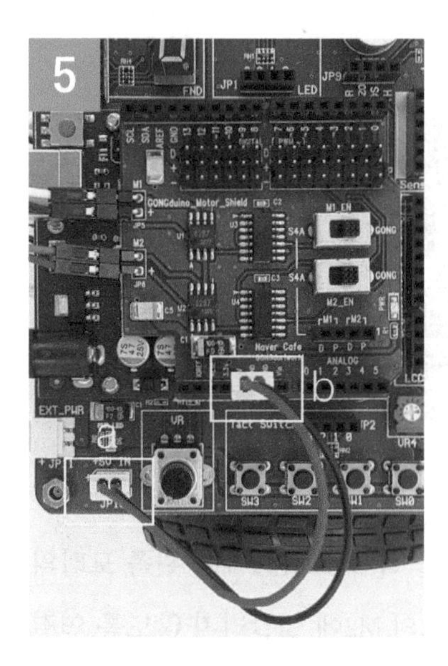

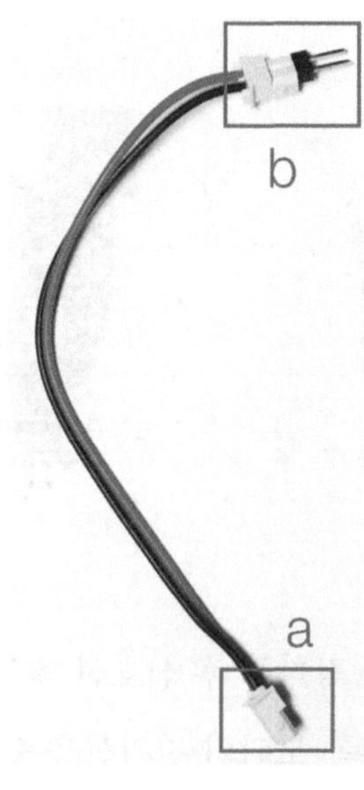

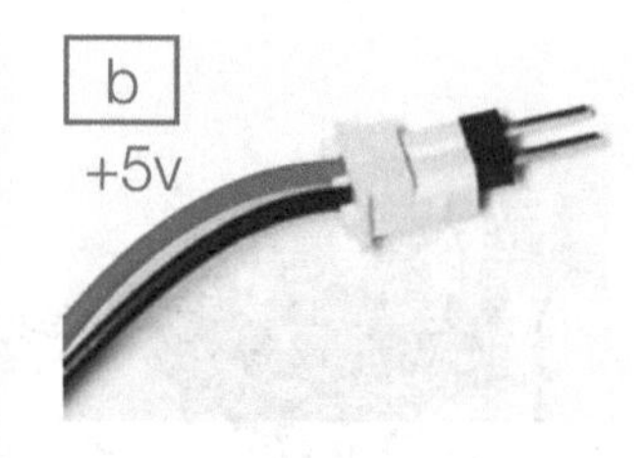

전원 케이블

a는 베이스 보드에 연결하고, b는 +5V, GND에 맞춰 주의해서 연결한다(케이블 적색은 +5V임).

배터리의 메인 전원을 우노 쪽에 공급해 주어야 된다. 베이스보드의 전원과 우노 보드 쪽의 전원을 연결한다. 즉 전원이 배터리→베이스보드→우노 보드로 연결된다. 특히, 전원 케이블 연결 시 극성에 주의해서 모터 쉴드에 연결하고, 메인 전원을 차단할 때는 배터리의 전원선을 뽑아야 한다.

전체적으로 전원이 인가되면 베이스 바퀴가 돌 수 있으므로 적절히 바퀴를 띄운다.

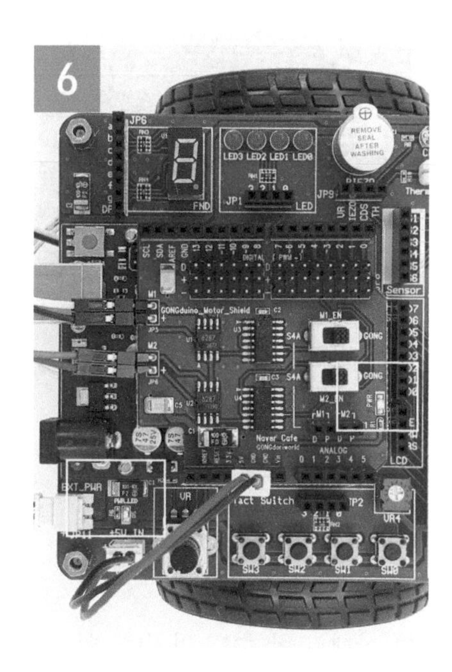

베이스보드에 전원인가 될 때(초록색 LED ON), 모터 쉴드에 전원인가 될 때의(빨간색 LED ON) 상태를 확인한다.

- 전원 차단 시 배터리 전원 2핀 커넥터의 흰 부분을 잡고 뽑는다(단선 주의).
- 소스 업로딩할 때는 배터리 전원이 아닌, USB 케이블을 통해 업로드하고, 동작 확인한다.
- 과정 중에 바퀴가 움직일 수 있기 때문에 보관 케이스 등에 올려놓아 적절히 바퀴를 띄운다.
- 업로드에 문제가 발생할 때에는 베이스보드 → 우노 연결 전원 선을 제거하고, 업로드를 재시도한 후 다시 전원 선을 연결해 준다.

3 모터 쉴드 사용하기

아두이노의 출력 핀에서 공급 가능한 최대 전류는 20mA 정도이다. 이 정도의 전류로는 모터를 직접 구동하기에는 부족하다.

모터 쉴드를 사용하여 모터에 충분한 전류를 공급할 수 있게 한다. 또한, DC 모터는 VCC와 GND 두 개의 연결선을 가지는데, 이 두 선에 전원을 교차 연결하면 회전 방향을 바꿀 수 있다. 이 기능 또한, 모터 쉴드에서는 간단하게 LOW, HIGH로 제어할 수 있다.

이처럼 모터 쉴드의 전류 증폭 기능과 방향 전환 기능을 이용하여 우노 보드에서 출력 신호를 보내 로봇의 속도(PWM 출력)와 방향 제어를 할 수 있다.

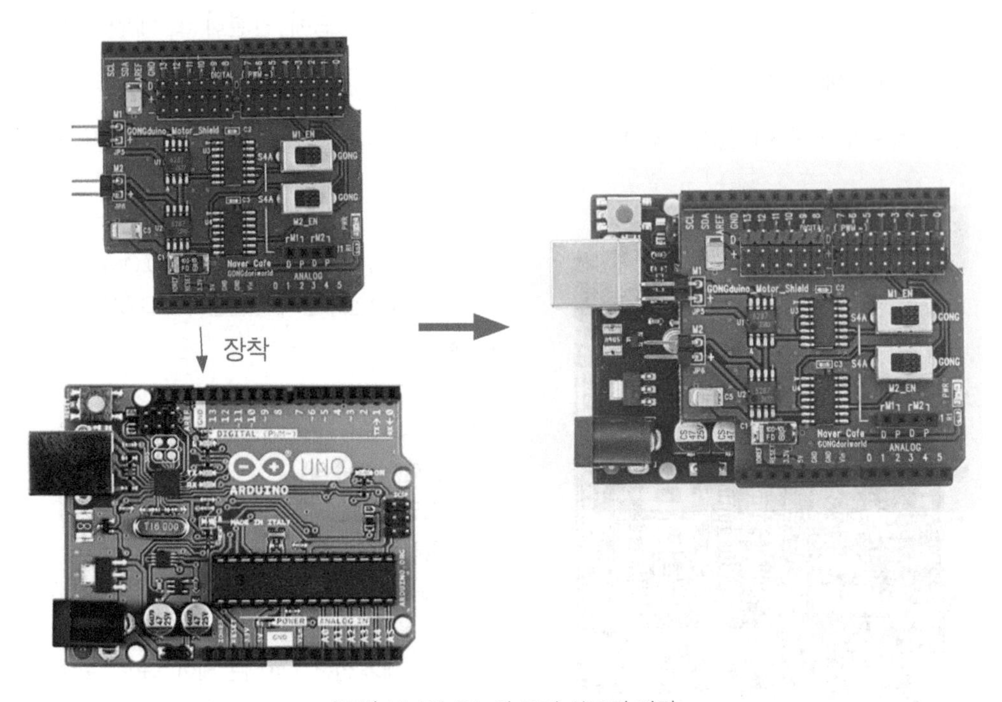

[그림 11-10] 우노와 모터 쉴드의 연결

DC 모터 학습을 위해 로봇 플랫폼에 완전 조립한 상태로 할 수도 있지만, 위 [그림 11-10]처럼 우노 위에 모터 쉴드를 장착한 상태에서 확인할 수도 있다.

DC 모터는 VCC와 GND 두 개의 연결선을 가지며 연결 방향에 따라 정회전 또는 역회전을 한다. 모터 쉴드를 사용하면 정・역회전을 디지털(HIGH, LOW) 제어할 수 있고, PWM 출력으로 모터의 속도 또한 제어 가능하다.

1) 공두이노 모터 쉴드 소개

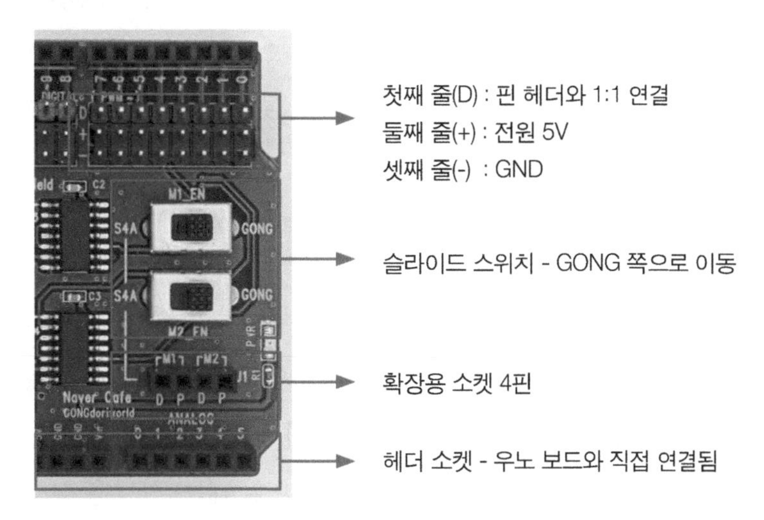

[그림 11-11] 모터 쉴드의 주요 부분 설명

[그림 11-11]에서 3종류의 어레이 배열된 해더 핀들 중에서 첫째 줄은 우노의 헤더 소켓과 1:1로 직접 연결되어 있다. 둘째 줄과 셋째 줄은 가로로 연결되어 있어서 우노 보드 소켓의 +5V나 GND가 부족할 경우에 점퍼 와이어(암놈)를 연결하여 사용하면 편리하다. 둘째 줄은 모두 +5V로 연결되어 있고, 셋째 줄은 모두 접지(GND)로 연결되어 있다.

슬라이드 스위치의 역할은 두 가지로 나누어서 설명한다.

(1) 슬라이드 스위치를 'GONG'으로 설정할 경우

DC 모터를 사용해 로봇을 구동하기 위한 기본 슬라이드 스위치 세팅 모드이다. 이 모드에서는 모터 쉴드 내부 회로에서 우노의 디지털 입·출력 핀 중 4, 5, 6, 7번 핀을 사용하고 있다. 따라서 모터 쉴드를 적층하여 사용하고 있을 때는 이 4개의 핀을 다른 목적으로 중복 사용할 수 없다. ([표 11-1] 참조) 만약 사용되게 되면 로봇이 오동작할 수 있으니 주의하기 바란다.

우노 보드	입 · 출력 방향	모터 쉴드 활용
디지털 출력 핀 4번	→	모터 M1의 방향 (Direction) 제어
PWM 핀 5번	→	모터 M1의 속도 (Speed, PWM) 제어
PWM 핀 6번	→	모터 M2의 속도 (Speed, PWM) 제어
디지털 출력 핀 7번	→	모터 M2의 방향 (Direction) 제어

[표 11-1] 모터 쉴드의 핀 번호 고정 할당

[표 11-1]처럼 각각의 모터는 방향과 속도를 제어하기 위해 모터 M1은 4, 5번 핀을 사용하고, 모터 M2는 6, 7번 핀을 사용하고 있다. 이 중 5, 6번 핀은 PWM 기능을 가지고 있으므로 모터의 속도 조절용으로 사용되고, 4, 7번은 회전 방향(정 · 역회전)을 결정할 때 사용된다. 그리고 GONG 모드일 때는 '확장용 소켓 4핀'은 연결하지(사용하지) 않고 그대로 둔다.

정리하면, GONG 모드로 사용하면 모터 쉴드의 4핀이 우노 보드의 4핀과 연결된다. 따라서 이 핀들은 모터 쉴드를 사용하는 동안에는 다른 목적으로 중복해서 사용될 수 없다. 크게 무리가 없으면 GONG 모드로 두고 DC 모터 제어를 사용하면 된다.

(2) 슬라이드 스위치를 'S4A'로 설정할 경우

만약 슬라이드 스위치를 모두 'S4A'로 세팅할 경우는 앞서 (1)번의 세팅을 무효화한다. 즉 고정 할당되었던 4, 5, 6, 7번 핀들의 연결을 해제하고, 원하는 핀 번호를 '확장용 소켓 4핀'에서 재지정하여 사용할 수 있다.

'확장용 소켓 4핀'에 대해 알아보자.

[그림 11-12]에서 보면, 몇 가지 약자가 보이는데 예상했듯이 M1, M2는 해당 모터를 의미하고 D는 방향(Direction) 결정용이고, P는 속도 제어(PWM)용을 의미한다. S4A와 M1, M2를 실크인쇄로 묶어 놓은 것은 S4A로 슬라이드 설정하였을 경우 유효하다는 것을 의미한다. 모터 M1의 방향(D) 및 속도(P) 제어용 소켓을 우노

[그림 11-12] 확장용 소켓 4핀

의 4, 5, 6, 7번을 포함한 다른 핀과 연결하고자 한다면 이 2개의 소켓을 사용하면 되고, M2의 경우도 마찬가지이다.

예를 들면 M1(실크 인쇄)의 D소켓과 우노 8번 핀을 연결하고, P소켓과 우노의 9번과 연결하여 사용할 수 있다. M2의 D와 P소켓도 원하는 다른 핀으로 재연결하여 사용할 수 있다.

부득이한 경우가 아니면, 그냥 'GONG'으로 슬라이드 스위치를 위치시키고 사용하면 편리하다. 앞으로의 내용도 우노 4, 5, 6, 7번 핀을 점유한 상태인 GONG으로 두고 설명한다.

4 로봇 전진시키기

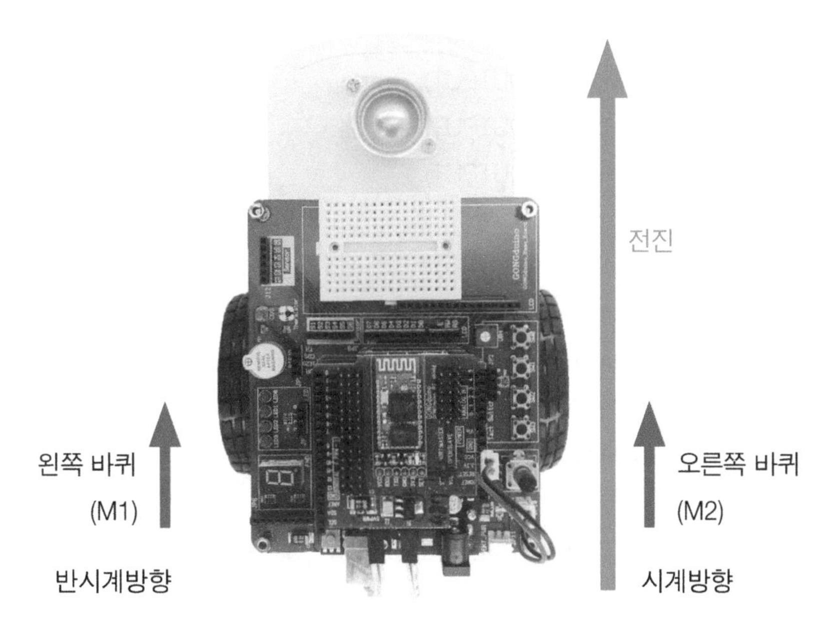

[그림 11-13] 직진 시의 바퀴의 회전 방향

바퀴로 구동되는 로봇은 2개의 모터가 서로 대칭으로 조립되기 때문에 전·후진을 먼저 확인해야 한다. 가장 기본적인 동작으로 반드시 다음 예제를 통해 모터 연결선을 제대로 맞춰 준다.

연습 예제 11.1

완전 조립 완료된 로봇의 우노 보드에 USB 케이블을 연결한다. 이때 배터리의 전원 연결 2핀 케이블은 연결하지 않는다. 모터 바퀴가 움직일 수 있기 때문에 바퀴를 적절히 띄워 주어야 한다.

아래 코드를 업로드하여, 로봇이 직진하는지 바퀴의 회전 방향을 살펴보고 모터의 연결 커넥터를 바꿔 가면서 맞춰 주어야 한다. 코드를 업로드한 후에는 USB 케이블을 제거한 후 배터리 전원 케이블을 연결해 배터리로 동작시켜 본다.

전류 소모가 클 경우 우노에 업로드가 되지 않는 경우가 있으니 전류 소모가 클 것으로 예상되는 부분의 전원을 차단하고, 업로드를 진행해 보자.

DC_go.ino

```
1   void setup() {
2           pinMode(4, OUTPUT);
3           pinMode(5, OUTPUT);
4           pinMode(6, OUTPUT);
5           pinMode(7, OUTPUT);
6   }
7   void loop() {
8           digitalWrite(4, LOW);
9           digitalWrite(5, HIGH);
10          digitalWrite(6, HIGH);
11          digitalWrite(7, HIGH);
12  }
```

2: 모터 M1의 방향(Direction) 설정용으로 4번 핀 사용

3: 모터 M1의 속도(PWM) 설정용으로 5번 핀 사용

4: 모터 M2의 속도(PWM) 설정용으로 6번 핀 사용

5: 모터 M2의 방향(Direction) 설정용으로 7번 핀 사용

8: M1 모터 방향은 반시계방향(LOW)

9: M1 모터 속도는 최대 속도(255),

digitalWrite(5, HIGH)는 analogWrite(5,255)와 동일한 의미임

10: M2 모터 속도는 최대 속도(255)

11: M2 모터 방향은 시계 방향(HIGH)

실행 결과

이 예제의 목적은 모터 M1과 M2의 회전 방향에 따라 직진하도록 모터 케이블을 모터 쉴드와 올바르게 연결하는 데 있다. 업로드 후 USB 케이블을 제거하고 배터리 전원 케이블로 전원을 인가하여, 반드시 직진하도록 케이블을 제대로 연결해 주어야 한다. 모터 최대 속도로 직진하는 것을 확인할 수 있다.

그렇다면 이 직진 상태에서 후진하도록 하려면 어떻게 해야 할까? 모터 케이블은 그대로 두어야 하고, 코드에서 방향만 바꿔주면 될 것이다. 코드 라인 8과 11을 수정해 보자.

연습 예제 11.2

구동 로봇을 3초간 전진하고, 다시 3초간 후진하는 동작을 반복하는 프로그램을 작성한다.

DC_goback

```
1   void setup()
2   {   pinMode(4, OUTPUT);
3       pinMode(5, OUTPUT);
4       pinMode(6, OUTPUT);
5       pinMode(7, OUTPUT);
6   }
7   void loop()
8   {   digitalWrite(4, LOW);
9       analogWrite(5, 100);
10      analogWrite(6, 100);
11      digitalWrite(7, HIGH);
12      delay(3000);
```

```
13        digitalWrite(4, HIGH);
14        analogWrite(5, 200);
15        analogWrite(6, 200);
16        digitalWrite(7, LOW);
17        delay(3000);
18    }
```

8~11: 모터 M1의 방향(LOW)과 M2의 방향(HIGH)을 잘 살펴보자. 핀 5, 6번 핀은 모터의 속도 값이다.

13~16: 모터 M1의 방향(HIGH)과 M2의 방향(LOW)을 잘 살펴보자. 핀 5, 6번 핀은 모터의 속도 값이다.

실행 결과

이 예제는 전진과 후진에 관한 코드이다. 각 4줄로 이루어진 코드가 하나의 기능을 담당한다. 특히, 4번 핀과 7번 핀의 값에 따라 방향이 전환됨을 잘 기억하자.
analogWrite( ) 함수에 관해서는 다음 절에서 배운다.

5 DC 모터의 PWM 제어

단순하게 모터의 속도 및 방향을 HIGH, LOW의 제어가 아닌 0~255 범위의 값을 모터에 입력시킴으로써 다양한 움직임을 제어할 수 있다. 로봇의 방향 제어를 위해 PWM을 사용하는 방법에 대해 알아본다.

1) 직진하지 않는 로봇 바로잡기

앞서 로봇 플랫폼의 전진 · 후진을 통해 정상 동작하도록 모터 케이블을 맞춰 끼움으로써 원활하게 움직임을 확인하였다. 그러나 직진을 시켰을 때 장시간 구동하다 보면 한쪽으로 치우치는 것을 볼 수도 있다. 이런 현상은 양쪽 모터의 출력이 다른 경우에 발생할 수 있고, analogWrite() 함수(PWM 제어)를 사용하여 똑바로 직진하도록 수정해 보자.

치우치는 현상은 두 가지로 나눠 볼 수 있다. 오른쪽이나 왼쪽으로 치우치는 경우 각각에 대해서 속도를 낮추거나 높일 수 있는데, 여기에서는 낮추는 쪽으로 코드를 수정할 것이다.

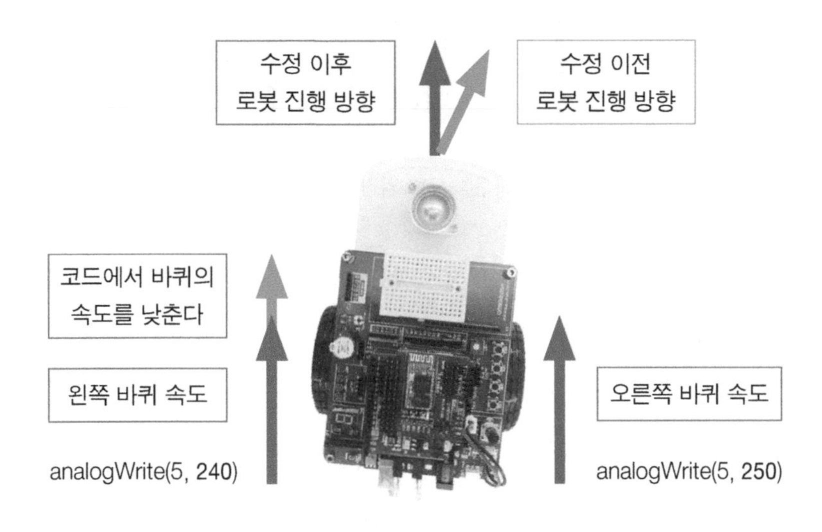

[그림 11-14] 오른쪽으로 약간 치우치는 경우

[그림 11-14]의 오른쪽으로 약간 치우치는 현상은 좌측 바퀴의 속도가 약간 빠르기 때문이다. 따라서 왼쪽 바퀴는 analogWrite(5, 240), 우측 바퀴는 analogWrite(5, 250) 정도로 수정해 주면서 확인해 보자.

이렇게 직진하도록 수정한 코드가 앞으로 로봇을 직진하는 코드로 사용되게 된다.

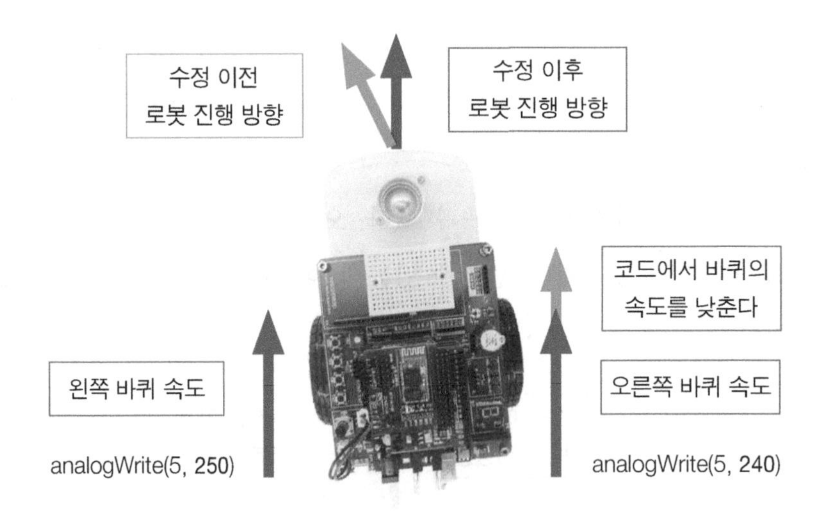

[그림 11-15] 왼쪽으로 약간 치우치는 경우

[그림 11-15]와 같이 왼쪽으로 약간 치우치는 경우에도 같은 방식으로 오른쪽 바퀴는 analog Write(5, 240), 좌측 바퀴는 analogWrite(5, 250) 정도로 수정해 주면서 확인해 보자. 괄호 안의 숫자 240이라는 값은 예시로 보여준 것으로 각각의 모터마다 차이가 있을 수 있으므로 조금씩 수정해 가면서 맞춰야 한다.

```
analogWrite(motorPin, speed);      // speed : 0 ~ 255
```

spped 변수에 0 ~ 255까지의 값을 넣어 속도를 조절할 수 있다.

analogWrite() 함수의 원형을 보여주고 있다. PWM 기능이 지원되는 아두이노 우노 보드의 핀은 몇 번인가? [그림 11-14]와 [그림 11-15]의 각각에 대해서 코드를 수정해 로봇이 직진하도록 해보자.

연습 예제 11.3

[그림 11-14]처럼 로봇이 오른쪽으로 약간 치우쳐서 움직일 때 아두이노 함수 analog-Write( ) 함수를 이용해서 좌측 모터의 속도를 낮춰가며 직진할 수 있도록 한다. 왼쪽으로 치우치는 경우도 마찬가지로, 아래 코드 라인 9와 10에서 수정하면 된다.
모터의 특성상 100 이하의 속도에서는 원활하게 속도 제어가 되지 않을 수도 있으니, 이 점 고려해서 코드를 작성해 보자.

DC_Left_PWM

```
1   void setup( )
2   {  pinMode(4, OUTPUT);
3      pinMode(5, OUTPUT);
4      pinMode(6, OUTPUT);
5      pinMode(7, OUTPUT);
6   }
7   void loop()
8   {  digitalWrite(4, LOW);
9      analogWrite(5,240);
10     analogWrite(6,250);
11     digitalWrite(7, HIGH);
12     delay(3000);
13     digitalWrite(5, LOW);
14     digitalWrite(6, LOW);
15     delay(100);
16  }
```

2: M1 모터 방향(Direction) 설정 핀

3: M1 모터 속도(PWM) 설정 핀

4: M2 모터 속도(PWM) 설정 핀

5: M2 모터 방향(Direction) 설정 핀

8~11: 좌측 모터 M1의 속도를 낮추기 위해 9번째 줄의 analogWrite(5,240)에서 240부터 조금씩 숫자를 낮춰가며 직진하도록 맞춰 준다.

12: 3초(3000ms) 시간 지연

13~14: 0.1초(100ms) 잠시 정지

실행 결과

코드를 수정하여 로봇이 직진하도록 하였다. 앞으로 직진하는 명령어는 위 코드를 사용하면 된다. 왼쪽으로 치우치는 경우에는 아래와 같이 코드라인 9와 10을 수정하면 된다.

```
9     analogWrite(5,250);
10    analogWrite(6,240);
```

2) 로봇의 좌회전 및 우회전

앞서 본 것과 마찬가지로 하드웨어를 그대로 사용하고, 아두이노 보드의 4번 핀~7번 핀을 모두 출력(OUTPUT)으로 설정한다. 로봇의 좌・우 회전을 위해 다음의 방법으로 모터를 제어해 본다. 먼저, 바퀴 구동 로봇을 좌회전하기 위해서는 다음의 방법으로 모터를 제어할 수 있다.

[그림 11-16] 좌회전 만들기 1

가장 간단히 제어하는 방법으로 로봇은 왼쪽 바퀴를 축으로 좌회전하게 된다.

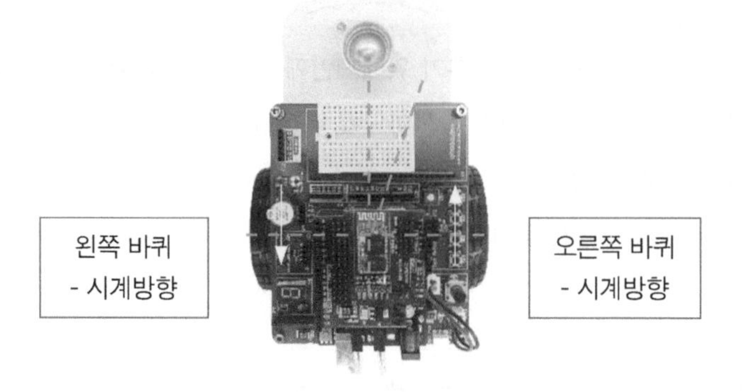

[그림 11-17] 좌회전 만들기 2

왼쪽 바퀴는 후진하고, 오른쪽 바퀴는 전진하면 로봇은 제자리에서 좌회전하게 된다. 이 로봇 좌회전은 회전반경이 좁은 경우에 효과적으로 사용된다.

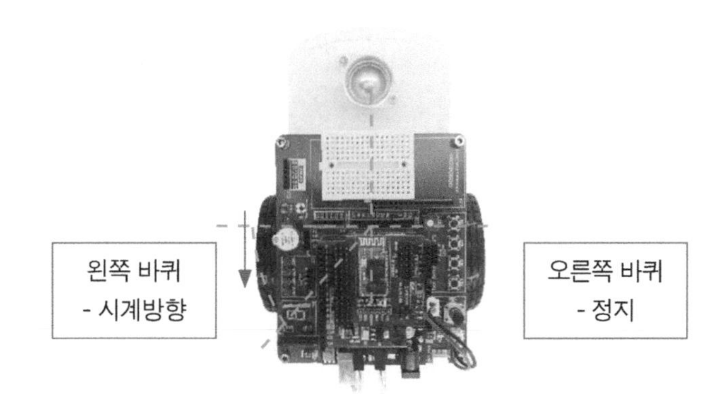

[그림 11-18] 좌회전 만들기 3

경우에 따라 로봇을 좌회전하기 위해 왼쪽 바퀴만 후진하여 오른쪽 바퀴를 축으로 회전하게 만들 수도 있다. 우회전의 경우도 위와 마찬가지로 생각하면 된다.

다음의 예제를 통해 방향 전환을 확인해 보자. PWM으로 모터 속도 제어를 하기 위해서는 다음 2가지를 기억해 두자.

① analogWrite( ) 함수를 이용한다.

② '~'(물결표)가 있는 3, 5, 6, 9, 10, 11번의 6핀 중에서 하나를 선택하여 이용한다.
(팁. 핀 번호를 암기해 보자. 365일 중 가을은 9, 10, 11월이다.)

연습 예제 11.5

구동 로봇을 2초간 좌회전하고, 다시 2초간 우회전하는 동작을 반복하는 코드를 작성한다.

DC_LeftRight

```
1   void setup()
2   {  pinMode(4, OUTPUT);
3      pinMode(5, OUTPUT);
4      pinMode(6, OUTPUT);
5      pinMode(7, OUTPUT);   }
6   void loop()
7   {    digitalWrite(4, LOW);
8        analogWrite(5, 100);
9        analogWrite(6, 150);
10       digitalWrite(7, HIGH);
11       delay(2000);
12       digitalWrite(4, LOW);
13       analogWrite(5, 150);
14       analogWrite(6, 100);
15       digitalWrite(7, HIGH);
16       delay(2000);         }
```

7~10: 로봇 전진하면서 좌회전

12~15: 로봇 전진하면서 우회전

양쪽 바퀴의 PWM 출력을 다르게 하면 전 · 후진하면서 방향을 제어할 수 있다.

실행 결과

위 코드를 실행하면, 전진하면서 좌 · 우회전을 한다. 이 코드에서는 모터를 한 방향으로 전진하면서 PWM값을 달리하여 움직였다. 4번과 7번 핀을 HIHG, LOW로 변경하면서, 다양하게 방향을 전환시키면서 확인해 보기 바란다.

PART 12

L E A R N
C O D I N G
W I T H
A R D U I N O

초음파센서를 이용한 자율주행 로봇 만들기

1. 초음파센서의 이해 및 활용
   1) 초음파 모듈 소개
   2) 초음파로 거리 값 읽기
2. 초음파와 서보 모터 결합하기
3. 초음파 센싱을 통한 자율주행 로봇 제작

초음파센서를 이용한 자율주행 로봇 만들기

앞 11장에서 3가지 로봇을 만들기 위한 로봇 플랫폼 조립 및 DC 모터를 이용한 주행을 확인하였다. 이를 토대로 본 장에서는 초음파센서, 서보 모터를 이용한 자율주행 로봇을 제작할 것이다.

먼저, 초음파센서와 서보 모터의 활용법에 대해 살펴보고, 이 두 장치를 결합한 서보 모터 위에 초음파센서를 얹는 형태로 만들어 동작시켜 보는 코드도 작성해 본다. 각 개별적인 장치의 테스트를 마친 뒤, 최종적으로 로봇 플랫폼에 탑재해 장애물 회피(Obstacle avoider) 로봇을 만들어 본다.

1 초음파센서의 이해 및 활용

가청 주파수란 인간이 들을 수 있는 소리의 파장대를 말하고, 대략 20 ~ 20KHz의 파장대를 가진다. 이후 20KHz 이상의 파장대를 초음파 대역이라고 한다. 초음파를 이용한 주변에서 볼 수 있는 제품군들은 의료기기, 어군탐지기, 자동차 등에서 널리 사용되고 있다.

의료기기에서는 출산 전 태아 모습과 맥박 등을 관찰할 수 있고, 바닷속 물고기들의 무리를 찾는 데도 사용되고 있다. 이러한 적용은 초음파 원리를 이용해 거리 측정이 가능하기 때문이다.

1) 초음파 모듈 소개

[그림 12-1] 초음파센서 모듈(모델명: HC-SR04)

우리가 사용할 모듈은 [그림 12-1]과 같은 모델로, 가격도 저렴하고 학습하기에는 특성도 크게 무리가 없다. 그림에서 보면 좌 · 우측에 원통형 하단에 보면 하얀색 실크로 T와 R이 쓰여있고, 가운데에 4개의 핀 단자가 보인다.

T는 Transmitter(송신), R은 Receiver(수신)을 의미하고, T에서 초음파가 방사되면, R에서 반사되어 돌아오는 초음파를 수신하게 된다. 가운데의 4개의 단자는 각각 VCC, Trig(송신파 신호용), Echo(수신파 신호용), GND로 구성되어 있어 브레드보드 등에 꽂아서 사용할 수 있도록 되어 있다.

이 모듈의 동작 특성을 살펴보자. 이 모듈은 전기적으로 DC 5V에서 동작이 되며, 방사되는 초음파의 주파수는 40KHz이다. 또한, 측정 거리는 3cm ~ 3m 정도로, 반사체의 크기, 초음파 흡수도, 반사각에 따라 측정 오차는 발생할 수 있고 아예 탐지를 못할 수도 있다.

앞서 배운 시리얼 모니터링을 활용하면 탐지 여부를 확인할 수 있을 것이다.

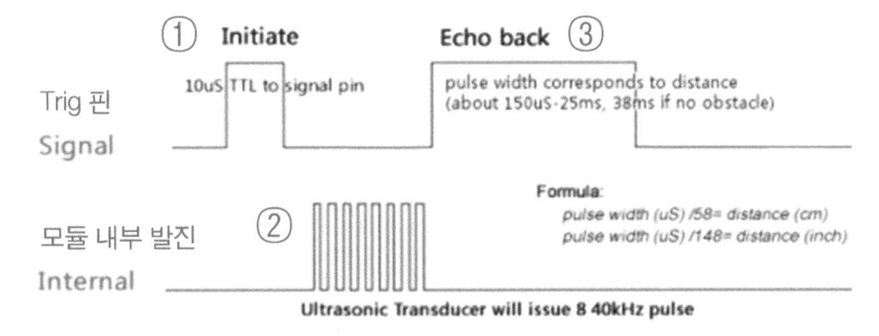

[그림 12-2] 초음파센서 모듈의 동작 타이밍도(Timing Diagram) (모델명: HC-SR04)

[그림 12-2]는 초음파센서 모듈의 동작을 시간 축(time)에서 Trig 핀(①)을 통한 신호 입력, 모듈 내부에서의 처리(②), 그리고 우노로 입력되는 Echo 핀(③)의 과정을 보여주고 있다.

① 우노 보드에서 모듈의 Trig 핀에 10uS 시간 폭의 파형을 입력시킨다.

② 이 TTL 신호를 입력 받은 초음파센서 모듈은 내부에서 40KHz 주파수의 8개의 파형을 만들어 결국 Transmitter를 통해 초음파 파형을 발생시킨다.

③ Echo 핀을 통해 우노로 입력되는 파형으로 펄스 폭의 크기(time)가 거리에 따라 비례하여 커지며, 이를 아래 변환식에 의해 코드에서 대략적인 거리로 환산한다.

거리 변환 공식: pluse width(uS)/58 = 반사체와의 거리(cm)

pluse width(uS)/148 = 반사체와의 거리(inch)

2) 초음파로 거리 값 읽기

예제를 다루면서, 구체적인 초음파 모듈의 동작 특성을 살펴보자.

- Trig 핀은 출력, Echo는 입력으로 우노에서 설정한다
- Trig 핀에 10uS 정도의 파형을 입력시키면 모듈에서 자동으로 송신파를 내보내고, 수신파는 Echo 핀을 통해 읽는다.
- Echo 핀의 출력값은 아두이노 pulseln() 함수를 통해 리턴되며, 이 값을 다시 58로 나눈 값이 거리(cm)이다.

다음 예제에서 [그림 12-2]의 파형을 직접 코드화하여 처리됨을 확인해 보자.

베이스보드 활용

[그림 12-3] 확장 소켓에 초음파센서 장착 후 배선

베이스보드 우측 상단의 '확장용 소켓'에 초음파센서를 장착한 후 테스트를 하면 편리하다. 장착 후 배선은 아래 표와 같이 베이스보드의 번호를 확인하면서 연결하고, 1:1로 매칭된 반대편 소켓에서 우노와 연결하면 된다.

우노 보드	연결 방향	초음파 모듈	베이스보드
GND	→	GND	S1
3번 PIN	←	ECHO	S2
2번 PIN	→	TRIG	S3
+5V	→	VCC	S4

브레드보드 활용

【준비물】

아두이노 UNO 보드	브레드보드 1개	초음파센서 모듈 1개

【배선 및 회로도】

[그림 12-4] 초음파센서 모듈 배선하기

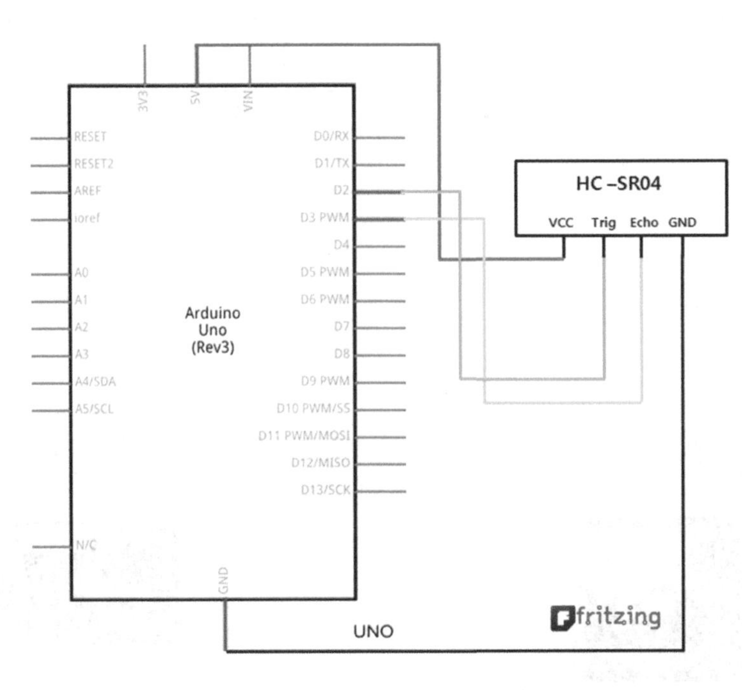

[그림 12-5] 초음파센서 모듈 배선 회로도

연습 예제 12.1

초음파센서 모듈을 동작시키는 코드를 작성하고, 센서의 출력값을 시리얼 모니터를 통해서 확인해 보자.

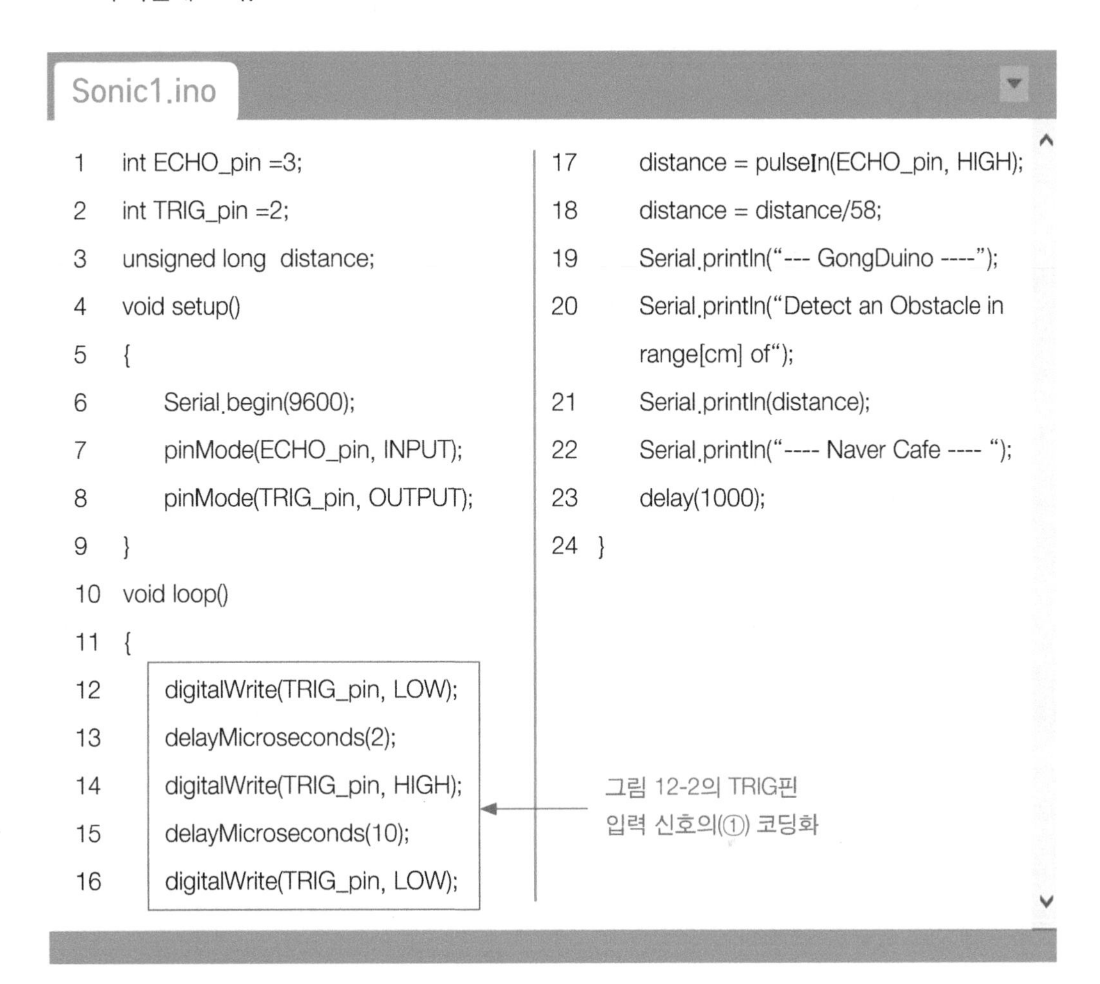

Sonic1.ino

```
1   int ECHO_pin =3;
2   int TRIG_pin =2;
3   unsigned long  distance;
4   void setup()
5   {
6       Serial.begin(9600);
7       pinMode(ECHO_pin, INPUT);
8       pinMode(TRIG_pin, OUTPUT);
9   }
10  void loop()
11  {
12      digitalWrite(TRIG_pin, LOW);
13      delayMicroseconds(2);
14      digitalWrite(TRIG_pin, HIGH);
15      delayMicroseconds(10);
16      digitalWrite(TRIG_pin, LOW);
17      distance = pulseIn(ECHO_pin, HIGH);
18      distance = distance/58;
19      Serial.println("--- GongDuino ----");
20      Serial.println("Detect an Obstacle in
        range[cm] of");
21      Serial.println(distance);
22      Serial.println("---- Naver Cafe ---- ");
23      delay(1000);
24  }
```


1: 반사된 신호 수신(Echo)용 우노 핀 설정

2: 초음파센서 모듈 초기화(Trig) 위한 우노 핀 설정

3: 측정된 초음파 신호를 읽고 변환시키기 위한 변수 지정

4: setup( ) 함수 시작

6: 시리얼 모니터링을 위한 설정

7: Echo용 핀을 우노 입력 모드로 설정

8: Trig용 핀을 우노에서 센서 모듈로의 출력 모드로 설정

12~16 : 트리거 핀을 10μ초 동안 "HIGH" 상태의 펄스를 만들기 위한 코드이다.

[그림 12-12]의 초기화(Initiate,①)에 해당하는 코드이다.

17: 초음파센서 모듈 내부의 처리(그림 12-12의 내부 발진(②)에 해당)가 끝난 뒤, Echo 핀을 통해 파형을 읽어 들인다. pulseIn(ECHO_pin, HIGH) 함수를 이용해, HIGH를 유지하는 펄스 지속 시간을 얻는다. [그림 12-12]의 Echo back(③)에 해당하는 코드이다.

18: distance에 저장된 값을 cm로 표현하기 위해 재저장한다.

만약, 인치(inch)로 저장하고자 한다면, pluse width(uS)/148에 따라,

distance = distance/58; **대신에**

distance = distance/148; **을 입력하고, 출력 등을 수정한다.**

19~20, 22: 시리얼 모니터링을 위한 출력을 한다. 본인이 원하는 출력을 해도 된다.

21: 시리얼 모니터에 최종 거릿값을 출력한다.

23: 1초 단위로 거릿값을 출력한다.

24: loop( ) 함수 종료

스케치 업로드가 원활하지 않을 경우 대체 방안

① 장치 관리자 혹은 IDE의 '도구'에서 우노의 COM 포트 연결이 되어있는지 확인한다.

② 스케치 업로드를 위해, 전류 소모가 많이 되는 부분(모터의 전원)의 회로를 잠시 연결 해제 후 업로드를 시도한다.

실행 결과

프로그램 업로드 이후에 시리얼모니터를 실행하면, 초음파센서의 출력 결과를 확인할 수 있다.

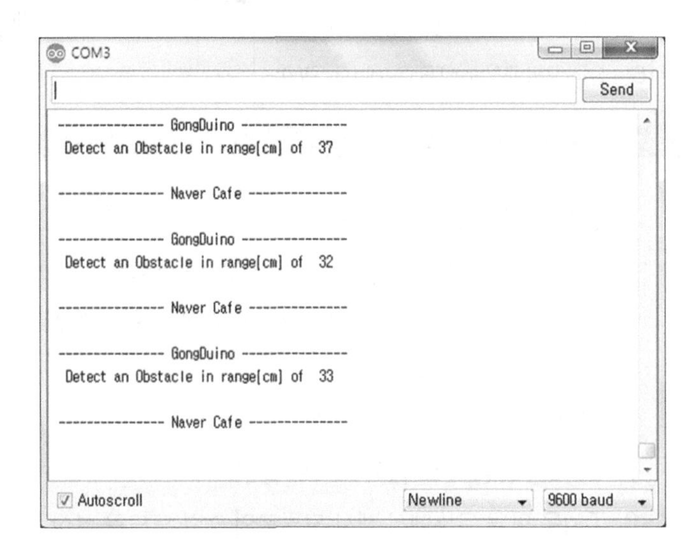

2 초음파와 서보 모터 결합하기

앞서 배운 초음파센서 모듈과 서보 모터의 스케치를 혼합하여 작성한다. 서보 모터는 초음파센서의 방향(0°~180°)을 결정하고, 해당 위치의 거리 값을 초음파센서를 활용해 읽어 본다.

먼저, 아래와 같이 서보모터와 초음파센서를 브라켓 등으로 고정해주어야 한다.

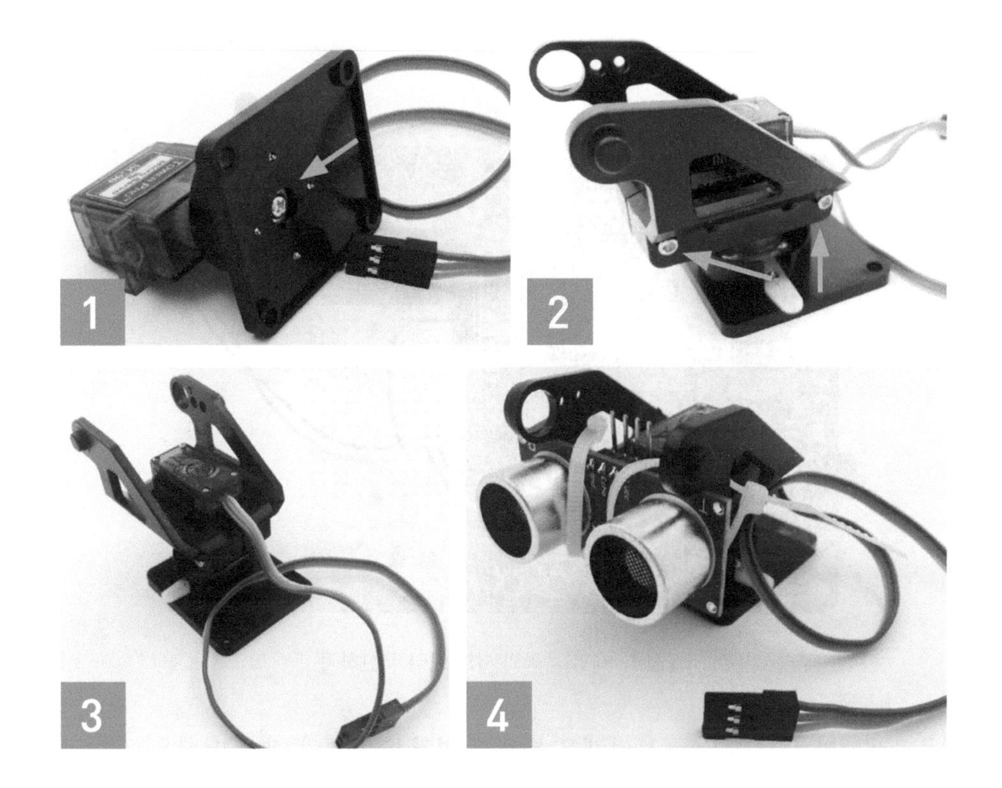

① 밑면 브라켓과 서보모터의 날개를 볼트로 고정한다. 추후에 서보모터의 방향을 결정할 때, 이 볼트를 풀어서 재조정한다.

② 서보모터 고정용 양쪽 브라켓을 모터 홈에 맞춰 끼운 후, 두 군데를 볼트 체결한다. 그림과 같이 방향을 잘 맞춰 조립을 해야 그림 4와 같이 형태를 갖는다.

③ 서보모터를 브라켓에 고정한 뒤 뒷면에서 본 모습으로, 밑면의 모습도 유심히 살펴봐야한다.

④ 초음파 모듈을 브라켓을 통해 서보모터와 체결 완료한 모습으로, 양쪽 브라켓에 타이를 그림과 같이 고정시켜 주어야 한다.

조립을 마친 뒤, 다음의 베이스보드등의 회로 배선을 참고하여 연결한 뒤 예제를 실습해보자. 특히, 다음의 연습 예제 12.2는 서보모터의 위치를 결정짓기 때문에, 위 그림 ①의 볼트를 재차 풀어서 재조립해 주어야 할 것이다.

베이스보드 활용

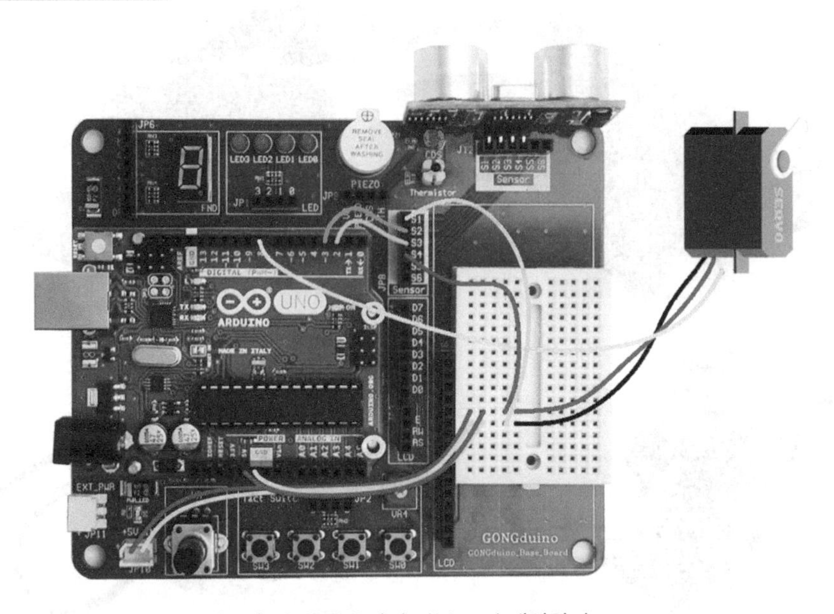

[그림 12-6] 초음파와 서보 모터 배선하기

초음파센서와 서보 모터를 브라켓을 통해서 연결하고 표와 같이 배선을 한다.

아두이노 보드	연결 방향	서보 모터
GND	→	GND
8번 PIN	→	OUT
+5V	→	VCC

아두이노 보드	연결 방향	초음파 모듈
GND	→	GND
3번 PIN	←	ECHO
2번 PIN	→	TRIG
+5V	→	VCC

브레드보드 활용

【준비물】

아두이노 UNO 보드	브레드보드 1개	초음파센서 모듈 1개	서보+브라켓

【배선 및 회로도】

서보 모터 제어와 초음파센서를 사용하기 위하여 다음과 같이 우노 보드에 서보 모터와 초음파센서 모듈을 연결시켜 준다.

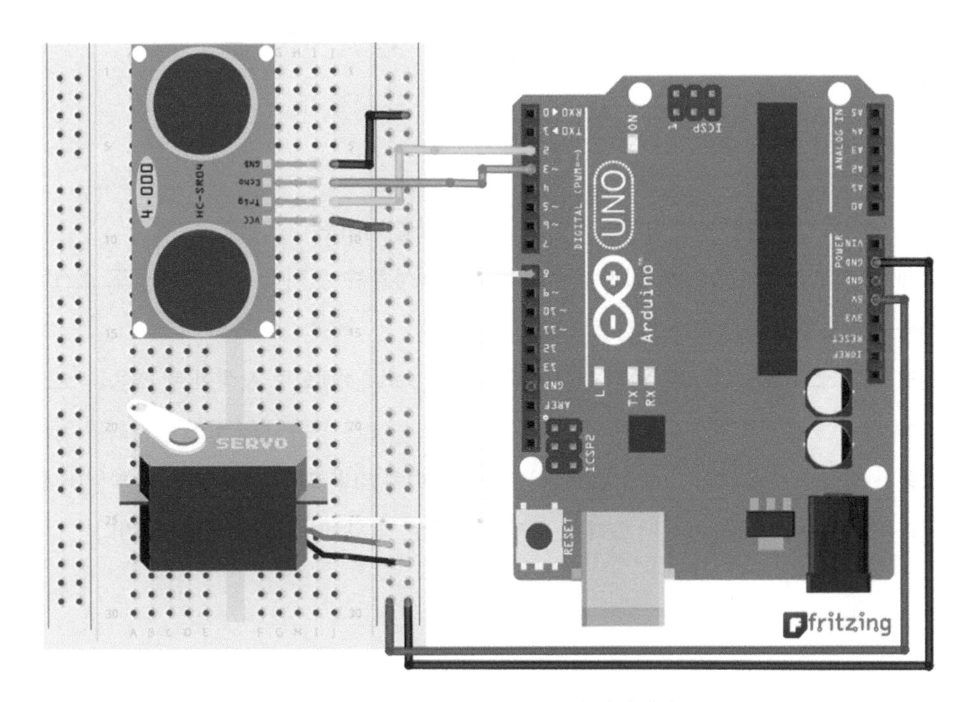

[그림 12-7] 초음파와 서보 모터 배선하기

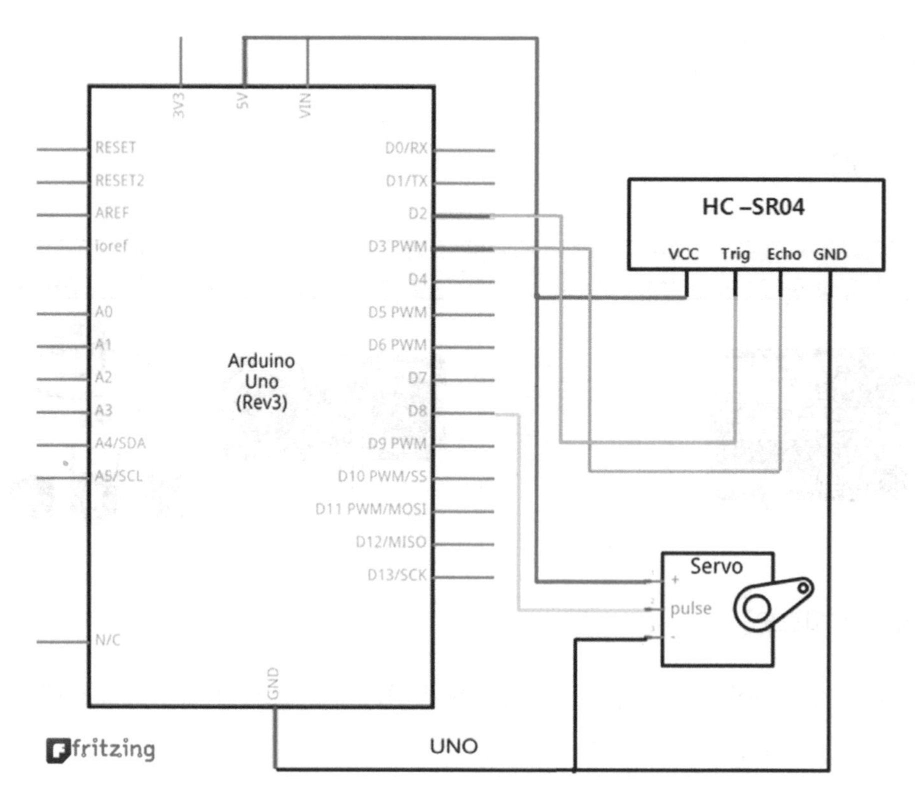

[그림 12-8] 초음파 모듈과 서보 모터 배선 회로도

연습 예제 12.2

서보 모터로 초음파센서의 위치를 결정하고, 거릿값을 읽어 본다.
예제 12.1과 10.3의 소스를 크게 변경하지 않고, 작성할 수 있기 때문에 독자들도 스스로 해봐야 코드 작성 능력이 향상될 것이다.
서보 관련 소스(servo.ino)를 먼저 다른 이름(Sonic_servo.ino)으로 저장한 뒤 초음파 소스(Sonic.ino)를 추가하는 형식으로 작성해 보자. 특히, loop( ) 함수 내의 코드 간결화를 위해 초음파 센싱 코드 부분을 그대로 Sonic( )으로 함수화하였다. 다음 코드 중 적색 부분이 초음파 관련 코드(Sonic.ino)에서 그대로 가져온 것으로, 필자처럼 따라해 보기 바란다.

Sonic_servo.ino

```
1   #include <Servo.h>
2   Servo myservo;
3   int ECHO_pin =3;
4   int TRIG_pin =2;
5   unsigned long  distance;
6   void Sonic_scan()
7   {
8         myservo.write(0);delay(100);
9         Sonic();
10        myservo.write(35);delay(100);
11        Sonic();
12        myservo.write(75);delay(100);
13        Sonic();
14        myservo.write(35);delay(100);
15        Sonic();
16  }
17  void Sonic() {
18      digitalWrite(TRIG_pin, LOW);
19      delayMicroseconds(2);
20      digitalWrite(TRIG_pin, HIGH);
        delayMicroseconds(10);
21      digitalWrite(TRIG_pin, LOW);
22      distance=0;
23      distance=pulseIn(ECHO_pin, HIGH);
24      distance=distance/58;
25      Serial.println( "--- GongDuino ----" );
26      Serial.println( "Detect an Obstacle in
        range[cm] of   ");
27      Serial.println(distance);
28      Serial.println( "--- Naver Cafe ---  ");
29  }
30  void setup()
31  {
32      myservo.attach(8);
33      Serial.begin(9600);
34      pinMode(ECHO_pin, INPUT);
35      pinMode(TRIG_pin,OUTPUT);
36      distance=0;
37  }
38  void loop()
39  {
40      Sonic_scan();
41  }
```

6: Sonic_scan( ) 함수 시작 { 초음파 스캔 함수 }

8~9: 서보 모터의 회전 각도 0°를 설정 및 시간 지연 후, Sonic( ) 함수 활성

10~11 : 서보 모터의 회전 각도 35°를 설정 및 시간 지연 후, Sonic( ) 함수 활성

12~13 : 서보 모터의 회전 각도 75°를 설정 및 시간 지연 후, Sonic( ) 함수 활성

14~15 : 서보 모터의 회전 각도 35°를 설정 및 시간 지연 후, Sonic( ) 함수 활성

16 : Sonic_scan( ) 함수 종료 17 : Sonic( ) 함수 시작(초음파 함수)

22 : 변숫값 초기화

40 : 한 줄로 코드를 간결화하고, Sonic_scan( ) 함수를 무한 실행

실행 결과

서보 모터로 초음파센서의 위치를 결정하고, 거릿값을 읽어 본다.

3 초음파 센싱을 통한 자율주행 로봇 제작

서보 모터를 브라켓에 조립한 후에 초음파센서 모듈을 상단에 조립한다. 이를 로봇 플랫폼의 앞부분에 볼트로 체결하여 조립한다.

1) 준비물

아두이노 UNO 보드	브레드보드 1개	초음파센서 모듈 1개	서보+브라켓
공두이노 모터 쉴드	AA건전지 4개	미니 브레드보드	2핀 전원 케이블

조립된 로봇 플랫폼으로 장애물 회피하는 자율주행 로봇을 만들기 전에 순차적으로 모터 동작 확인, 서보 모터 동작 확인, 초음파센서 동작 순으로 이루어진다.

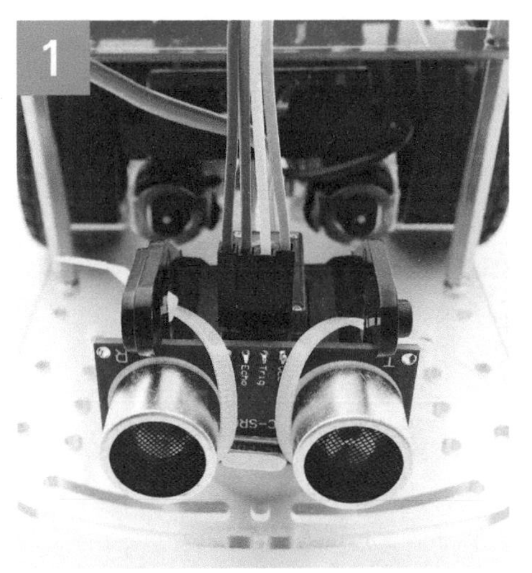

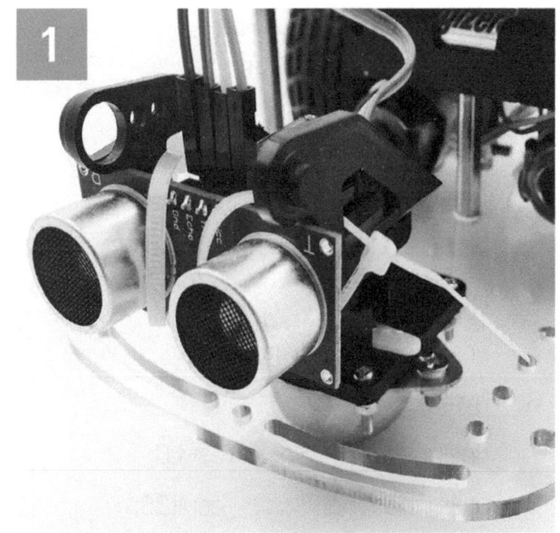

[그림 12-9] 초음파센서와 서보 모터 브라켓을 플랫폼에 장착 모습

모터 쉴드의 전원 극성에 맞춰 서보 모터와 초음파센서 모듈의 회로를 배선한다. +5V와 GND의 극성을 반드시 확인하고, 회로를 구성한다. 배선은 타이 등으로 묶어 잘 정리하도록 한다. 점퍼 와이어의 종류(female, male)를 확인하고, 적절히 사용하여 배선을 한다.

다음의 코드는 서보 모터로 초음파 센싱을 돕고, DC 모터로 움직이는 로봇 플랫폼 관련 예제이다. 서보 모터는 좌 · 우, 전방을 가리키며 초음파로 센싱을 하고, 장애물을 만나면 DC 모터를 정지시키고 충돌을 방지한다. 동작의 효과음을 내기 위해 피에조 부저음을 사용하였다.

[그림 12-10] 초음파센서를 이용한 자율주행 로봇 플랫폼 완성

코드 작성은 앞선 예제 12.2에 DC 모터 조향용 함수를 추가하는 형식으로 작성한다. 아래 코드에서 녹색 부분이 앞선 예제의 서보 모터와 초음파 센싱을 위한 코드 그대로이다. 로봇 플랫폼의 전 · 후진, 정지, 회전 등의 함수화를 함으로써, loop() 함수 내의 코드 길이를 간결화할 필요가 있다.

연습 예제 12.3

Gongcar_servosonic


```
1  #include <Servo.h>
2  Servo myservo;
3  int ECHO_pin =3;
4  int TRIG_pin =2;
5  unsigned long  distance;
6  byte sound;
7  unsigned long  Sonic_result0;
8  unsigned long  Sonic_result35;
9  unsigned long  Sonic_result75;
10 unsigned long  Sonic_result35again;
11 void Piezo_DC()
12 {
13    tone(8, 500);   delay(200);
14    tone(8, 250);  delay(200);
15    noTone(8);    delay(100);
16 }
17 void Piezo_servo()
18 {
19    tone(8, 1000);  delay(100);
20    tone(8, 10);      delay(50);
      tone(8, 1000);  delay(100);
21    noTone(8);        delay(100);
22 }
23 void Sonic_scan0()
24 {
25        Piezo_servo();
26        myservo.write(0);
27        Sonic();
28        Sonic_result0=distance;
29        delay(10);
30 }
31 void Sonic_scan35()
32 {
33        Piezo_servo();
34        myservo.write(35);
35        Sonic();
36        Sonic_result35=distance;
37        delay(10);
38 }
39 void Sonic_scan75()
40 {
41        Piezo_servo();
42        myservo.write(75);
43        Sonic();
44        Sonic_result75=distance;
45        delay(10);
46 }
47 void Sonic_scan35again()
48 {
49        Piezo_servo();
50        myservo.write(35);
51        Sonic();
52        Sonic_result35again=distance;
53        delay(10);
54 }
55 void Sonic_stop()
56 {
57        Piezo_servo();
58        myservo.write(35);
59 }
```

```
60  void DC_Roat()
61  {
62    Piezo_DC();
63    digitalWrite(4, LOW);
64    digitalWrite(5, HIGH);
65    digitalWrite(6, HIGH);
66    digitalWrite(7, HIGH);
67    delay(950);
68  }
69  void DC_Back()
70  {
71    Piezo_DC();
72    digitalWrite(4, LOW);
73    analogWrite(5, 200);
74    analogWrite(6, 200);
75    digitalWrite(7, LOW);
76    delay(1000);
77  }
78  void DC_Ford()
79  {
80    Piezo_DC();
81    digitalWrite(4, HIGH);
82    analogWrite(5, 200);
83    analogWrite(6, 200);
84    digitalWrite(7, HIGH);
85    delay(100);
86  }
87  void DC_Stop()
88  {
89    digitalWrite(5, LOW);
90    digitalWrite(6, LOW);
91    delay(100);
92  }
93  void Sonic() {
94    digitalWrite(TRIG_pin, LOW);
95    delayMicroseconds(2);
96    digitalWrite(TRIG_pin, HIGH);
97    delayMicroseconds(10);
98    digitalWrite(TRIG_pin, LOW);
99    distance = pulseIn(ECHO_pin, HIGH);
100   distance = distance/58;

101   Serial.println("--- GongDuino ----");
102   Serial.println("  Detect an Obstacle in
      range[cm] of  ");
103   Serial.println(distance);
104   Serial.println("--- Naver Cafe --- ");
105 }

106 void DC_avoid()
107 {
108       DC_Stop();
109       DC_Back();
110       DC_Stop();
111       DC_Roat();
112       DC_Stop();
113       DC_Ford();
114 }
```

Gongcar_servosonic

```
115  void setup() {
116    pinMode(4, OUTPUT);
117    pinMode(5, OUTPUT);
118    pinMode(6, OUTPUT);
119    pinMode(7, OUTPUT);

120    digitalWrite(4, LOW);
121    digitalWrite(5, LOW);

122    myservo.attach(12);
123    pinMode(8, OUTPUT);

124    Serial.begin(9600);
125    pinMode(ECHO_pin, INPUT);
126    pinMode(TRIG_pin, OUTPUT);
127  }
128  void loop() {
129    Sonic_stop();
130    Sonic_scan75();
131    if(Sonic_result75<=15){
132        DC_avoid(); }

133    Sonic_scan0();
134    if(Sonic_result0<=15){
135        DC_avoid(); }

136    Sonic_scan35();
137    if(Sonic_result35<=15){
138        DC_avoid(); }

139    Sonic_scan75();
140    if(Sonic_result75<=15){
141        DC_avoid(); }

142    Sonic_scan35again();
143    if(Sonic_result35again<=15){
144        DC_avoid(); }
145    DC_Ford();
146  }
```

실행 결과

예제 12.2에 DC모터 동작을 추가한 소스이다. 11장에서 다루었던 DC모터로 로봇을 제어했던 소스들이 추가되어 복잡해 보이지만, 여러분들이 직접 코드를 추가하는 형식으로 코드를 작성한다면 어렵지 않게 결과를 얻을 수 있을 것이다.

특히, 소스를 분석할 때는 반드시 setup( ) 함수와 loop( ) 함수를 순차적으로 먼저 확인해 봐야 한다. setup()함수는 환경설정에 관한 부분으로 이 부분을 보고 하드웨어 배선이 가능할 정도로 연습을 해야 한다.

PART 13

L E A R N
C O D I N G
W I T H
A R D U I N O

스마트폰 앱으로 로봇 움직이기

PART 13 스마트폰 앱으로 로봇 움직이기

들어가기에 앞서

3가지 로봇을 만들기 위한 로봇 플랫폼 조립 및 DC 모터를 이용한 주행을 확인하였다. 그리고 12장에서는 초음파와 서보 모터를 이용한 자율주행 로봇을 만들어 보았다. 이번 장에서는 DC 모터로 주행하는 로봇 플랫폼에 블루투스 모듈을 장착하여 스마트폰의 앱을 통해 로봇을 조종해 보는 코드를 작성해 본다.

스마트폰의 앱(App)을 직접 만들어 보는 것은 15장(앱 개발 환경 구축)과 16장(App 제작하기)을 통해서 배워 본다.

1 블루투스 모듈의 이해 및 활용

블루투스(Bluetooth)는 1994년 스웨덴의 세계적인 통신회사인 에릭슨에서 최초로 개발된 디지털 통신기기 간의 근거리 무선통신 산업 표준 중의 하나이다. 대략 2.4GHz의 주파수로 기기 간에 데이터 통신이 이루어지고, 현재 우리 주변에서 스마트폰과 주변 액세서리 등에 두루 사용되고 있음을 알 수 있다.

우리가 사용할 블루투스 모듈에 대해 설명한다.

1) 블루투스 모듈 이해하기

블루투스 모듈은 우노와 같은 마이컴에 시리얼(Rx,Tx)로 간편하게 연결할 수 있도록 만들어진 무선통신용 안테나 정도로 생각하면 된다.

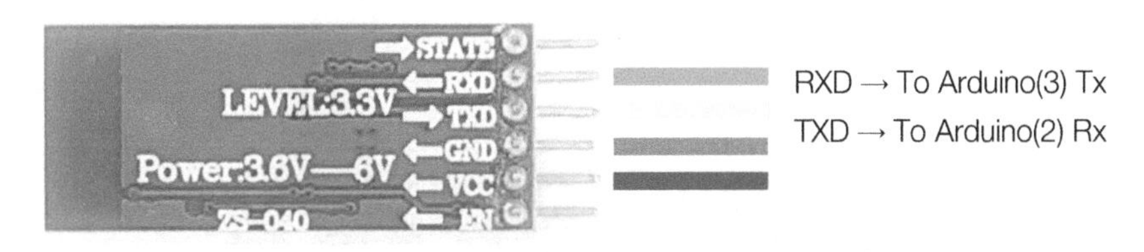

[그림 13-1] 블루투스 모듈 HC-05의 핀 명

[그림 13-1]은 모듈의 뒷면으로, 총 6개의 핀마다 핀 이름이 표시되어 있다. 우리가 주의 깊게 봐야 할 부분은 4가지 핀이다. 특히, VCC와 GND는 각각 우노 보드의 5V와 GND로 연결하면 되고, 모듈의 RXD와 TXD는 다음 표와 같이 우노 보드와 결선한다.

블루투스 모듈	연결 방향	우노 기능(핀번호)
RXD	←	TXD(3)
TXD	→	RXD(2)

위 표와 같이 서로 엇갈리게 연결을 해주어야 한다. 특히, 우노 보드의 RX(0번 핀), TX(1번 핀)와 연결할 수도 있지만, 이 경우 PC에서 스케치를 업로드할 때 충돌이 일어나기 때문에 피하는 것이 좋다. 따라서 위 표처럼 우노의 0번과 1번이 아닌 2번과 3번 핀 등을 사용해야 한다.

다시 말하면, 아두이노 함수인 소프트웨어 시리얼(SoftwareSerial.h)을 사용해서 전용 RX(0), TX(1) 핀이 아닌 일반 디지털 핀(2, 3)을 통해 블루투스 통신이 가능해진다.

2) 블루투스 모듈과 LED 회로 꾸미기

우노 보드에 블루투스 모듈을 장착한 뒤, 안드로이드 기반 스마트폰을 가지고 연결

(pairing)하고 간단히 LED를 제어해 보는 예제를 살펴보자. 안드로이드 기반의 앱은 추후에 직접 제작해 보기로 하고, 일단 제공된 앱으로 테스트해 본다.

베이스보드 활용

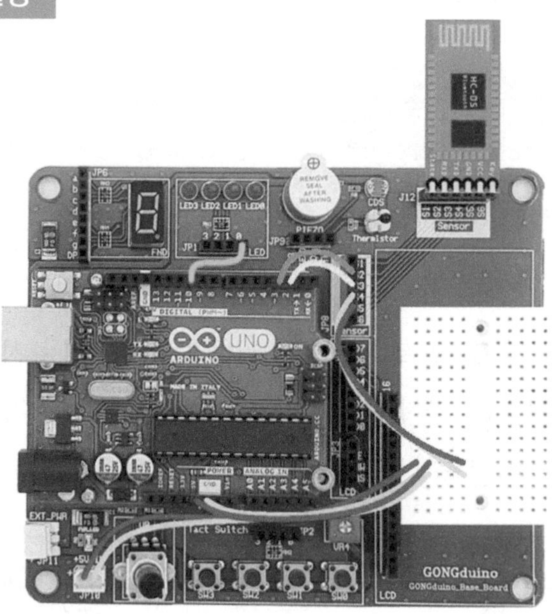

[그림 13-2] 확장 소켓에 블루투스 모듈 장착 후 배선

베이스보드의 확장 소켓에 모듈을 그림과 같이 장착하고, 아래 표를 보고 배선을 한다. 베이스보드의 센서 소켓 번호(Sensor)를 확인하면서 1:1로 매칭된 반대편 소켓을 통해 연결한다.

우노 보드	연결 방향	HC-05	베이스보드
3번 PIN	→	RXD	S2
2번 PIN	←	TXD	S3
GND	→	GND	S4
+5V	→	VCC	S5
핀 번호 10	→	-	LED 0

브레드보드 활용

【준비물】

아두이노 UNO 보드	브레드보드 1개	저항 300Ω 1개 / LED 1개	HC-05 모듈 1개	APK 파일
				공돌이월드 CONNECT LED ON LED OFF

【배선 및 회로도】

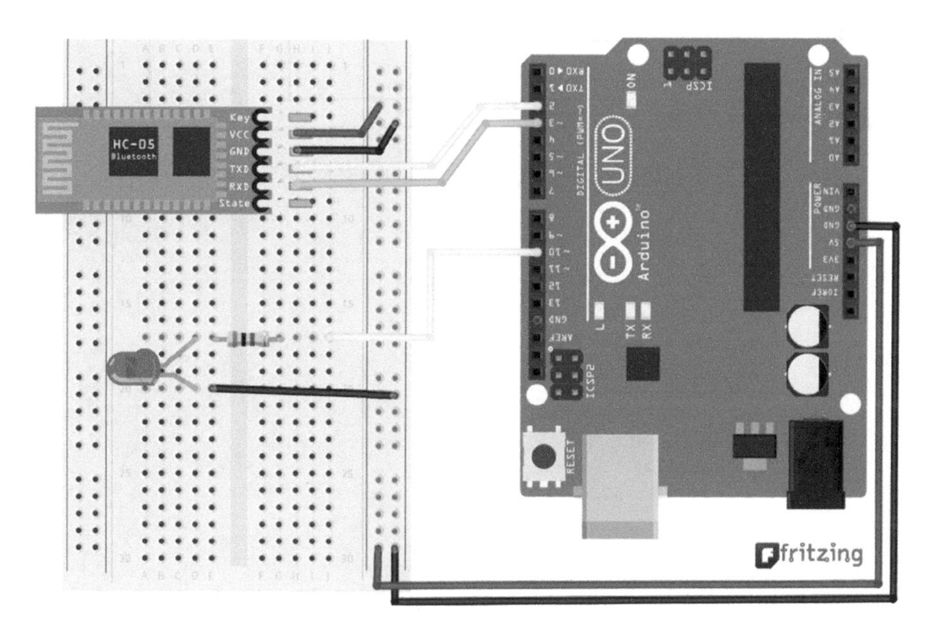

[그림 13-3] 블루투스 모듈과 LED 배선하기

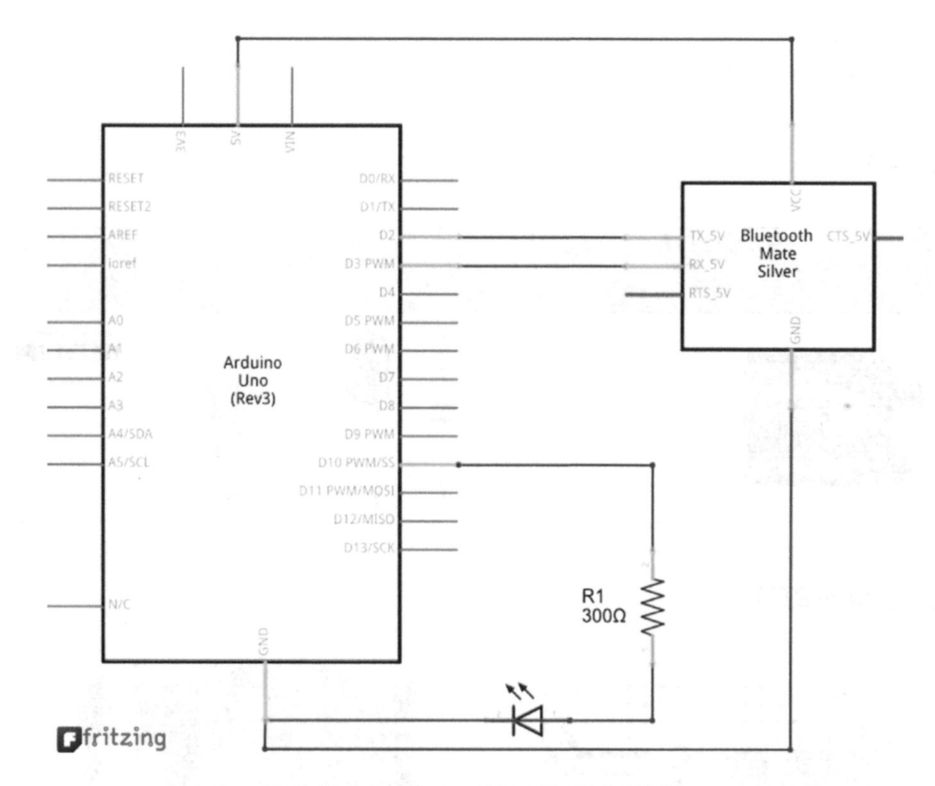

[그림 13-4] 블루투스 모듈과 LED 배선 회로도

연습 예제 13.1

해당 프로그램을 우노에 업로드하고, 스마트폰으로 블루투스 모듈과 연결(페어링)하여 LED를 ON/OFF 제어해 본다.

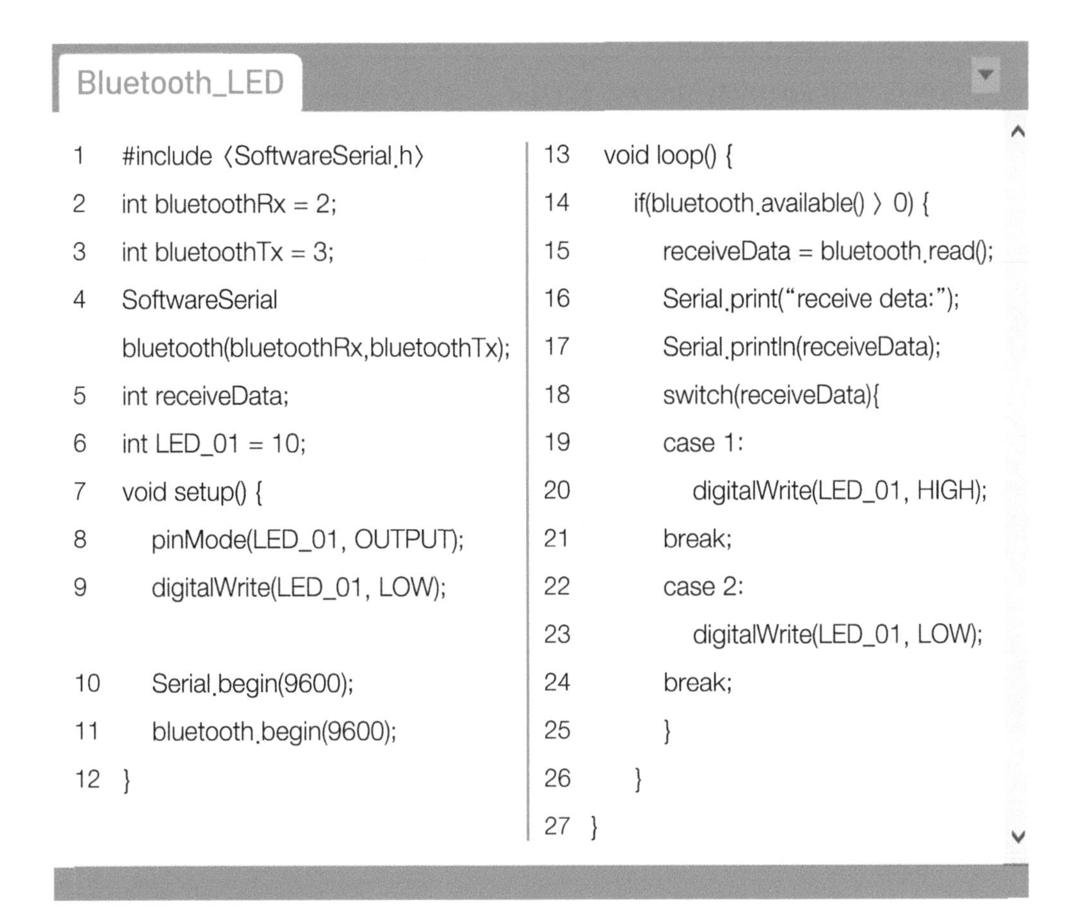

Bluetooth_LED

```
1  #include <SoftwareSerial.h>
2  int bluetoothRx = 2;
3  int bluetoothTx = 3;
4  SoftwareSerial
   bluetooth(bluetoothRx,bluetoothTx);
5  int receiveData;
6  int LED_01 = 10;
7  void setup() {
8     pinMode(LED_01, OUTPUT);
9     digitalWrite(LED_01, LOW);

10    Serial.begin(9600);
11    bluetooth.begin(9600);
12 }
13 void loop() {
14    if(bluetooth.available() > 0) {
15       receiveData = bluetooth.read();
16       Serial.print("receive deta:");
17       Serial.println(receiveData);
18       switch(receiveData){
19       case 1:
20          digitalWrite(LED_01, HIGH);
21       break;
22       case 2:
23          digitalWrite(LED_01, LOW);
24       break;
25       }
26    }
27 }
```

1: 일반 디지털 핀을 사용해 시리얼 통신을 하기 위해 라이브러리를 추가한다

2: Rx로 2번 핀을 지정

3: Tx로 사용할 3번 핀을 지정(결국, 블루투스 모듈과 교차하여 연결한다.)

4: 시리얼 통신용 라이브러리 사용을 위한 새로운 변수(bluetooth) 선언

5: 블루투스에서 받은 데이터를 저장하기 위한 변수 선언

6: LED_01 변수 선언과 10번 핀으로 지정

8: LED _01핀(10번 핀)을 출력으로 이용

9: 10번 핀 초기 상태를 LOW로 설정(LED OFF)

10: 시리얼 모니터링을 사용하기 위한 설정

11: 블루투스 모듈과 우노의 통신 속도를 9600bps로 설정

14: 블루투스 모듈로부터 수신 데이터가 있으면(available) if문 실행

15: 수신 데이터를 bluetooth.read( ) 함수로 읽어서 receiveData에 저장

16: 시리얼 모니터에 문장 출력

17: 시리얼 모니터에 수신한 데이터를 출력하여 확인하는 단계

18: 수신된 값에 따라 switch문 실행

19: 수신된 값이 1이면, 해당 case문 실행하여 LED ON 시킴 (실행 결과 참조)

20: switch-case문을 강제로 빠져나와

21: 수신된 값이 2이면, 해당 case문 실행하여 LED OFF 시킴 (실행 결과 참조)

25: switch-case문 끝

26: if문 끝

27: loop() 함수 끝

실행 결과

위 코드를 우노에 업로드한 후에 스마트폰 앱(App)을 실행시켜, 블루투스 모듈과 연결시킨 뒤 LED를 제어해 본다. 주의할 사항은 위 코드는 [그림 13-5]의 앱(Led_onoff.apk)을 사용할 때의 코드이다. 만약, 범용 앱을 사용할 경우에는 다음의 코드로 수정해 줘야 하는 경우도 있다.

```
20:    case  '1' :
23:    case ' 2' :
```

위 수정 사항을 반드시 확인해서 수정해 주어야 원활하게 LED 제어가 이루어진다.

3) 스마트폰 앱과 연결하기(Pairing)

우노 보드에 위 예제 13.1의 프로그램을 업로드한 후, 안드로이드 기반의 스마트폰에 관련 앱(apk)을 설치해야 한다.

[그림 13-5]는 추후 설명할 앱 인벤터(무료 앱 제작용 툴)로 만든 앱으로 카페에서 다운받아 사용할 수 있다. 혹은 교재를 구매한 출판사에 의뢰해서 받을 수도 있다.

위 앱의 사용법은 다음에 설명할 앱 인벤터에서 자세하게 설명하겠지만, 간략하게 설명하면 다음과 같다.

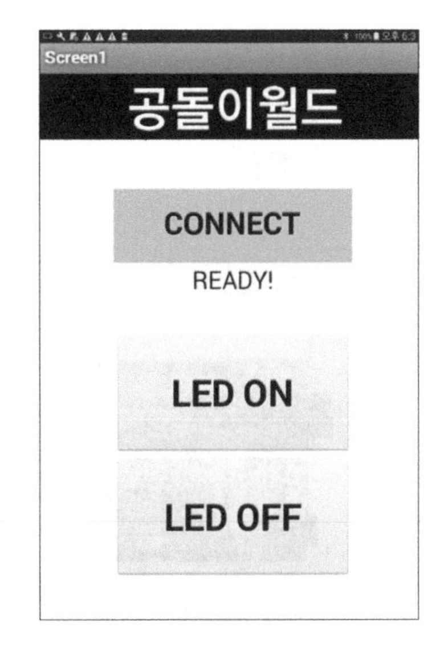

[그림 13-5] 앱인벤터로 자작한 앱(Led_onoff.apk)

① 네이버 카페 '공돌이월드'에 가입한 후(승인 없음) Led_onoff.apk를 찾아 다운받는다.

② 스마트폰의 설정에서 블루투스 찾기에서 자신의 모듈 이름(번호)를 찾아 등록한다.

③ App을 실행하고, [그림 13-5]의 CONNECT를 누른 후 자신의 모듈(번호)을 찾아 클릭한다.

④ 블루투스 모듈과 연결이 되면(READY! 가 connected로 바뀜), 모듈의 적색 LED가 점멸을 멈추고 켜져 있으며, 정상적으로 동작한다면, 아래 버튼의 명령에 따라 LED가 ON/OFF 제어된다.

원활히 동작을 하지 않으면, 우노에 업로드한 예제 13.1을 다시 한번 확인 바란다.

2 앱으로 조종하는 로봇 만들기

블루투스 모듈을 이용하여 또 다른 블루투스 모듈이나 스마트폰과의 근거리 무선 통신을 할 수 있다. 여기서는 모듈을 이용하여 스마트폰으로 로봇을 조향하는 방법을 배우게 된다.

블루투스 모듈을 베이스 보드의 SENSOR(J12)라는 6핀 헤더 소켓에 간편하게 꽂아 사용할 수 있다.

1) 블루투스 모듈 장착하기

(1) 준비물

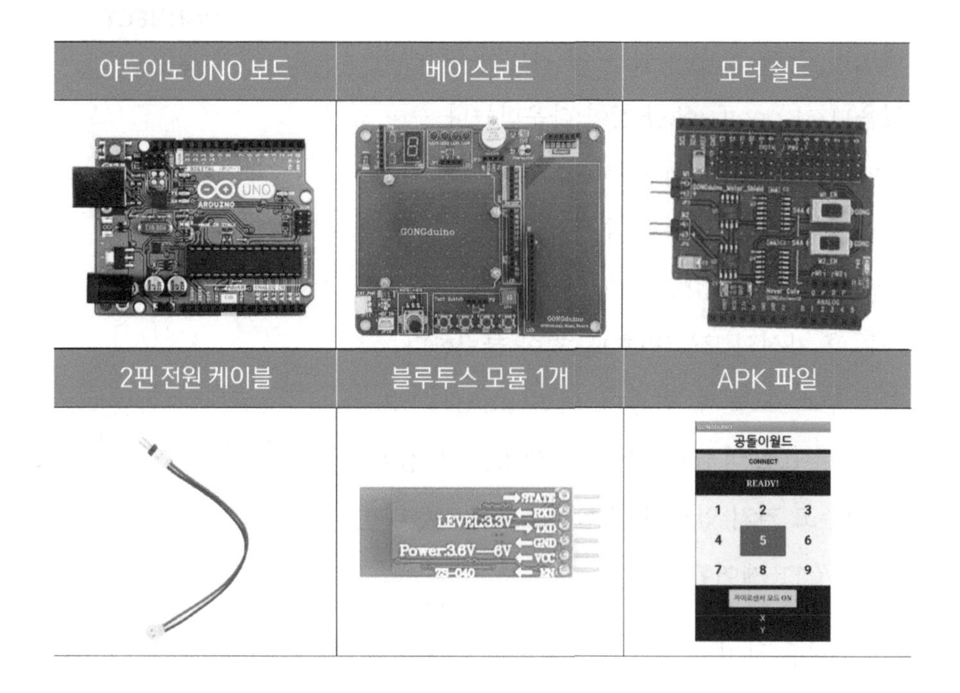

아두이노 UNO 보드	베이스보드	모터 쉴드
2핀 전원 케이블	블루투스 모듈 1개	APK 파일

(2) 조립하기

[그림 13-6] 로봇 플랫폼에 모듈 장착한 모습

블루투스 모듈의 LED 상태는 페어링 시 LED 깜박임이 없고, 해제 시 계속 빠르게 깜박인다. 베이스보드의 SENSOR(J12) 소켓를 활용하면, 간편하게 배선을 할 수 있다. 베이스보드의 JP8과 J12 소켓은 1:1 직접 연결되어 있다.
(JP8과 우노 연결)

[그림 13-7] 로봇 플랫폼에 신호 배선하기

- 모듈을 J12(6핀 소켓)에 그림과 같이 꽂는다.
- JP8 커넥터의 배선을 한다. ([그림 13-2]를 참조한다.)

2) 코드 작성하기

블루투스 통신을 사용하여 로봇 플랫폼을 제어할 수 있는 프로그램을 작성한다. 코드들은 앞서 진행했던, DC 모터 동작 관련 코드와 블루투스 관련 코드로 이루어져 있다. 예제 13.1과 DC 모터 동작에 관한 예제의 코드를 잘 섞어서 직접 코딩해 보자. 다음 코드의 녹색 부분은 블루투스 관련 코드의 부분이고, 나머지는 DC 모터 동작 관련 코드들이다.

다시 한번 말하지만, 최고의 피아니스트가 되기까지 얼마나 많은 건반을 두들겨야 했을까요? 코딩을 잘해 보려는 여러분들도 키보드 자판을 건반 삼아 그 만큼의 수고를 해야 하지 않을까요?

연습 예제 13.2

아래 코드는 제공된 앱(GyroSensor2.apk)으로 로봇을 조종해 볼 수 있는 전체 스케치이다. 전체 코드는 2페이지로 나누어져 있고, 전체를 한꺼번에 코딩하려 하지 말고, 예제 13.1에서 조금씩 추가해 가면서 코딩을 해봤으면 하는 바람이다.

Gongcar_bluetooth

```
1   #include <SoftwareSerial.h>
2   int bluetoothRx = 2;
3   int bluetoothTx = 3;
4   SoftwareSerial
5   bluetooth(bluetoothRx,bluetoothTx);
6   char receiveData;
7
8   void DC_Left() {
9       digitalWrite(4, LOW);
10      digitalWrite(5, HIGH);
11      digitalWrite(6, HIGH);
12      digitalWrite(7, HIGH);
13  }
14  void DC_Right() {
15      digitalWrite(4, HIGH);
16      digitalWrite(5, HIGH);
17      digitalWrite(6, HIGH);
18      digitalWrite(7, LOW);
19  }
20  void DC_Back() {
        digitalWrite(4, LOW);
21      digitalWrite(5, HIGH);
22      digitalWrite(6, HIGH);
23      digitalWrite(7, LOW);
24  }
25  void DC_Ford() {
26      digitalWrite(4, HIGH);
27      digitalWrite(5, HIGH);
28      digitalWrite(6, HIGH);
29      digitalWrite(7, HIGH);
30  }
31  void DC_FL() {
32      digitalWrite(4, HIGH);
33      analogWrite(5, 170);
34      analogWrite(6, 250);
35      digitalWrite(7, HIGH);
36  }
37  void DC_FR() {
38      digitalWrite(4, HIGH);
39      analogWrite(5, 250);
40      analogWrite(6, 170);
41      digitalWrite(7, HIGH);
42  }
43  void DC_BL() {
44      digitalWrite(4, LOW);
45      analogWrite(5, 170);
46      analogWrite(6, 250);
47      digitalWrite(7, LOW);
48  }
49  void DC_BR() {
50      digitalWrite(4, LOW);
51      analogWrite(5, 250);
52      analogWrite(6, 170);
53      digitalWrite(7, LOW);
54  }
55  void DC_Stop() {
56      digitalWrite(5, LOW);
57      digitalWrite(6, LOW);
58  }
```

Gongcar_bluetooth

```
59  void setup() {
60      pinMode(4, OUTPUT);
61      pinMode(5, OUTPUT);
62      pinMode(6, OUTPUT);
63      pinMode(7, OUTPUT);
64
65      Serial.begin(9600);
66      bluetooth.begin(9600);
67      receiveData = 0;
68  }
69  void loop() {
70      if(bluetooth.available() > 0) {
71      receiveData = bluetooth.read();
72      Serial.print( "receive deta:" );
73      Serial.println(receiveData);
74
75      switch(receiveData) {
76      case 1:
77              DC_FL();
78      break;
79      case 2:
80              DC_Ford();
81      break;
82      case 3:
83              DC_FR();
84      break;
85      case 4:
86              DC_Left();
87      break;
88      case 5:
89              DC_Stop();
90      break;
91      case 6:
92              DC_Right();
93      break;
94      case 7:
95              DC_BL();
96      break;
97      case 8:
98              DC_Back();
99      break;
100     case 9:
101             DC_BR();
102     break;
103     default :
104     break;
105     }
106   }
107 }
```

실행 결과

아래의 제공된 어플로 조종을 해보면 원하는 방향대로 로봇이 움직이는 것을 확인할 수 있다. 만약, 움직임에 문제가 있다면, 로봇의 배선이나 블루투스의 연결이 잘 되어 있는지 확인해 보자.

3) 스마트폰 앱으로 제어하기

아래 앱은 앱 인벤터로 자작한 것으로, 여러분들도 다음 장부터 시작되는 앱 인벤터를 잘 따라 하다 보면 더 나은 앱을 만들 수 있을 것이다.

직진 및 좌회전 등 로봇이 정상적으로 [그림 13-8]에 맞게 동작하는지 확인해 보자.

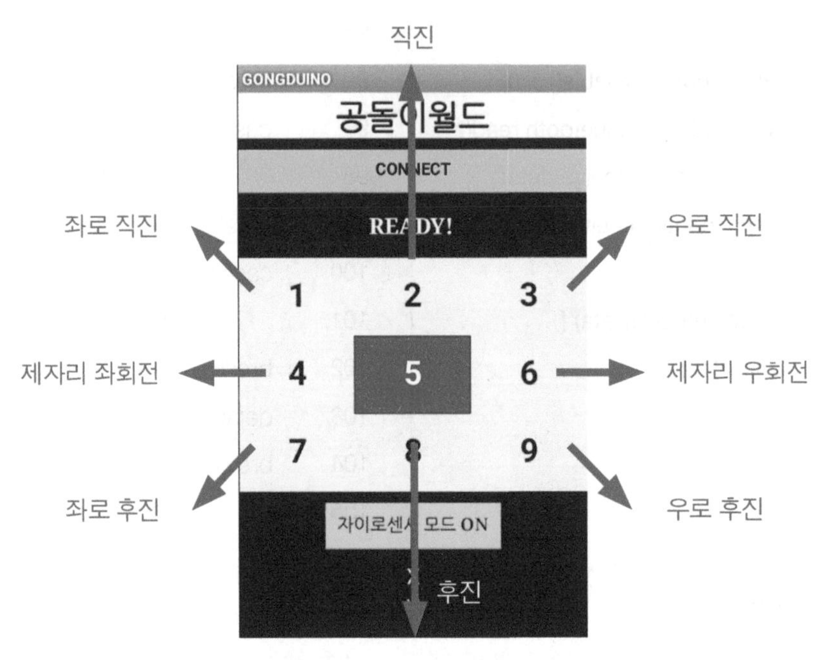

[그림 13-8] 앱 인벤터로 자작한 앱(GyroSensor2.apk)

각 번호에 대응하는 동작이 이루어지는 지를 확인해 보자. 추후 설명할 앱 인벤터(무료 앱 제작용 툴)로 만든 앱으로 카페에서 다운받아 사용할 수 있고, 교재를 구매한 출판사에 의뢰해서 받을 수도 있다. 추후 설명할 앱 인벤터로 직접 제작해 봤으면 하는 저자의 바람이다.

PART 14

LEARN CODING WITH ARDUINO

적외선 라인트레이서 로봇 만들기

1. 적외선 센서 모듈의 이해 및 활용
2. 적외선 센서 테스트해보기
3. 라인트레이서에 적외선 센서 설치하기
4. 라인트레이서 완성하기

적외선 라인트레이서 로봇 만들기

들어가기에 앞서

앞서 3가지 로봇 중에 2가지를 마쳤다. 이번 장에서는 마지막 단계로 라인트레이서(Line Tracer)를 만들어 봄으로써 적외선 센서의 특징과 관련 코드 작성법을 배워 본다.

1 적외선 센서 모듈의 이해 및 활용

라인트레이서에 사용되는 적외선 센서(Infrared sensor) 모듈은 HIGH(1), LOW(0)로 출력을 한다. 우노에 센서를 연결하여 값을 읽고(digitalRead()), 시리얼 모니터를 사용해 동작을 확인해 본다.

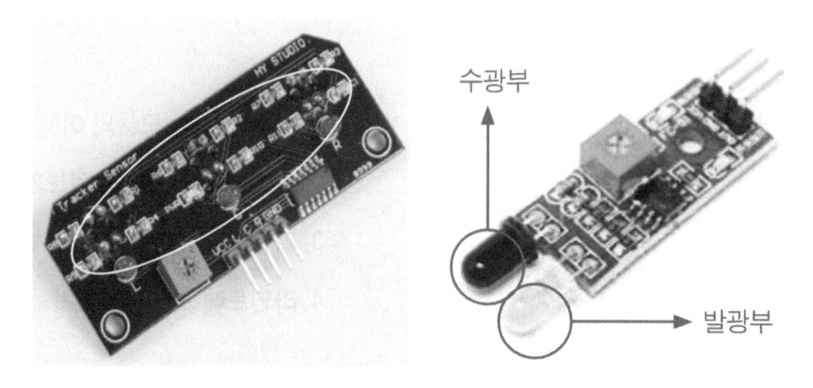

[그림 14-1] 3조의 센서 쌍을 가진 모듈(좌)과 1조의 센서 쌍을 가진 모듈(우)

[그림 14-1]의 모듈 특징은 아래와 같다.

① 적외선 센서는 발광부와 수광부로 나누어 진다.

② 발광부에서 나온 빛이 반사되어 수광부에 들어오는 빛의 양의 따라 전압의 양이 변화된다.

③ 전압의 변화에 따라 HIGH(1), LOW(0)로 판독되며, 이 값을 가지고 활용을 하게 된다.

④ 라인트레이서의 경우 흰색과 검은색에서 반사되는 빛의 양이 현격하게 차이가 많이 나는 원리를 사용한다.

⑤ 파란색의 가변저항을 돌려 센서 감도를 조절해 주어야 한다. 이는 주변 빛(노이즈)들에 의한 전압값의 변화를 일으키기 때문에 센서의 탐지 거릿값을 조절하는 것이다.

2 적외선 센서 테스트해 보기

로봇 플랫폼에 1개 조의 센서를 조립하고, 확인한다.

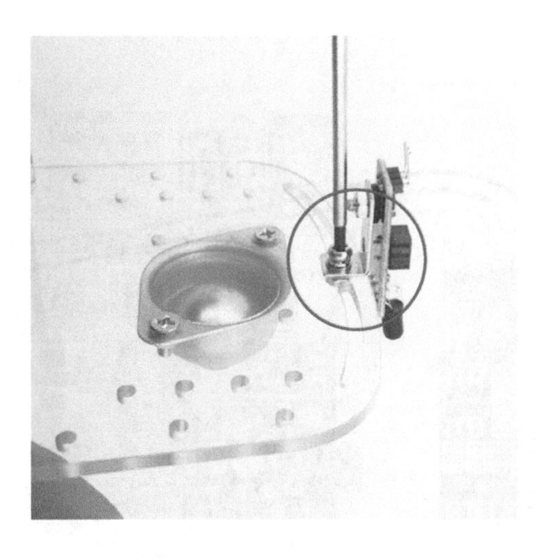

[그림 14-2] 1조의 센서 쌍을 가진 모듈 조립

볼트와 너트로 로봇의 앞 부분에 [그림 14-2]과 같이 조립한다.

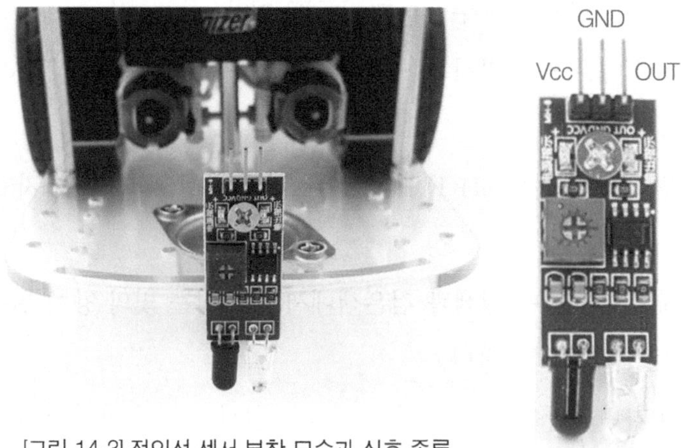

[그림 14-3] 적외선 센서 부착 모습과 신호 종류

제공된 센서 모듈을 [그림 14-3]과 같이 앞 부분에 볼트로 고정을 시키고, 점퍼 케이블로 전원 극성에 유의하여 우노 보드 쪽으로 연결을 한다. 혹은 모터 쉴드의 숫놈 커넥터와 연결을 하면 편리하게 배선을 할 수 있다.

최종적으로 3개의 센서를 사용해 라인트레이서를 만들지만, 반드시 한 개의 센서를 연결하고 확인한 후에 나머지를 연결하여 테스트하는 것이 문제 발생을 줄일 수 있다.

베이스보드 활용

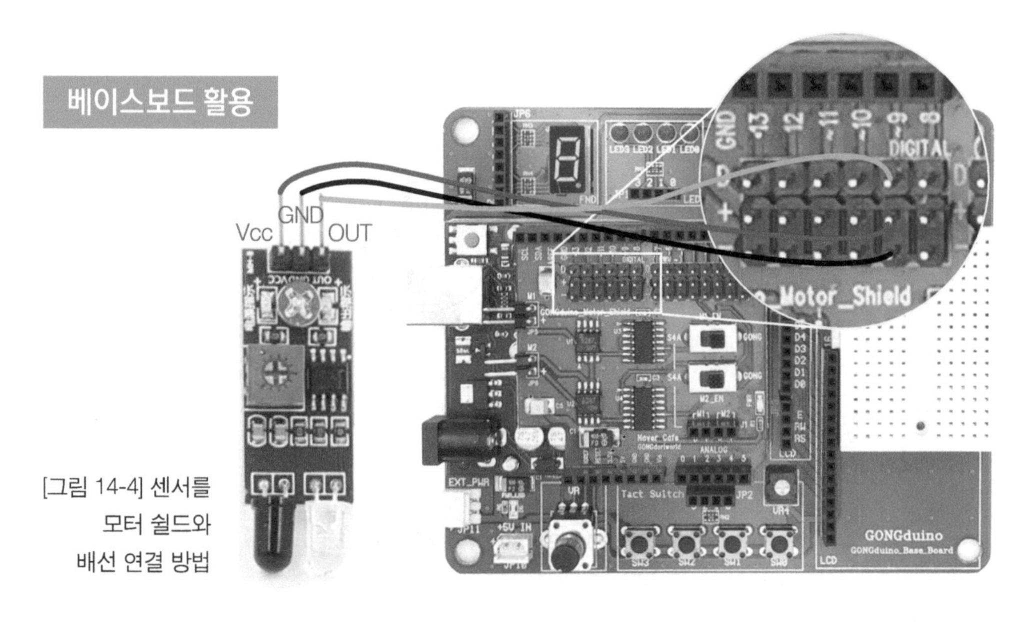

[그림 14-4] 센서를 모터 쉴드와 배선 연결 방법

[그림 14-4]처럼 점퍼 케이블을 가지고, 모터 쉴드의 숫 커넥터에 연결하면 된다. 전원 VCC와 GND 연결 시 각별히 주의해야 한다. 다음 페이지의 검정 띠를 이용해서 동작 상태를 살펴보자.

브레드보드 활용

점퍼 케이블(암놈)로 우노와 센서를 연결하고, 검정 띠를 사용해 테스트해 보자.

【준비물】

아두이노 UNO 보드	적외선 센서 1개	점퍼 케이블	검정 띠

브레드보드에 적외선 센서를 꽂고, 우노와 배선을 한다.

【배선】

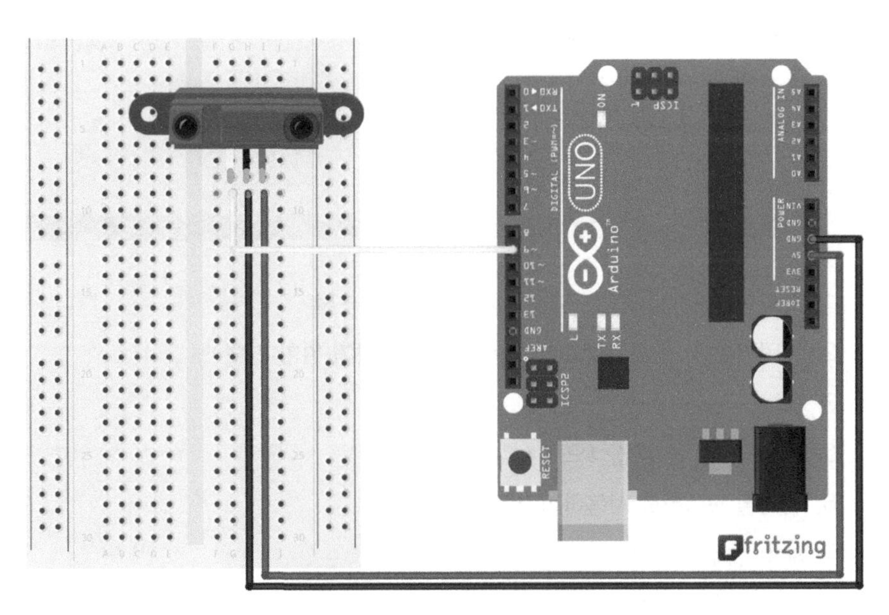

[그림 14-5] 우노에 적외선 센서 배선하기

공두이노 베이스보드를 이용하거나 브레드보드를 사용해 예제를 수행해 보자.

연습 예제 14.1

센서 모듈의 특성을 확인하기 위해 1조의 출력값을 모니터링한다. 코드를 업로드 후 다음 페이지 [그림 14-6]의 검정 띠를 사용해 확인해 본다.

IRC.ino

```
1   int pinIR = 9;
2   int sensor;
3   void setup()
4   {
5       pinMode(pinIR,INPUT);
6       Serial.begin(9600);
7   }
8   void loop()
9   {
10      sensor = digitalRead(pinIR);
11      Serial.print( "Sensor -> ");
12      Serial.println(sensor);
13      delay(500);
14  }
```

1: 적외선 센서의 'OUT' 핀을 우노의 9번 핀에 연결

2: 적외선 센서의 디지털 값(1 혹은 0)을 저장하기 위한 변수

3: setup( ) 함수 시작

5: 우노의 9번 핀을 입력으로 설정(pinIR = 9)

6: 시리얼 모니터를 사용하기 위한 설정

7: setup( ) 함수 종료

8: loop 함수의 시작

10: 선언된 sensor 변수에 9번 핀에서 읽은 값을 저장

12: 시리얼 모니터에 sensor 변수에 저장된 값을 출력

13: 센서값을 너무 빨리 읽기 때문에 0.5초의 딜레이를 준다. 실제 라인트레이서를 제작 시에는 딜레이를 주지 않음

실행 결과

[그림 14-6]의 검정 띠에 적외선 센서를 가져다 대면 모듈의 LED가 점멸하면서 시리얼 모니터에 인식되었을 때 결과가 나온다. 만약, 모듈의 LED의 점멸이 원활하지 않으면 파란색 가변저항을 살짝 돌려가며 흑 · 백에 따라 LED의 점멸을 확인해야 한다.

[그림 14-6] 테스트용 트랙 검정 띠

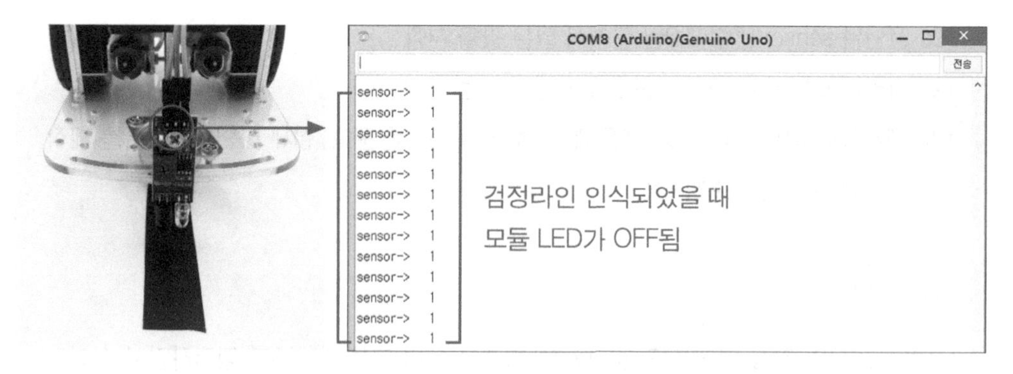

[그림 14-7] 센서가 검정 선을 인식했을 때(값이 1이다)

[그림 14-7]의 검정 띠에 적외선 센서를 위치시킨 뒤 모듈의 LED 상태를 확인해야 한다. 검정 선과 흰 바탕에 센서를 위치해 가면서 LED가 점멸하는지를 확인해야 한다. 만약, 점멸이 없을 때는 모듈의 파란색 가변저항을 (+)드라이버로 오른쪽으로 살짝 돌려 가면서 반복해서 테스트하고 점멸을 확인해야 한다. 시리얼 모니터로도 값을 확인한다.

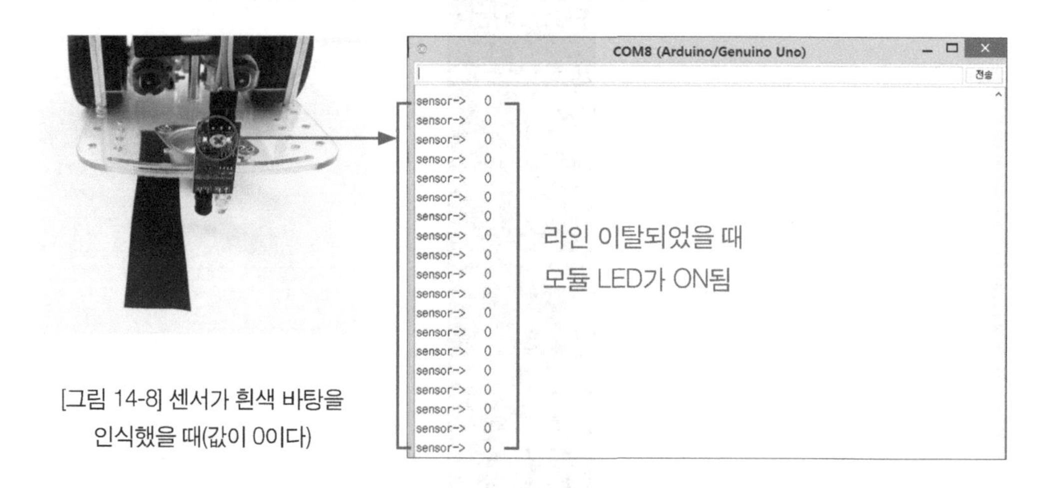

[그림 14-8] 센서가 흰색 바탕을 인식했을 때(값이 0이다)

[그림 14-8]처럼 모듈의 점멸은 센서가 정상 동작함을 표시하기 위한 중요한 것은 [그림 14-7]과 [그림 14-8]에서 보듯이 적외선 센서가 검정을 인식하면 그 값은 1이 출력되고, 흰색을 인식하면 0이 출력된다는 사실을 기억해야 한다. 이 출력값은 적외선 센서 모듈이 'OUT' 핀을 통해 우노에게 전달해 주는 값이다.

3 라인트레이서에 적외선 센서 설치하기

1) 로봇 플랫폼 활용

나머지 2개 조의 센서를 로봇 플랫폼에 직접 설치하여 [그림 14-9]와 같이 조립 완성하자. 센서와 센서의 간격은 트랙용 검정 띠의 간격보다는 수 mm 정도 넓어야 한다. 로봇을 운행하면서 간격은 조정하면 되고, 세 센서가 모두 정상 동작함을 [그림 14-6]의 트랙 검정 띠에 놓고 LED 점멸을 확인해 가면서 가변저항으로 정상 점멸하도록 해주어야 한다.

[그림 14-9] 적외선 센서 모듈 추가 조립 완료

[그림 14-9]처럼 세 개의 센서의 이름을 붙여 주자. 추후에 코드 작성 시 필요한 사항이다. IRR, IRC, IRL의 IR은 InfraRed의 머리글자이고, R은 Right의 의미이다. 로봇에 탑승했다고 생각하면 위치를 쉽게 이해할 수 있다.

Plate에 볼트 고정하고 나서, 시간이 지나면 풀릴 수 있기 때문에 단단히 고정해 주어야 한다. 투명 플레이트는 PC(폴리 카보네이트) 재질로 일반 아크릴과 달리 깨어지지 않고, 추가로 구멍 가공을 할 때 문제가 없다.

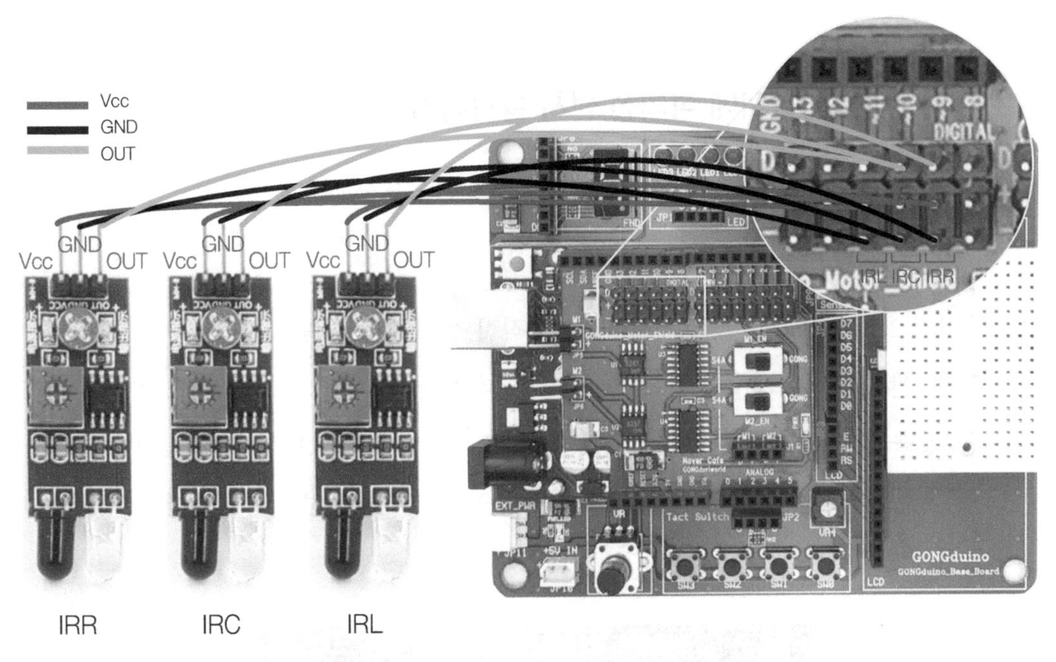

[그림 14-10] 3조 적외선 센서 배선하기

세 개의 적외선 센서를 [그림 14-10]와 같이 모터 쉴드에 연결해 보자. 만약 모터 쉴드를 사용하지 않을 경우에는 부득이하게 브레드보드에 연결해서 사용해야 한다.

[그림 14-11] 라인트레이서용 로봇 플랫폼 완성

[그림 14-11]와 같이 3조의 센서를 베이스보드와 함께 체결된 모터 쉴드에 케이블로 연결한 모습이다. 케이블의 길이는 연장선을 이용해 넉넉하게 연결시킬 수 있다.

브레드보드 활용

로봇 플랫폼을 사용하지 못할 경우에 다음의 준비물을 가지고 브레드보드에 직접 배선을 해서 확인해 보자.

【준비물】

아두이노 UNO 보드	적외선 센서 3개	점퍼 케이블	검정 띠

【배선】

3개의 적외선 센서를 전원에 주의해서 연결해 보자.

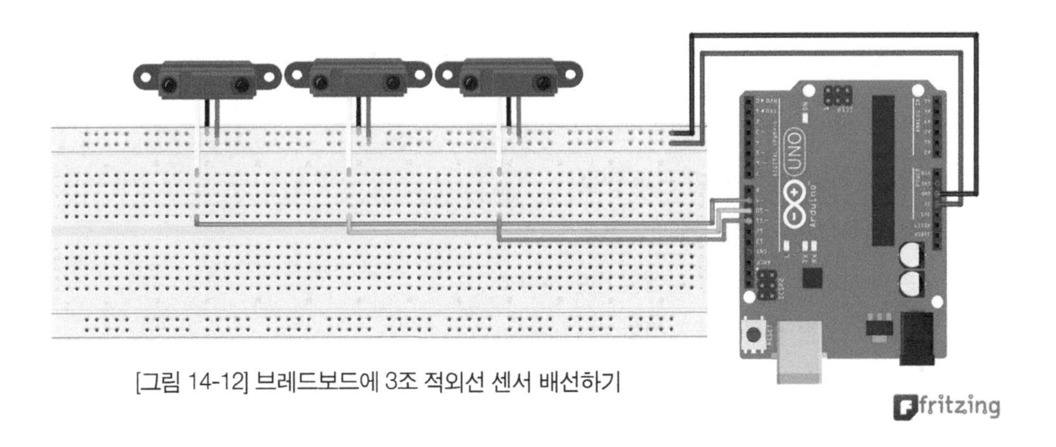

[그림 14-12] 브레드보드에 3조 적외선 센서 배선하기

배선 회로도는 생략했다. 1개의 센서의 테스트가 문제없이 끝났다면, 나머지 2개의 센서 연결 방법은 동일하다.

연습 예제 14.2

센서 모듈의 특성을 확인하기 위해 3개 조의 출력값을 시리얼 모니터를 통해 확인해 본다.

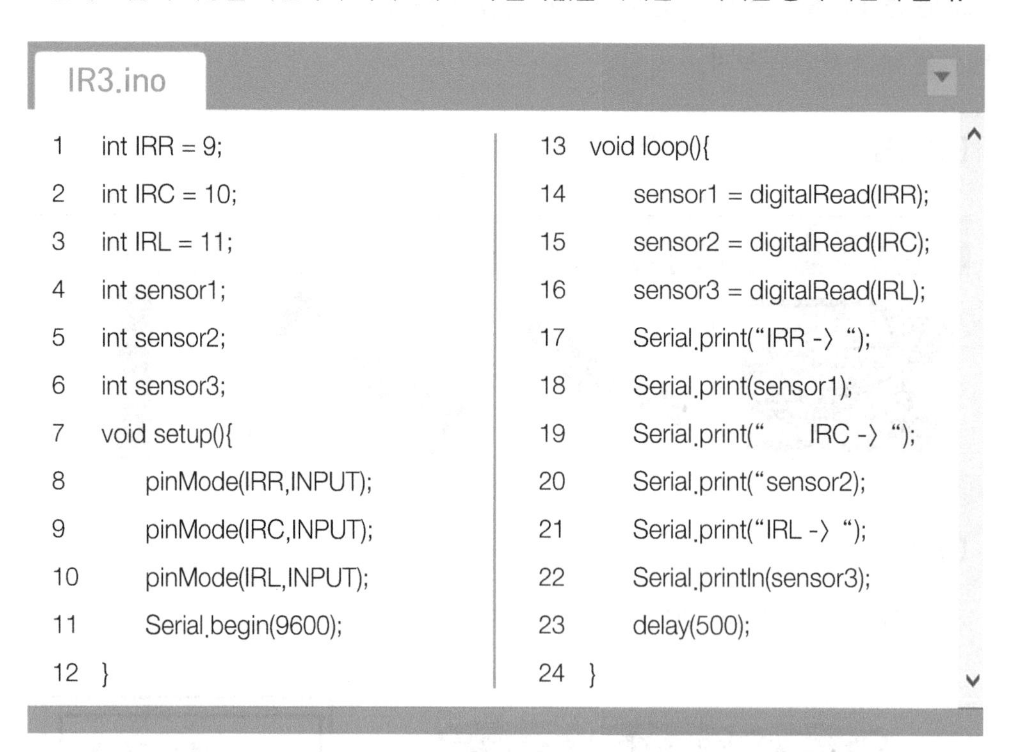

IR3.ino

```
1  int IRR = 9;
2  int IRC = 10;
3  int IRL = 11;
4  int sensor1;
5  int sensor2;
6  int sensor3;
7  void setup(){
8      pinMode(IRR,INPUT);
9      pinMode(IRC,INPUT);
10     pinMode(IRL,INPUT);
11     Serial.begin(9600);
12 }
13 void loop(){
14     sensor1 = digitalRead(IRR);
15     sensor2 = digitalRead(IRC);
16     sensor3 = digitalRead(IRL);
17     Serial.print(“IRR -> “);
18     Serial.print(sensor1);
19     Serial.print(“      IRC -> “);
20     Serial.print(“sensor2);
21     Serial.print(“IRL -> “);
22     Serial.println(sensor3);
23     delay(500);
24 }
```

1: 오른쪽 적외선 센서 9번 핀과 연결

2: 가운데 적외선 센서 10번 핀과 연결

3: 왼쪽 적외선 센서 11번 핀과 연결

4: 오른쪽 적외선 센서값을 저장할 변수 sensor1

5: 가운데 적외선 센서값을 저장할 변수 sensor2

6: 왼쪽 적외선 센서값을 저장할 변수 sensor3

7: setup( ) 함수 시작

8: 9번 핀 입력 사용 설정

9: 10번 핀 입력 사용 설정

10: 11번 핀 입력 사용 설정

11: 시리얼 모니터를 위한 전송 속도 9600 설정

12: setup( ) 함수 종료

13: loop( ) 함수의 시작, 무한 루프의 반복

14: Sensor1 변수에 9번 핀 값을 읽어서 저장

15: Sensor2 변수에 10번 핀 값을 읽어서 저장

16: Sensor3 변수에 11번 핀 값을 읽어서 저장

digitalRead( ) 함수는 적외선 센서 모듈의 출력값이 검정 선을 인식하면 1, 흰색 바탕을 인식하면 0을 인식하기 때문에 사용되었다.

17: Serial.print(" xxxx ") → xxx가 출력된다.

18: Serial.print(변수명) → 변숫값이 출력된다.

23: 화면 출력을 위해 0.5초의 딜레이를 준다.

실행 결과

다음 표는 각 센서 IRR, IRC, IRL의 출력값이 각 행의 값일 경우의 7가지의 로봇 동작 상태를 보여주고 있다. 이 표의 내용을 가지고 코드를 작성한다.

먼저, 로봇 플랫폼을 이용해 검정 선에 센서를 위치해 가면서 몇 가지 예를 들어 확인해 보자. [그림 14-6]의 라인트레이서용 트랙 검정 띠에 로봇을 위치해 가면서 확인해 보자.

IRR	IRC	IRL	동작
0	1	0	직진
1	0	0	우회전1
0	0	1	좌회전1
0	1	1	좌회전2
1	1	0	우회전2
1	0	1	x
0	0	0	직진2
1	1	1	정지

[표 14-1] 3개의 센서별 출력값과 7가지 동작 상태

다음의 내용은 표의 동작 상태를 직접 테스트해 가면서 확인한 결과이고, 해당 내용은 시리얼 모니터를 통해 확인할 수 있다. LED의 점멸이 없을 경우에는 해당 모듈의 가변저항을 돌려 변화가 있도록 해야 한다.

① [IRR, IRC, IRL] = [0, 1, 0] → "직진"인 경우

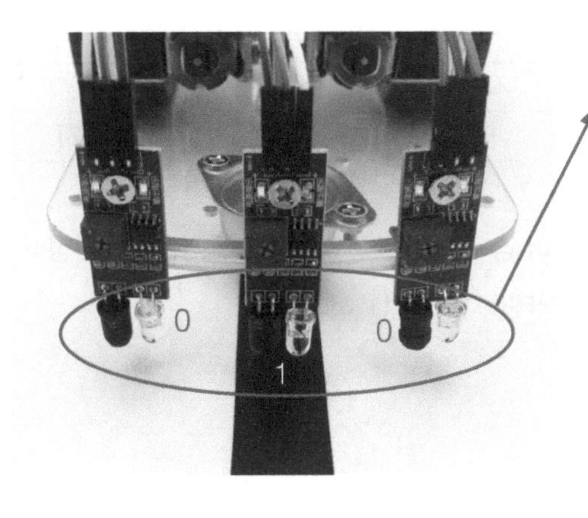

IRR	IRC	IRL	동작
0	1	0	직진
1	0	0	우회전1
0	0	1	좌회전1
0	1	1	좌회전2
1	1	0	우회전2
1	0	1	x
0	0	0	직진2
1	1	1	정지

좌측 그림을 보면, 검정 선에 놓인 가운데의 센서의 LED가 켜져 있음을 알 수 있고, 이 경우에는 로봇이 직진하게 된다. 이 상태를 '직진'이라고 하자.

② [IRR, IRC, IRL] = [0, 0, 1] → **"좌회전1"인 경우**

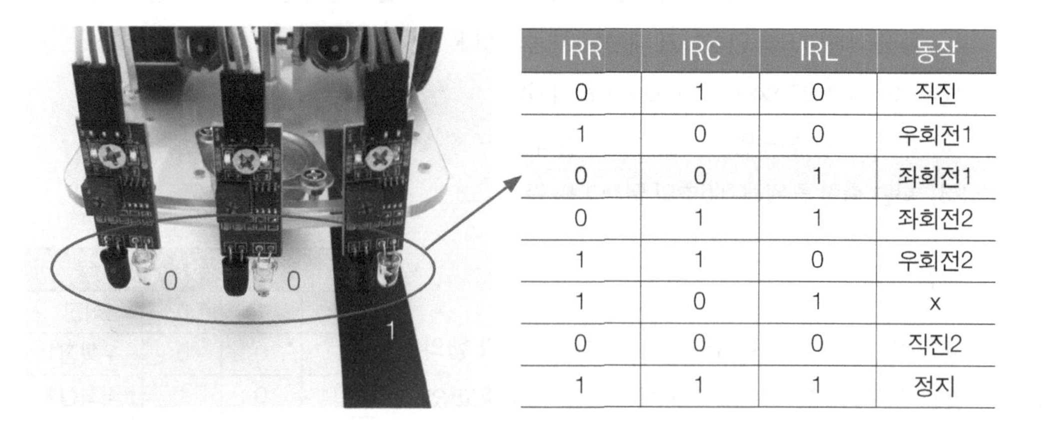

IRR	IRC	IRL	동작
0	1	0	직진
1	0	0	우회전1
0	0	1	좌회전1
0	1	1	좌회전2
1	1	0	우회전2
1	0	1	x
0	0	0	직진2
1	1	1	정지

좌측 그림을 보면 IRL에 검정 선이 놓여 있고, 이 경우에는 로봇이 좌측으로 이동해 검정 선의 중앙에 로봇이 위치하도록 할 것이다. 이 상태를 '좌회전1'이라고 하자.

③ [IRR, IRC, IRL] = [1, 0, 0] → **"우회전1"인 경우**

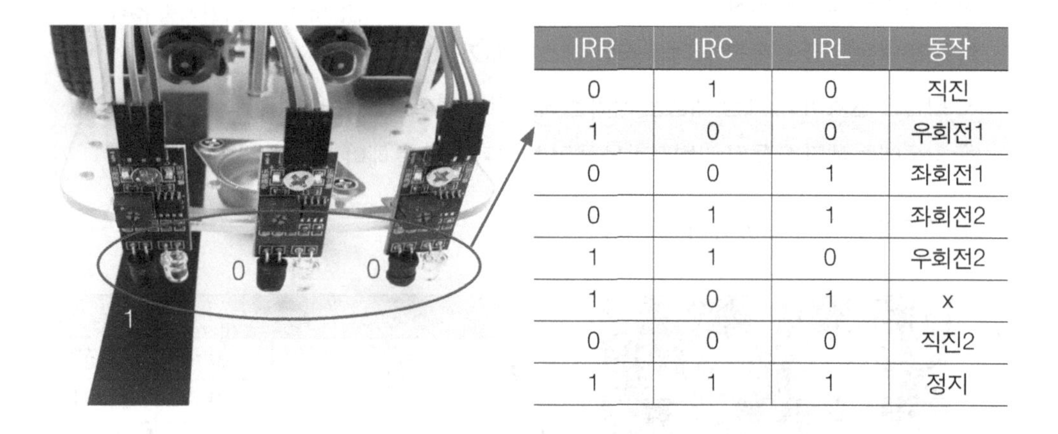

IRR	IRC	IRL	동작
0	1	0	직진
1	0	0	우회전1
0	0	1	좌회전1
0	1	1	좌회전2
1	1	0	우회전2
1	0	1	x
0	0	0	직진2
1	1	1	정지

좌측 그림을 보면 IRR에 검정 선이 놓여 있고, 이 경우에는 로봇이 우측으로 이동해 검정 선의 중앙에 로봇이 위치하도록 할 것이다. 이 상태를 '우회전1'이라고 하자.

④ [IRR, IRC, IRL] = [1, 1, 0] → "우회전2"인 경우

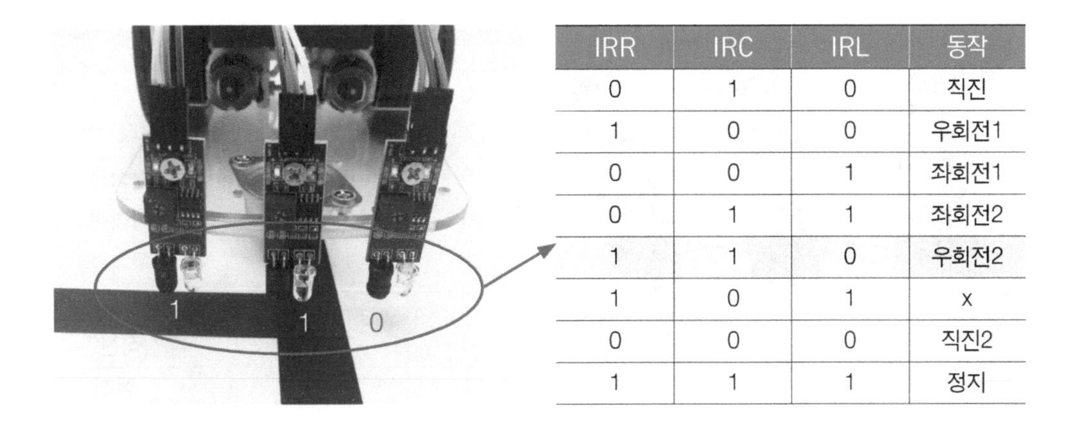

IRR	IRC	IRL	동작
0	1	0	직진
1	0	0	우회전1
0	0	1	좌회전1
0	1	1	좌회전2
1	1	0	우회전2
1	0	1	x
0	0	0	직진2
1	1	1	정지

좌측 그림을 보면 IRR과 IRC에 검정 선이 놓여 있고, 이 경우에는 우회전1과 다른 경우로, 로봇이 우측에 검정 선이 연장되어 있다고 판단해서 우측으로 이동해 검정 선의 중앙에 로봇이 위치하도록 할 것이다. 이 상태를 '우회전2'라고 하자.

⑤ [IRR, IRC, IRL] = [0, 1, 1] → "좌회전2"인 경우

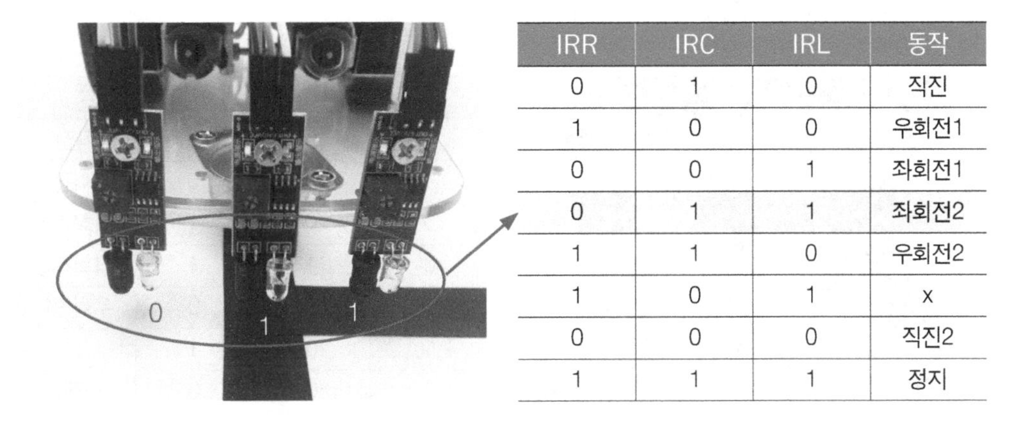

IRR	IRC	IRL	동작
0	1	0	직진
1	0	0	우회전1
0	0	1	좌회전1
0	1	1	좌회전2
1	1	0	우회전2
1	0	1	x
0	0	0	직진2
1	1	1	정지

좌측 그림을 보면 IRC와 IRL에 검정 선이 놓여 있고, 이 경우에는 좌회전1과 다른 경우로, 로봇이 좌측에 검정 선이 연장되어 있다고 판단해서 좌측으로 이동해 검정 선의 중앙에 로봇이 위치하도록 할 것이다. 이 상태를 '좌회전2'라고 하자.

⑥ [IRR, IRC, IRL] = [0, 0, 0] → "직진2"인 경우

IRR	IRC	IRL	동작
0	1	0	직진
1	0	0	우회전1
0	0	1	좌회전1
0	1	1	좌회전2
1	1	0	우회전2
1	0	1	x
0	0	0	직진2
1	1	1	정지

좌측 그림을 보면 모든 센서가 검정 선을 이탈하여 흰색 바탕에 위치해 있는 경우이다. 이 경우에는 로봇을 좌우로 움직여서 라인을 찾게 할 수도 있지만, 코드의 단순화를 위해 직진하도록 하겠다. 직진을 하면서 검정 선을 찾으면 반응하는 센서에 의해 방향 전환을 하게 된다. 이 상태를 '직진2'라고 하자.

⑦ [IRR, IRC, IRL] = [1, 1, 1] → "정지"인 경우

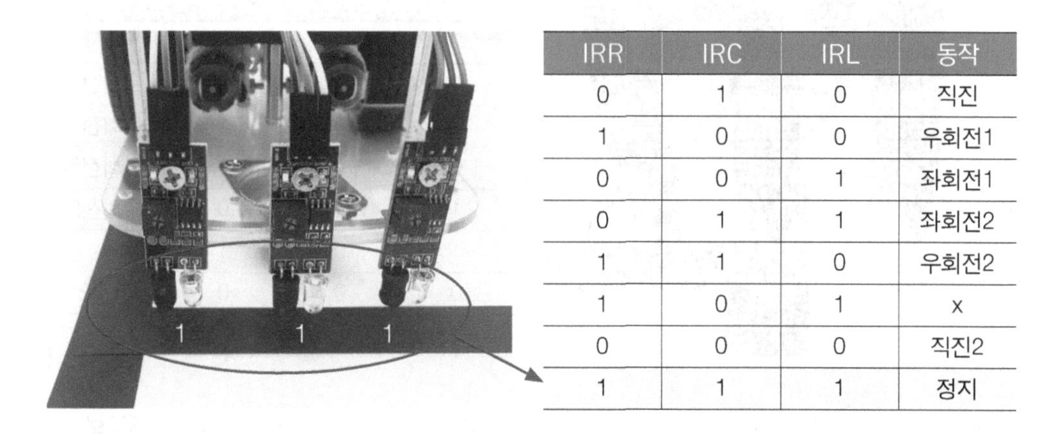

IRR	IRC	IRL	동작
0	1	0	직진
1	0	0	우회전1
0	0	1	좌회전1
0	1	1	좌회전2
1	1	0	우회전2
1	0	1	x
0	0	0	직진2
1	1	1	정지

좌측 그림을 보면 모든 센서가 '직진2'와는 정반대로 센서 모두가 검정 선에 위치해 있는 경우이다. 이 경우에는 로봇을 '좌측2'와 같이 좌회전시킬 수 있지만, 로봇을 정지하도록 하겠다. 이 상태를 '정지'라고 하자.

[그림 14-6]의 라인트레이서용 트랙 검정 띠를 활용해 로봇을 위 7가지 사진처럼 위치해 가면서 적외선 센서의 출력값을 확인하면 편리하다.

4 라인트레이서 완성하기

이제 적외선 센서의 특징을 파악하고 실제 로봇 동작 전까지 완료하였다. 센서의 7가지 출력값에 따라 DC 모터를 이용해 라인트레이서 로봇을 완성해 보자.

또한, 다음의 두 가지 기능을 추가로 넣고자 한다.

- 가변저항을 이용해 모터 속도 조절하기.
- 출발할 때 부저음 발생시키기.

가변 저항을 이용하여 DC 모터의 속도를 제어하기 위해서는 [그림 7-7]과 같이 점퍼 와이어를 사용해 우노의 A0와 베이스 보드의 VR을 점퍼시켜 주어야 한다.

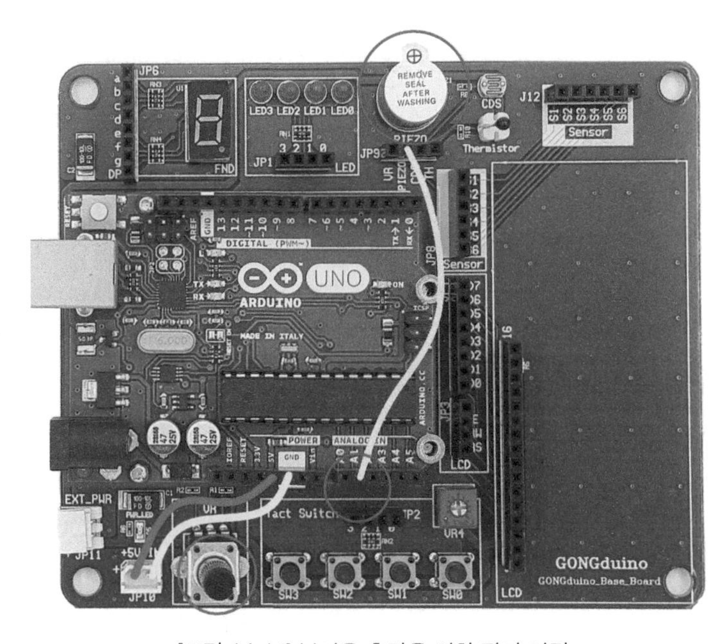

[그림 14-14] 부저음 출력을 위한 점퍼 연결

우노 보드	입 · 출력방향	베이스 보드
A1	→	PIEZO

디지털 및 아날로그용 신호를 위한 우노 보드의 핀 설정은 사용자가 원하는 하드웨어 배선을 해주고, 추후 코드에서 맞춰 주어야 한다. 다음은 라인 트레이서 관련 플로우 차트를 간략하게 살펴보자.

[그림 14-15]를 보면 적외선 센서 3개에서 값을 읽어와 DC 모터의 동작을 결정하여 주행시키고, 다시 센서값을 읽어 오는 부분으로 이동하여 반복하게 된다.

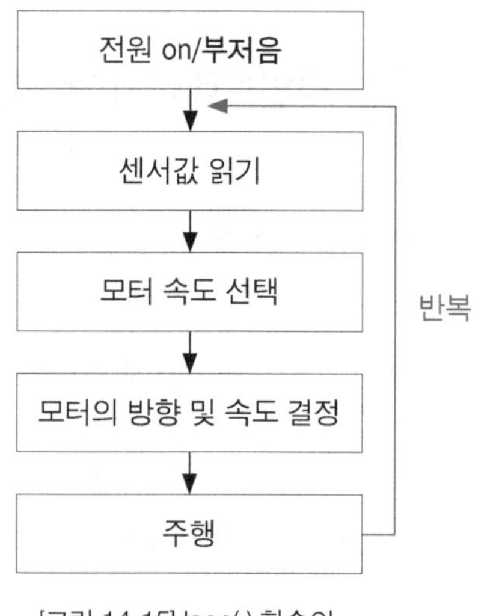

[그림 14-15] loop( ) 함수의 플로우 차트(flow chart)

연습 예제 14.3

다음 예제는 '가변저항으로 모터 속도 조절하기'가 가능한 라인트레이서 코드이다. 소스를 4부분으로 나누어서 설명한다. 4개로 분리된 소스를 차례대로 코딩하면 완성되고, 블록별로 기능을 이해하기 바란다.

LineTracer.ino 변수 선언 및 setup( ) 설정 1 of 4

```
1   int M1Dir = 4;
2   int M1Vel = 5;
3   int M2Vel = 6;
4   int M2Dir = 7;
5   int IRR = 9;
6   int IRC = 10;
7   int IRL = 11;
8   int VR;
9   int velocity;
10  int sensor1;
11  int sensor2;
12  int sensor3;
13  void setup(){
14      pinMode(M1Dir,OUTPUT);
15      pinMode(M1Vel,OUTPUT);
16      pinMode(M2Vel,OUTPUT);
17      pinMode(M2Dir,OUTPUT);
18      pinMode(IRR,INPUT);
19      pinMode(IRC,INPUT);
20      pinMode(IRL,INPUT);
21  }
```

1: M1 모터의 방향(Direction)을 나타내며 우노의 4번 핀으로 매칭

2: M1 모터의 속도(Velocity)를 나타내며 우노의 5번 핀으로 매칭

3: M2 모터의 속도를 나타내며 우노의 6번 핀으로 매칭

4: M2 모터의 방향을 나타내며 우노의 7번 핀으로 매칭

5: 오른쪽 적외선 센서용(IRR)의 출력 핀은 우노의 9번 입력 핀으로 매칭

6: 가운데 적외선 센서(IRC)는 10번 입력 핀 매칭

7: 왼쪽 적외선 센서(IRL)는 11번 입력 핀 매칭

8: 가변저항의 출력값을 저장할 변수 선언

9: 가변저항값(10bit)을 8bit의 PWM값으로 변환 후 저장

10: IRR의 값(0 혹은 1)을 저장할 변수

11: IRC의 값(0 혹은 1)을 저장할 변수

12: IRL의 값(0 혹은 1)을 저장할 변수

13: setup( ) 함수 시작

14~17: 2개 모터의 방향 및 속도 조절용을 출력으로 설정

18~20: 각 센서의 출력값(0 혹은 1)은 우노의 입력으로 설정

LineTracer.ino 센서 출력값(0 or 1) 결정 함수들 2 of 4

```
22 int ReadIRL(int IRL){
23     if(digitalRead(IRL) == HIGH)
24     return 1;
25     else if(digitalRead(IRL) == LOW)
26     return 0;
27 }
28 int ReadIRC(int IRC){
29     if(digitalRead(IRC) == HIGH)
30     return 1;
31     else if(digitalRead(IRC) == LOW)
32     return 0;
33 }
34 int ReadIRR(int IRR){
35     if(digitalRead(IRR) == HIGH)
36     return 1;
37     else if(digitalRead(IRR) == LOW)
38     return 0;
39 }
```

22: 왼쪽 적외선 센서값(IRL)을 읽는 함수 23: IRL의 출력값이 1이면 1을 반환

25: IRL의 출력값이 0이면 0을 반환 28: 가운데 적외선 센서값(IRC)을 읽는 함수

29: IRC의 출력값이 1이면 1을 반환 31: IRC의 출력값이 0이면 0을 반환

34: 오른쪽 적외선 센서값(IRR)을 읽는 함수

36: IRR의 출력값이 1이면 1을 반환 38: IRR의 출력값이 0이면 0을 반환

LineTracer.ino DC 모터 동작 함수들 3 of 4

```
40 void DC_Ford(int velocity){
41     digitalWrite(M1Dir,HIGH);
42     analogWrite(M1Vel,velocity);
43     digitalWrite(M2Dir,LOW);
44     analogWrite(M2Vel,velocity);
45 }
46 void DC_Left1(int velocity){
47     digitalWrite(M1Dir,LOW);
48     analogWrite(M1Vel,velocity-30);
49     digitalWrite(M2Dir,LOW);
50     analogWrite(M2Vel,velocity-10);
51 }
52 void DC_Left2(int velocity){
53     digitalWrite(M1Dir,LOW);
54     analogWrite(M1Vel,0);
55     digitalWrite(M2Dir,LOW);
56     analogWrite(M2Vel,velocity-10);
57 }
58 void DC_Right1(int velocity){
59     digitalWrite(M1Dir,HIGH);
60     analogWrite(M1Vel,velocity-10);
61     digitalWrite(M2Dir,HIGH);
62     analogWrite(M2Vel,velocity-30);
63 }
64 void DC_Right2(int velocity)
65 {
66     digitalWrite(M1Dir,HIGH);
67     analogWrite(M1Vel,velocity-10);
68     digitalWrite(M2Dir,HIGH);
69     analogWrite(M2Vel,0);
70 }
71 void DC_Stop()
72 {
73     analogWrite(M1Vel,0);
74     analogWrite(M2Vel,0);
75 }
```

자세한 내용은 앞장에서 설명한 DC 모터 동작 함수들을 참고하기 바라며, 간략하게 설명한다.

40~45: **직진**, **직진2**를 하기 위한 두 개의 DC 모터 설정

46~51: **좌회전1**을 위한 두 개의 DC 모터 설정, 모터 속도 조절 값인 (velocity-30)와 (velocity-10)은 사용자 정의용으로 적절하게 수정할 수 있다.

52~57: **좌회전2**를 위한 두 개의 DC 모터 설정으로, 속도 값은 사용자 정의할 수 있다.

58~63: **우회전1**을 위한 두 개의 DC 모터 설정으로, 속도 값은 사용자 정의할 수 있다.

64~70: **우회전2**를 위한 두 개의 DC 모터 설정으로, 속도 값은 사용자 정의할 수 있다.

71~75: **정지**를 위한 두 개의 DC 모터 설정으로, 속도 값을 0으로 한다.

LineTracer.ino loop( ) 함수: 무한 반복 4 of 4

```
76  void loop()
77  {
78      sensor1 = ReadIRR(IRR);
79      sensor2 = ReadIRC(IRC);
80      sensor3 = ReadIRL(IRL);
81      VR = analogRead(2);
82      velocity = map(VR,0,1023,0,255);
83      if(sensor1 == 0 && sensor2 == 1 && sensor3 == 0)
84          DC_Ford(velocity);
85      else if(sensor1 == 0 && sensor2 == 0 && sensor3 == 1)
86          DC_Left1(velocity);
87      else if(sensor1 == 1 && sensor2 == 0 && sensor3 == 0)
88          DC_Right1(velocity);
89      else if(sensor1 == 1 && sensor2 == 1 && sensor3 == 1)
90          DC_Stop();
91      else if(sensor1 == 0 && sensor2 == 1 && sensor3 == 1)
92          DC_Left2(velocity);
93      else if(sensor1 == 1 && sensor2 == 1 && sensor3 == 0)
94          DC_Right2(velocity);
95      else if(sensor1 == 0 && sensor2 == 0 && sensor3 == 0)
96          DC_Ford(velocity);
97      else
98      DC_Stop();
99  }
```

이 코드 부분은 앞서 [그림 14-15]의 플로우 차트를 그대로 코드로 옮긴 것이라고 볼 수 있다. 특히, if 혹은 else if~else 구문을 잘 익혀 두자. 이 코딩 방식은 임베디드 시스템 프로그래밍에서 자주 사용되는(많은 개발자들이 애용하는) 구문으로 if문 혹은 else if문들의 조건을 만족하는 경우가 없을 경우에만 else가 실행되는 구문이다. 다시 말해 위의 코드에서 if문(else if도 if다)은 총 7개이다.
위에서 아래로 코드가 실행되기 때문에 순차적으로 if문들의 조건을 검색하다가 만약 만족하는 if문을 만나면, 해당 코드를 실행하고 바로 빠져나와 코드라인 78로 이동하여 반복 수행한다. 만약, 만족하는 if문이 없을 경우에는 코드라인 97의 else를 수행하고 코드라인 78로 이동하여 반복 수행한다. 이 구문에 대한 자세한 내용은 다음의 참조를 확인하기 바란다.

구체적으로 코드 라인별로 살펴보자.

78: 코드라인 34의 ReadIRR(IRR) 함수 반환 값인 (0 or 1)의 값을 sensor1변수에 저장
79: 코드라인 28의 ReadIRC(IRC) 함수 반환 값인 (0 or 1)의 값을 sensor2변수에 저장
80: 코드라인 22의 ReadIRL(IRL) 함수 반환 값인 (0 or 1)의 값을 sensor3변수에 저장
81: VR 변수에 가변저항의 값을 저장(0~1023)
82: velocity 변수에 VR 변수의 값을 0 ~ 255 범위로 바꿔서 저장(map( ) 함수 이용)
83: IRR=0, IRC=1, IRL=0인 경우에 직진하도록 한다. 속도는 velocity값에 따름
85: IRR=0, IRC=0, IRL=1인 경우에 좌회전1 하도록 한다. 속도는 velocity값
87: IRR=1, IRC=0, IRL=0인 경우에 우회전1 하도록 한다. 속도는 velocity값
89: IRR=1, IRC=1, IRL=1인 경우에 정지하도록 한다.
91: IRR=0, IRC=1, IRL=1인 경우에 좌회전2 하도록 한다. 속도는 velocity값
93: IRR=1, IRC=1, IRL=0인 경우에 우회전2 하도록 한다. 속도는 velocity값
95: IRR=0, IRC=0, IRL=0인 경우에 직진하도록 한다. 속도는 velocity값
97: IRR=1, IRC=0, IRL=1인 경우는 존재할 수 없는 경우로 정지하도록 한다.

다음 LineTracer_buz.ino 소스가 부저음을 포함한 라인트레이서 최종 소스이다.

LineTracer_buz 부저음 효과를 위한 추가 코드

12

변수 선언 부분에 추가하기

```
int buzz = 8;
int mFlag = 0;
int C = 261;
int D = 294;
int E = 330;
int F = 349;
int G = 392;
int A = 440;
int B = 494;
```

13

함수 선언 부분에 추가하기

75

```
void Smusic()
{
    tone(buzz,C,500);   delay(500);
    tone(buzz,D,500);   delay(500);
    tone(buzz,E,500);   delay(500);
    tone(buzz,F,500);   delay(1500);
    tone(buzz,G,500);   delay(500);
    tone(buzz,A,500);   delay(500);
    tone(buzz,B,500);   delay(500);
    noTone(buzz);
}
```

loop( ) 함수 내에 추가하기

82

```
if(mFlag == 0)
{
    Smusic();
    mFlag++;
}
```

83

위 코드는 LineTracer.ino 파일에 출발 시에 부저음을 출력하기 위한 추가 소스이다. 좌측의 코드 라인을 참조하여 해당 라인 사이에 끼워 넣으면 된다. 예를 들면 추가 변수들은 LineTracer .ino 파일의 코드 라인 12번과 13번 사이에 끼워 넣는다.

자세한 최종 소스는 제공하는 소스를 참고하기 바란다. 음계표는 다음과 같다.

음	도	레	미	파	솔	라	시
	C	D	E	F	G	A	B
주파수	261	294	330	349	392	440	494

mFlag는 해당 if문을 한 번만 실행하도록 하기 위해 mFlag++처리하였다. 스케치가 전원 리셋되기 전까지는 mFlag는 0아닌 1의 값을 갖기 때문에 if문은 단 한 번만 실행된다.

※ C언어 구문(else if 반복 조건문)

```
100    if(조건1)
           함수 1
       else if(조건2)
           함수 2
       else if(조건3)
           함수 3
       else if(조건4)
           함수 4
       else if(조건5)
           함수 5
       else
200        함수 6
```

"else if문도 if문이다" 다음은 반복 조건문의 동작 특성 및 사용법을 정리한 것이다.

① 프로그램이 실행되면, 라인 100에서 200 방향으로 if문들의 조건1부터 조건5를 순차적으로 검사한다.

② 만약, 조건1(만족)일 때는 함수1을 실행하고, 201 라인으로 이동한다(벗어난다).

③ 만약, 조건1(x), 조건2(만족)일 때는 함수2를 실행하고, 201 라인으로 이동한다.

④ 만약, 조건1(x), 조건2(x), 조건3(x), 조건3(x), 조건4(x) 조건5(만족)일 때는 함수5를 실행하고, 201 라인으로 이동한다.

⑤ 만약, 조건1부터 5까지 모두 만족하지 못할 경우에는 else의 함수6을 실행하고, 201 라인으로 이동한다. (간혹 else를 생략하기도 하는데 문제는 없다.)

⑥ 조건들은 동시에 만족하지 않도록 다른 조건으로 코딩을 하자. (조건1≠조건2≠조건3≠조건4≠조건5)

⑦ switch -case문(조건 반환 값이 상수)과의 두드러지는 차이점은 조건식을 다수의 논리 연산자(!, &&, ll) 등을 사용할 때, 코딩이 수월해지며 수정도 편리하다. 또한, 새로운 if문을 추가할 때도 유리하다.

⑧ 단점은 반환 값이 상수인 switch문에 비해, if문의 조건식이 복잡하면 상대적으로 처리 시간 길어지고 코드 사이즈도 변화가 생길 수 있어 검토 대상이다.

PART 15

LEARN CODING WITH ARDUINO

앱 인벤터2로 앱 만들기: 실시간 환경 구축

1. 앱 인벤터 버전 소개
2. 앱 인벤터2 환경 구축하기
3. 앱 인벤터 시작 전 공통 필수 준비 사항
4. 개발자를 위한 시뮬레이션 환경 구축
   1) PC와 장치를 Wi-Fi로 연결하는 방법
   2) 장치가 없어 에뮬레이터(Emulator)를 이용하는 방법
   3) PC와 장치를 USB케이블 통해 연결하는 방법

앱 인벤터2로 앱 만들기: 실시간 환경 구축

1 앱 인벤터 버전 소개

안드로이드 스마트폰의 앱(App)을 개발하는데 편리한 앱 인벤터2에 대해서 알아본다. 앱 인벤터(App Inventor)는 구글에서 제공하는 안드로이드 OS 탑재용 앱 개발용 툴(환경)이다. 이 개발 환경의 버전은 과거 '앱 인벤터 클래식'에서 '앱 인벤터2 beta' 버전에 이어 최근에는 '앱 인벤터2'라고 해서 appinventor.mit.edu 사이트에서 최신판을 이용할 수 있다.

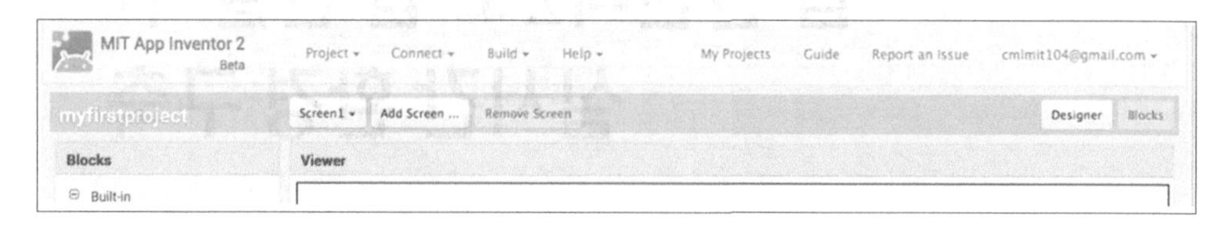

[그림 15-1] 앱 인벤터2 beta 버전 화면

[그림 15-1]은 베타 버전으로 좌측 상단에 beta 버전임을 표시하였다.

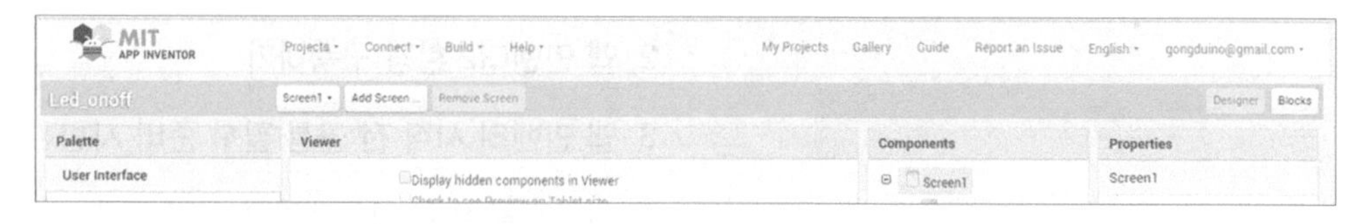

[그림 15-2] 앱 인벤터2 버전 화면

위 [그림 15-2]는 최신판의 화면 모습이고, 로고가 변경되었으며 특별히 버전2라는 표현은 빠져 있다.

아두이노 우노에 블루투스를 연결하고, 스마트폰에 앱을 설치하여 무선으로 제어하는 방법을 배워 보자. 각종 프로젝트를 수행하는 데 있어, 앱을 개발하여 적용하는 것은 필수 과정이라 할 수 있다. 앱 인벤터 설치 및 예제 실습을 통해 짧은 시간 안에 자신만의 앱을 제작할 수 있을 것이다.

Tip) 앱 인벤터는 오픈 소스 기반의 앱 제작 개발 툴로서, 구글의 계정만 있으면 사용할 수 있고 별도의 설치가 필요 없는 웹 브라우저 기반의 무료 소프트웨어이다.

2 앱 인벤터2 환경 구축하기

스마트폰에서 실행되는 앱을 개발하기 위해서는 복잡한 코딩 기술과 이론적 배경을 가지고 있어야 하며, 많은 시간이 소요된다. 구글에서는 이러한 어려운 기술 없이도 웹 브라우저상에서 누구나 블록(block)화된 명령어들을 드래그 앤 드롭(Drag & drop)만으로 쉽게 안드로이드 OS용 앱을 개발할 수 있는 환경을 만들어 제공하고 있다. 현재 MIT 대학에서 이 기술에 대한 관리 및 지원을 하고 있으며, 여러분들이 이 사이트에서 제작한 자료들은 개인 PC뿐 아니라 MIT 서버로 전송된다.

자, 이제 앱 개발자를 위한 첫걸음을 떼어 보자.

앱 개발 환경 구축을 위한 단계는 대략 두 단계로 나눌 수 있다.

(1) 앱 인벤터 시작 전 공통 필수 준비 사항

① 나의 PC 환경 확인하기.　② JAVA 설치하기.
③ 구글 크롬 설치하기.　④ 구글 계정 만들기.

(2) 개발자를 위한 시뮬레이션 환경 구축

① Wi-Fi를 이용할 것인가?
② 장치 없이 가상의 에뮬레이터를 사용할 것인가?
③ USB 케이블을 이용할 것인가?

3 앱 인벤터 시작 전 공통 필수 준비 사항

앱 인벤터를 시작하기 전에 사용자 PC에 설치되어야 할 필수 프로그램 등을 알아본다. 대략 네 단계로 나누어 볼 수 있다.

1) 나의 시스템 확인하기

앱 인벤터를 시작하기 전에 다음의 항목별 사양을 만족하는지 확인해 보자. 아래 내용은 앱 인벤터 사이트에서 확인할 수 있다.

항목	요구 사양
컴퓨터 OS 사양	맥킨토시 MAX OS X10.5 이상 Windows XP, Windows Vista, Windows 7, 8.1, 10 GNU/Linux Ubuntu 8 이상, Debian 5 이상
브라우저	Mozilla Firefox 3.6 이상 Apple Safari 5.0 이상 Google Chrome 4.0 이상
Phone, Tablet (버전)	Android OS 2.3 이상

[표 15-1] 앱 인벤터 이용 가능한 사양들

[표 15-1]에서 보는 바와 같이 사용자가 윈도우즈를 사용하고 있다면 OS 사양은 크게 무리가 없겠지만, 웹 브라우저 중 익스플로워(MS Explorer)에서는 사용할 수 없기 때문에 크롬이나 파이어팍스를 사용해야 한다. 교재에서는 크롬을 사용한다.

2) 자바(JAVA)설치

앱 인벤터는 자바를 기반으로 실행되기 때문에 사용자가 앱 인벤터 시작 전에 자바 환경을 구축해야 한다. 자바를 설치하는 방법은 아래 내용을 따라 하다 보면 자신의 윈도우즈 버전에 맞는 자바가 자동 설치 완료된다.

자바 홈페이지(http://www.java.com)에 접속하여 '무료 Java 다운로드' 버튼을 클릭한다.

[그림 15-3]의 '**동의 및 무료 다운로드 시작**'을 클릭해 exe 파일을 다운로드받는다.

[그림 15-3] JAVA 사이트 다운로드 화면

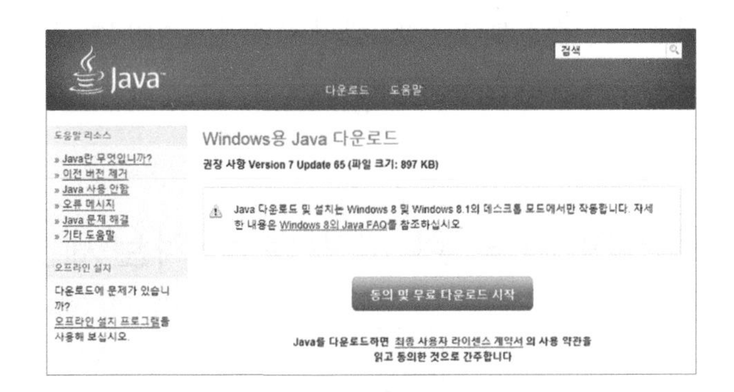

[그림 15-4] 다운로드 시작 클릭 화면

다운로드를 마친 후 디렉토리에 저장된 exe 실행 파일(예를 들면 jre-8u151-windows-x64.exe)을 실행한다.

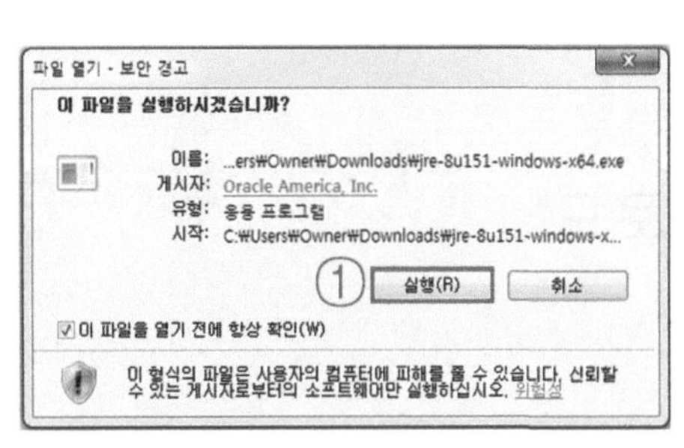

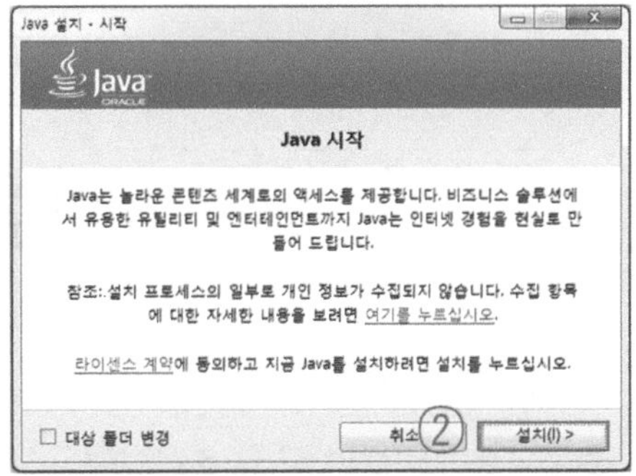

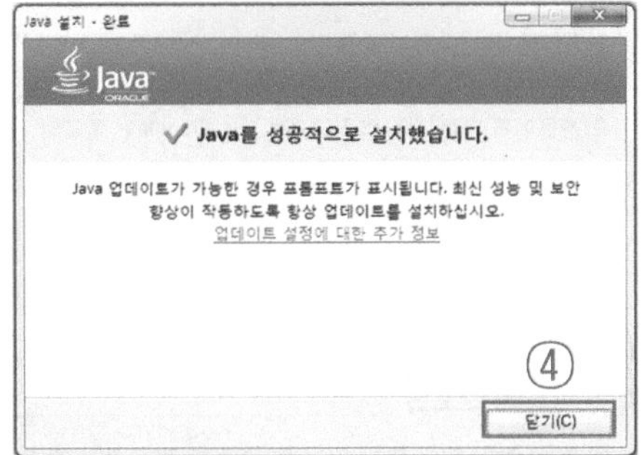

[그림 15-5] 자바 설치 완료

[그림 15-5]처럼 순서대로 실행을 하면 설치가 완료된다.

3) 크롬 브라우저 설치

이 책에서는 앱 인벤터용 브라우저(Browser)로 구글에서 제공하는 크롬(Chrome)을 설치한다. 또한, 사용자의 구글 계정이 필요하기 때문에 계정이 없다면 만들어야 한다.

[그림 15-6] 크롬 설치 초기 화면

구글 크롬 브라우저를 다운로드하기 위해서 구글 크롬 홈페이지 www.google.com/chrome에 접속하여 'Chrome 다운로드' 버튼을 클릭한다.

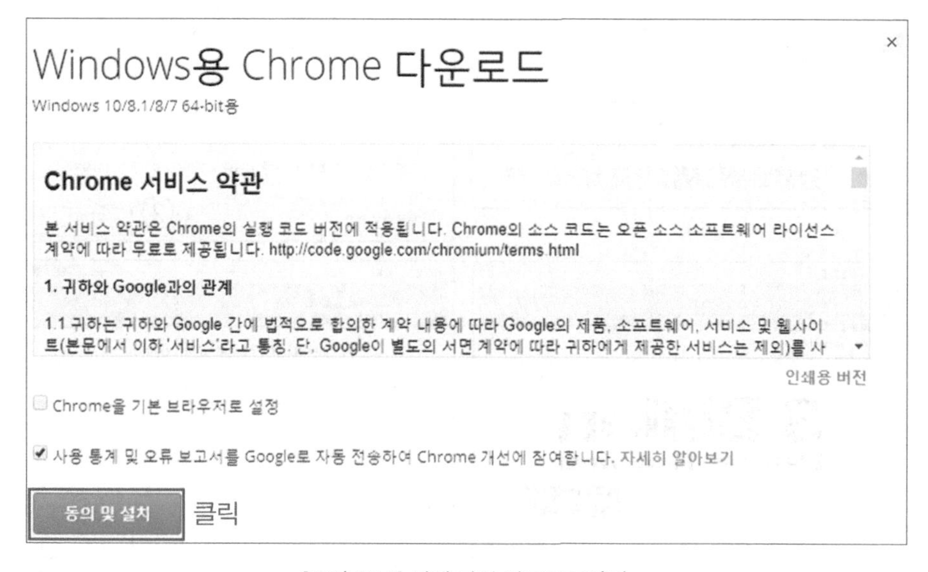

[그림 15-7] 실행 파일 다운로드하기

다운로드를 마친 후 디렉토리에 저장된 exe 실행 파일(ChromeSetup.exe)을 실행한다.

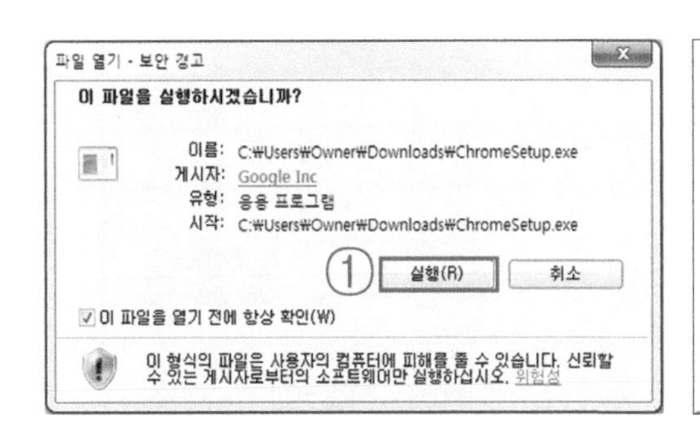

[그림 15-8] 크롬 설치 화면

위와 같이 순차적으로 설치가 완료된다.

4) 구글 계정 만들기

구글 홈페이지 www.google.com에 들어가서, 필요한 정보를 기입한 후 구글 계정 만들기를 마무리한다.

[그림 15-9] 계정 만들기 시작하기

[그림 15-10] 계정 만들기와 로그인 화면(비밀번호 입력)

아이디 및 비밀번호는 소중히 간직하자. 잊어 버리면 상당히 불편해진다.

4 개발자를 위한 시뮬레이션 환경 구축

앱을 개발하는 과정도 아두이노와 마찬가지로 수없이 코드를 수정하고 확인하면서 개발을 하게 된다. 앞서 7장의 시리얼 통신에서도 크로스 컴파일을 언급한 적이 있는데, PC에서는 앱 인벤터를 사용하고, 이 코드 결과를 스마트폰이나 태블릿(장치, device라고 함)에 수차례 반복적으로 업로드하면서 결과를 확인해야 할 것이다. 이 장치들을 타겟 시스템이라 할 수 있겠다.

따라서 시뮬레이션을 위한 앱 인벤터와 장치(타켓 시스템)와의 연결 방법에 대해 알아보자. 물론, 아두이노 우노에 스케치를 업로드하는 것처럼 장치에 앱을 설치할 수도 있다.

Get Started

Follow these simple directions to build your first app!

Start 클릭

[그림 15-11]
시뮬레이션 환경 구축 시작하기 클릭

앱 인벤터 메인 페이지의 [그림 15-11]의 아이콘을 찾아서, start를 클릭하자.

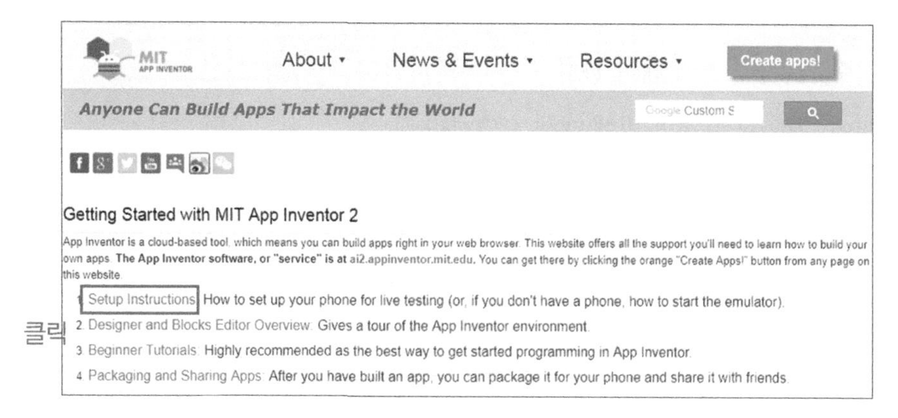

[그림 15-12] 환경 구축 시작하기 클릭

[그림 15-12]의 1번 항목인 Setup instructions을 클릭한다.

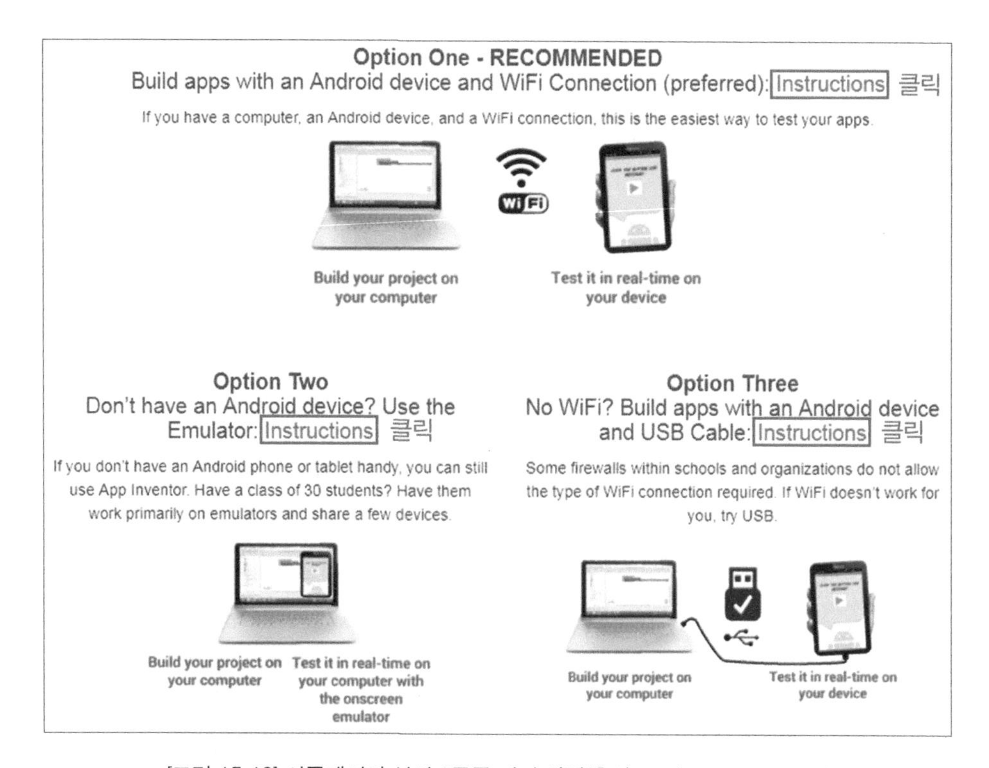

[그림 15-13] 시뮬레이터 설치 3종류 제시 화면(출처: appinventor.mit.edu)

[그림 15-13]을 보면, 실시간 테스트(Live testing)를 위한 PC와 장치(스마트폰 등)의 연결 방법 3가지에 대한 소개 화면이다. 사용 환경이 상황에 따라 바뀔 수 있기 때문에 세 가지 모두를 검토해야 한다.

설치에 대한 세 가지 방법에 대해 요약한다.

- PC와 장치를 Wi-Fi로 연결하는 방법(강력 추천)
- 장치가 없어 에뮬레이터(Emulator)를 이용하는 방법
- PC와 장치를 USB 케이블 통해 연결하는 방법

위 세 가지 내용을 보면, 설치가 가장 간편한 방법은 Wi-Fi를 사용하는 방법이고, USB 케이블을 사용하는 방법도 장치를 직접 사용하기 때문에 현실감이 높다. 본인이 작성하는 앱을 매번 번거롭게 업로드할 필요 없이 실시간으로 즉시 장치의 화면을 통해 결과를 확인할 수 있다.

무선랜 환경이 되어 있지 않거나, 안드로이드폰이 없는 경우에는 에뮬레이터를 이용해야 한다. 위 순서대로 설치 방법을 소개한다.

1) PC와 장치를 Wi-Fi로 연결하는 방법

[그림 15-13]의 Option One의 insturctions을 클릭하고, 절차대로 따라 한다.

(1) 다음의 QR코드를 인식해서 'MIT AI2 Companion App' 앱을 스마트폰에 설치한다.

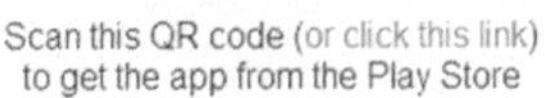

Scan this QR code (or click this link)
to download the app directly

[그림 15-14] 앱 인벤터 도우미 앱 설치(출처: appinventor.mit.edu)

MIT AI2 Companion 앱은 스마트폰 등의 장치에 미리 설치되어 있어야 한다. 위 [그림 15-14]에 나왔듯이 Play Store을 이용해서 앱을 설치(①)하거나, 직접 설치 파일(apk)를 다운받아 설치(②)하면 된다. 범용 'QR코드 리더' 앱을 다운로드받아 스캔한다.

(2) 스마트폰과 PC를 그림의 빨간 네모 박스처럼 같은 와이파이(예. GELINK)로 연결한다.

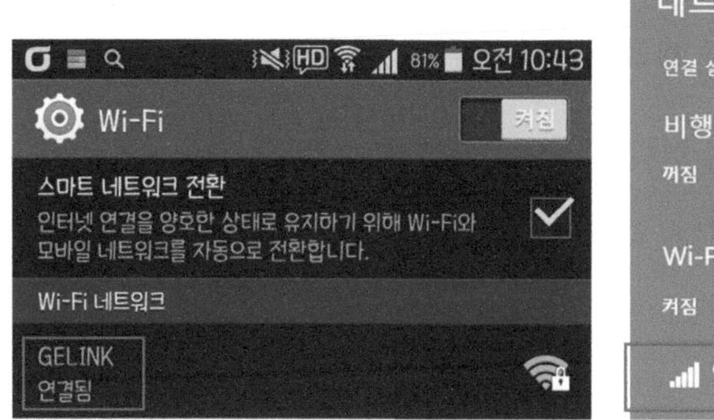

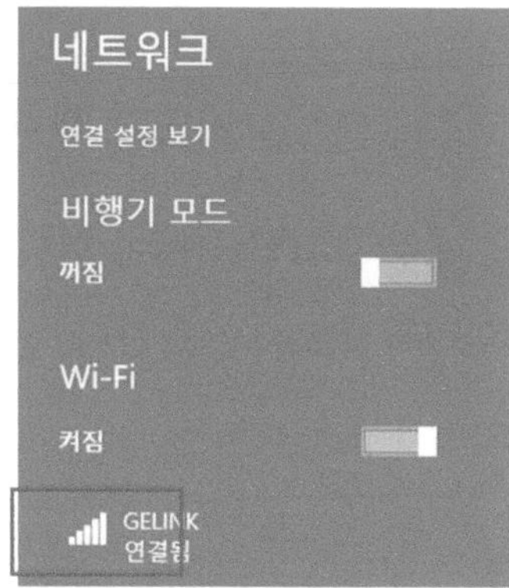

[그림 15-15] 스마트폰(좌)과 노트북PC 윈도우즈8 네트워크 설정 화면(우)

[그림 15-15]와 같이, 스마트폰과 PC의 네트워크 Wi-Fi를 동일하게 세팅을 해주어야 한다. 만약, PC에서 무선 네트워크를 지원하지 않는다면 별도의 무선랜 장치를 이용해야 한다. 네트워크 설정에 관한 문의는 해당 담당 관리자에게 문의해서 해결을 한다.

(3) 이제 앱 인벤터 프로그램과의 연결을 시도해 보자.

크롬으로 appinventor.mit.edu 사이트에 접속하여 오른쪽 상단의 주황색 버튼 'Create apps!'을 누른다.

[그림 15-16] 앱 인벤터 메인 화면의 시작하기 클릭

구글 계정 로그인을 해야 한다면, [그림 15-10]처럼 창이 나타날 것이다. 비밀번호를 입력하고 로그인을 한다. (주의. PC를 떠날 때는 반드시 로그아웃을 해주어야 한다.)

(4) 작업 화면의 상단 메뉴 항목 중 'Connect'를 누른 후 'AI Companion'을 누른다.

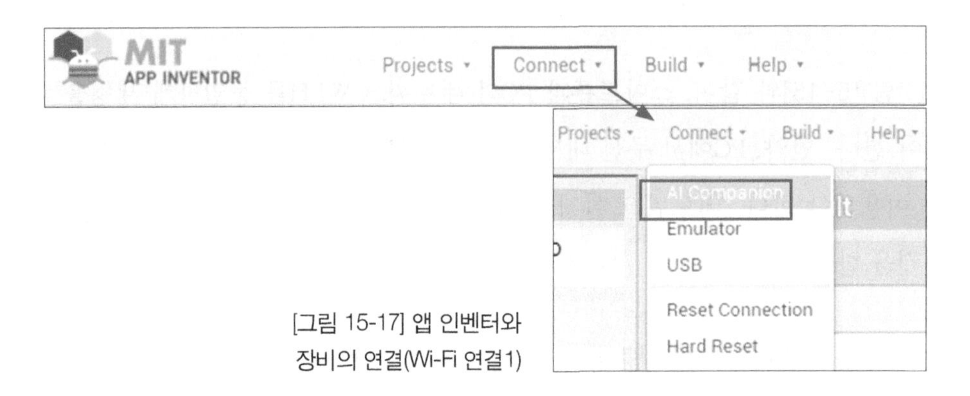

[그림 15-17] 앱 인벤터와 장비의 연결(Wi-Fi 연결1)

이 과정은 앱 인벤터 프로그램과 장치인 스마트폰 등과의 연결을 해주는 과정이다. 마치 아두이노 IDE의 툴에서 우노(타켓)를 선택했던 것과 같은 과정이다.

[그림 15-17]과 같이 AI Companion을 선택하면, 아래 [그림 15-18]의 좌측 그림처럼 'Connect to Companion'이라는 팝업창이 나타난다. 여기서 말하는 Companion(도우미)이라는 의미는 스마트폰(장치)에 설치했던 앱인 'MIT AI2 Companion App'을 말한다.

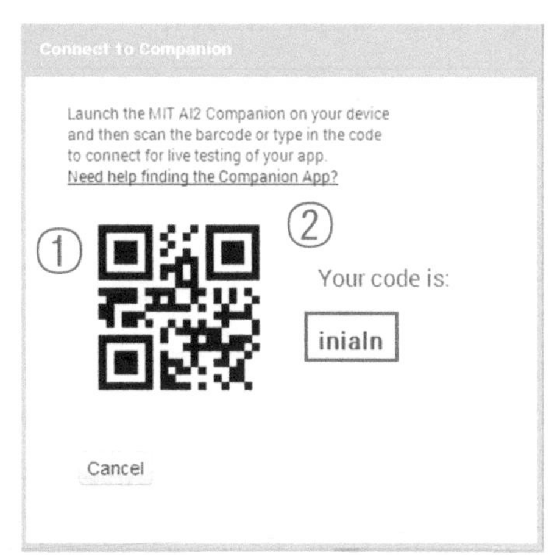

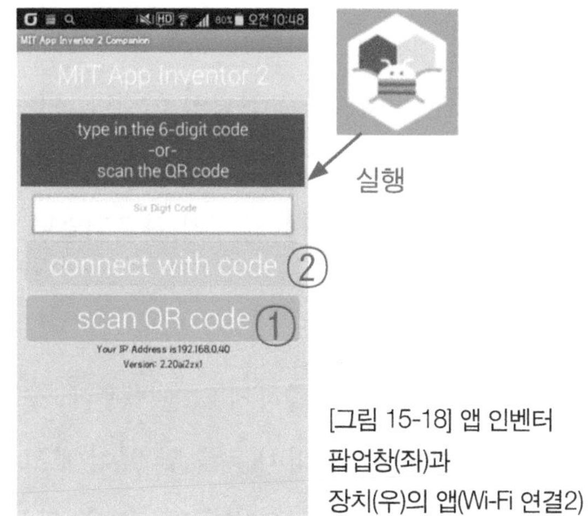

[그림 15-18] 앱 인벤터 팝업창(좌)과 장치(우)의 앱(Wi-Fi 연결2)

그다음에는 장치에 설치했던 Companion앱을 [그림 15-18]의 우측 그림처럼 실행시킨다. 장치와 프로그램을 연결시키는 방법은 두 가지가 있다. 앱의 scan QR code(①)라고 적힌 부분을 터치하면, 스캐너 모드가 되고 이를 좌측 그림의 QR 코드에 가져다 대면 된다. 다른 하나는 6자리 코드를 직접 입력하는 방법(②)이 있다. 아무래도 scan QR code 방법(①)이 간편하다.

이렇게 해서 우리가 작업할 프로그램인 앱 인벤터와 장치를 Wi-Fi로 연결하였다. 연결하는 과정도 쉽고 빨라 무선랜 환경만 갖추어져 있으면 실시간(Live testing)으로 앱을 개발할 수 있다.

앱 인벤터 프로그램과 장치와의 연결이 완료되었다. 이 과정이 끝나면 스마트폰에 현재 작업 화면의 내용이 나타날 것이다.

[그림 15-19] 앱 인벤터와 장치 연결 해제(Wi-Fi 연결 해제)

다음은 앱 인벤터와 장치와의 연결을 해제하는 방법이다. 장치와의 연결이 완료되면, 다시 Connect 항목의 메뉴를 살펴보자. [그림 15-19]와 같이 아직 설명하지 않은 Emulator와 USB가 보이고, 이 부분에 마우스를 가져다 대면 비활성화되어 있다는 것을 알 수 있다. 이것은 Wi-Fi로 장치와의 연결이 되었다는 것을 의미한다.

단지 Reset Connection(연결 끊기)만 활성화된 것을 확인할 수 있다. 이 버튼을 클릭하면 장치와의 연결이 끊긴다. 다시 연결을 시도하려면 [그림 15-17]의 AI Companion을 누르고 진행하면 된다.

이제, 앱 개발을 위한 준비가 완료되었다. 다음 장으로 넘어가기 바란다.

Tip)

와이파이 연결이 원활하지 않을 경우에, 앱 인벤터 프로그램에서 알림 메시지를 띄워 준다. 해당 메시지의 내용을 잘 읽어 보고 조치를 취해야 한다. 대부분 노트북 PC에는 무선랜이 설치되어 있기 때문에 노트북을 사용하면 쉽게 사용이 가능하지만, 탁상용PC의 경우에는 저렴한 무선랜 동글을 추가해 주어야 할 수도 있다. 그 이외의 문제는 대부분이 위에서 설명한 절차대로 진행되지 않은 경우이고, 프로그램을 종료 후 다시 진행해 보면 된다. 와이파이를 사용한 장치와의 연결은 장치에 앱(MIT AI2 Companion)만 설치하면 되기 때문에 다른 방법에 비해 간편하고, 연결상의 문제도 적다.

2) 장치가 없어 에뮬레이터(Emulator)를 이용하는 방법

[그림 15-13]의 Option Two의 insturctions을 클릭하고, 절차대로 따라한다. 에뮬레이터와 USB를 이용하는 방법일 경우에는 공통적으로 아래의 앱 인벤터 환경 설정 프로그램(App Inventor Setup Software)을 설치해 주어야 한다. 설치가 끝나면 최종적으로 aiStarter가 설치되며, PC 백그라운드에 항상 켜 놓아야 하는 프로그램이다.

(1) 다음 화면에서 자신 PC에 맞는 링크를 클릭한다.

Step 1. Install the App Inventor Setup Software

- Instructions for Mac OS X
- Instructions for Windows 클릭
- Instructions for GNU/Linux

[그림 15-20] 환경 설정 프로그램 설치1(Emulator 연결)

(2) 2번째 단계로 "Download the installer" 링크를 클릭한다.

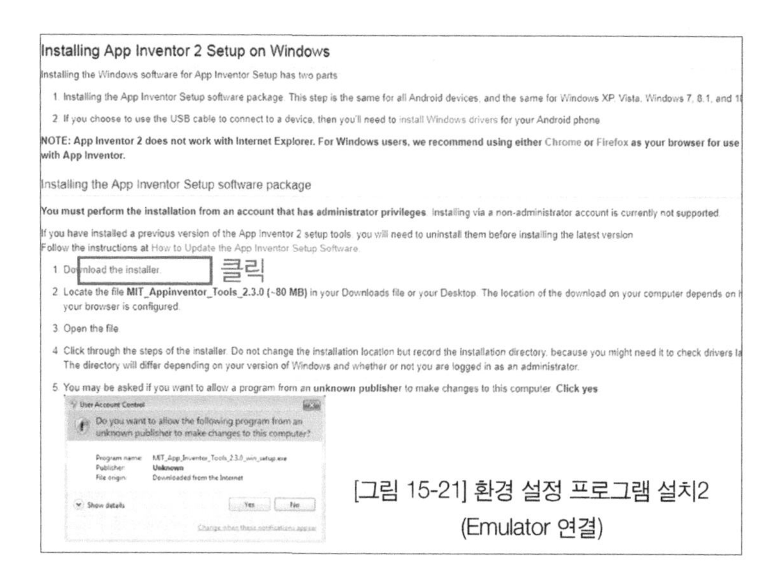
Installing App Inventor 2 Setup on Windows

Installing the Windows software for App Inventor Setup has two parts

1. Installing the App Inventor Setup software package. This step is the same for all Android devices, and the same for Windows XP, Vista, Windows 7, 8.1, and 1
2. If you choose to use the USB cable to connect to a device, then you'll need to install Windows drivers for your Android phone

NOTE: App Inventor 2 does not work with Internet Explorer. For Windows users, we recommend using either Chrome or Firefox as your browser for use with App Inventor.

Installing the App Inventor Setup software package

You must perform the installation from an account that has administrator privileges. Installing via a non-administrator account is currently not supported.

If you have installed a previous version of the App Inventor 2 setup tools, you will need to uninstall them before installing the latest version.
Follow the instructions at How to Update the App Inventor Setup Software.

1. Download the installer. 클릭
2. Locate the file **MIT_AppInventor_Tools_2.3.0** (~80 MB) in your Downloads file or your Desktop. The location of the download on your computer depends on h your browser is configured.
3. Open the file
4. Click through the steps of the installer. Do not change the installation location but record the installation directory, because you might need it to check drivers la The directory will differ depending on your version of Windows and whether or not you are logged in as an administrator.
5. You may be asked if you want to allow a program from an **unknown publisher** to make changes to this computer. **Click yes**

[그림 15-21] 환경 설정 프로그램 설치2
(Emulator 연결)

[그림 15-21]의 클릭을 하면, 아래의 환경 설정 파일이 다운로드되어 저장된다.

[그림 15-22] 환경설정 프로그램 실행
(Emulator 연결)

다운로드 폴더에 저장되거나, 바탕화면에 저장된 MIT_App_Inventor_Tools_
2.3.0 _win_setup.exe를 더블클릭하면, 아래와 같이 설치를 시작한다.

[그림 15-23] 환경 설정 프로그램 설치 과정(Emulator 연결)

설치 과정에서 바탕화면에 바로 가기 아이콘을 설치해야 한다.

(3) 그림 15-24의 aiStater 아이콘을 더블 클릭해 실행시킨다.

aiStarter는 완성된 앱을 애뮬레이터로 시뮬레이션할 때 꼭 필요한 파일이므로 작업 중에 항상 백그라운드에 실행시켜 놓거나 애뮬레이터를 사용하기 전에 실행시켜야 한다.

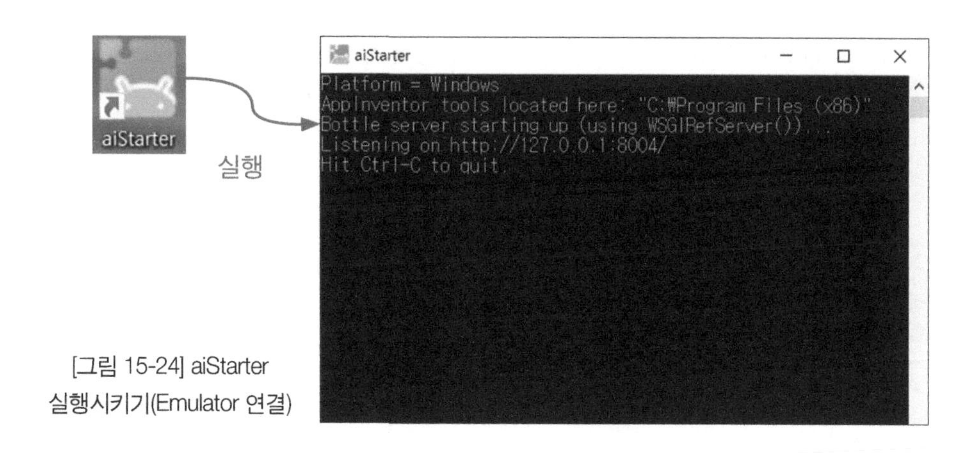

[그림 15-24] aiStarter 실행시키기(Emulator 연결)

[그림 15-24]의 바탕화면에 설치된 바로 가기 아이콘을 더블클릭하면, 우측처럼 프롬프트 화면이 팝업되며, 이 상태로 에뮬레이터를 사용할 때는 켜 놓아야 한다. 사용을 중지할 때는 프롬프트 화면에서 Ctrl+C로 닫는다.

(4) 작업 화면으로 돌아가 상단 메뉴 항목 중 'Connect'를 누른 후 'Emulator'을 누른다.

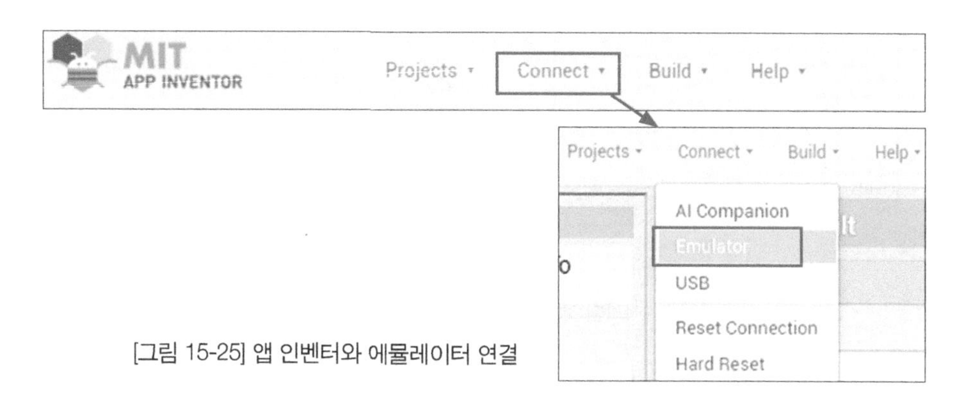

[그림 15-25] 앱 인벤터와 에뮬레이터 연결

이제 aiStarter 프로그램의 설치를 완료했으니, 작업 화면으로 돌아가서 가상 장비인 에뮬레이터와 앱 인벤터를 연결시켜 보자. [그림 15-25]처럼 Emulator를 선택해 보자.

Helper?

Launch the aiStarter program on your computer and then try again.
Need Help?

OK

[그림 15-26] aiStarter 실행 알림 메시지

만약, aiStater를 실행시켜 놓지 않았다면, 실행이 되지 않으면서 [그림 15-26]의 팝업이 나타난다. 위 [그림 15-24]처럼 실행시켜 놓아야 한다.

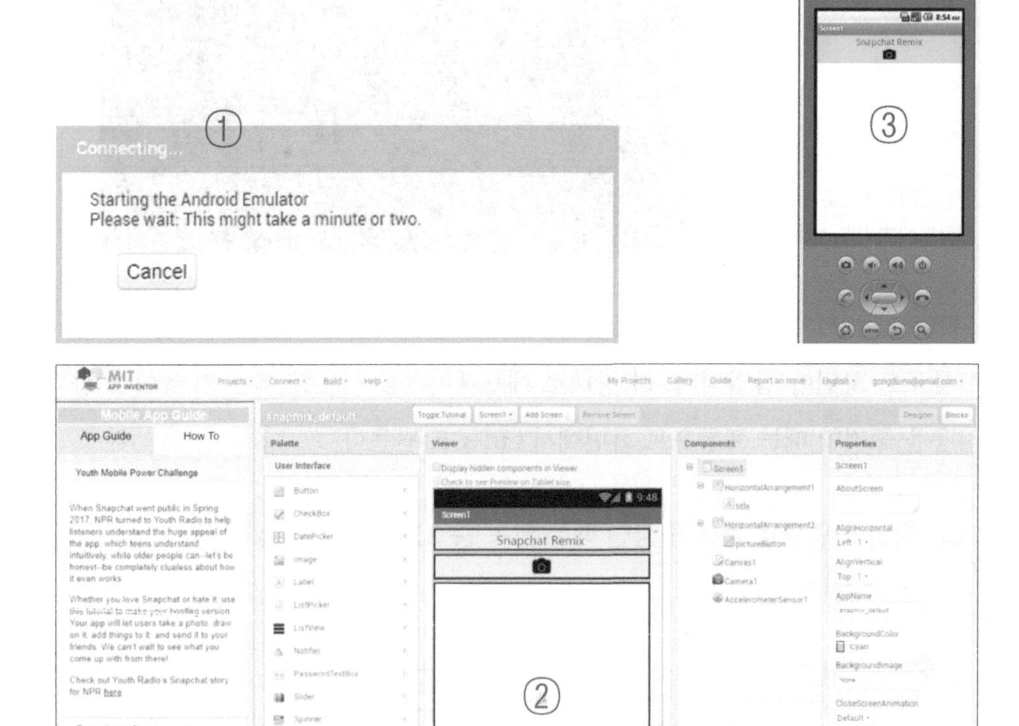

[그림 15-27] 에뮬레이터 연결 완료

aiStarter를 실행시켜 놓고, 다시 에뮬레이터와 연결을 시도하면 [그림 15-27]처럼 연결을 시도하는 팝업창이 나타나고(①), 해당 예시 프로그램의 뷰어(Viewer) 화면(②)과 동일한 에뮬레이터의 화면(③)을 볼 수 있다.

에뮬레이터와의 연결이 완료되면, 와이파이 연결에서 살펴봤던 [그림 15-19]와 같이 세 가지 모두의 방법이 비활성화된다. 단지 Reset Connection(연결 끊기)만 활성화된 것을 확인할 수 있다. 활성화된 이 버튼을 클릭하면 에뮬레이터와의 연결이 끊긴다.

이제, 앱 개발을 위한 준비가 완료되었다. 다음 장으로 넘어가기 바란다.

Tip) 앞서 본 Wi-Fi를 이용할 때 앱 인벤터 프로그램외 필요한 것은 장치에 설치할 앱인 'MIT AI2 Companion'이었다. 또한, 에뮬레이터를 이용할 때에는 aiStarter와 다음 그림과 같은 가상의 장치(에뮬레이터)이다.

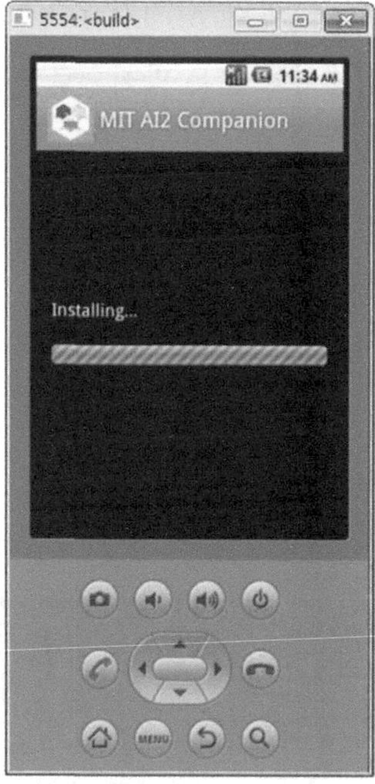

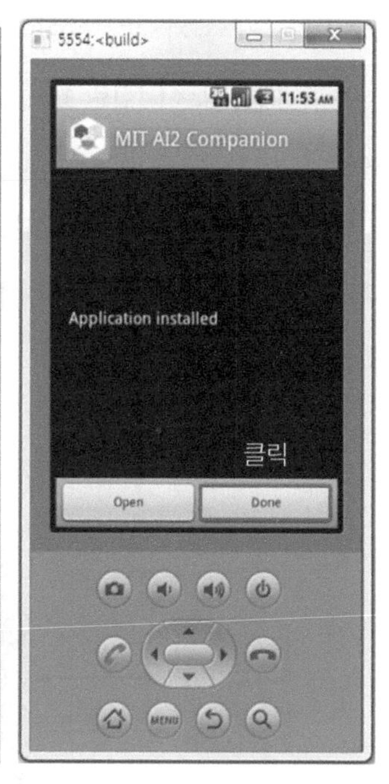

여기에서 보면, 이 가상의 장치도 결국에는 'MIT AI2 Companion'이라는 점이다. 따라서 아래와 같이 업데이트를 요구하면 위 그림과 같이 업데이트를 진행하고, 재연결을 시도해야 한다.

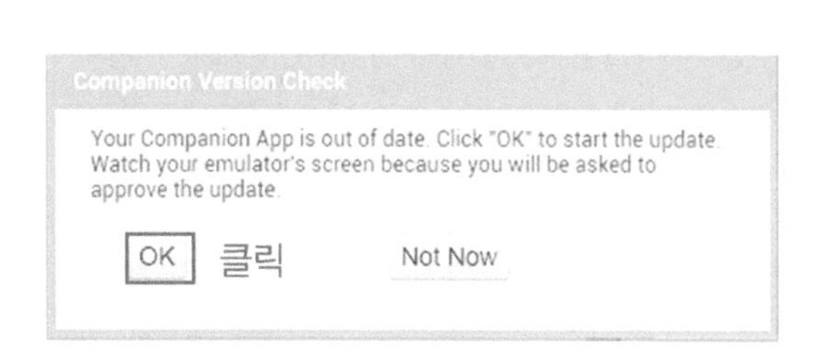

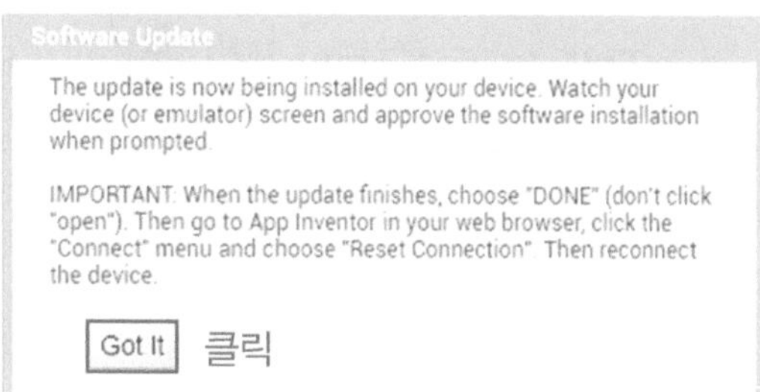

3) PC와 장치를 USB 케이블 통해 연결하는 방법

장치와 PC를 연결할 USB 케이블을 준비하고, [그림 15-13]의 Option Three의 insturctions을 클릭하고, 절차대로 따라한다.

USB를 이용하는 방법일 경우에는 에뮬레이터를 사용하는 경우와 공통적으로 'aiStarter'가 설치되어 있어야 한다. 만약, 설치가 되어 있지 않다면, 위 에뮬레이터를 사용할 때와 같이 [그림 15-20]에서와 같은 방법으로 앱 인벤터 환경 설정 프로그램(App Inventor Setup Software)을 설치한다.

설치가 끝나면 에뮬레이터의 경우와 마찬가지로 최종적으로 aiStarter가 설치되며, 백그라운드에 항상 켜 놓아야 한다. 또한, 앞서 설명한 'AI Companion'앱도 스마트폰에 설치해야 한다.

(1) aiStarter를 실행한다.

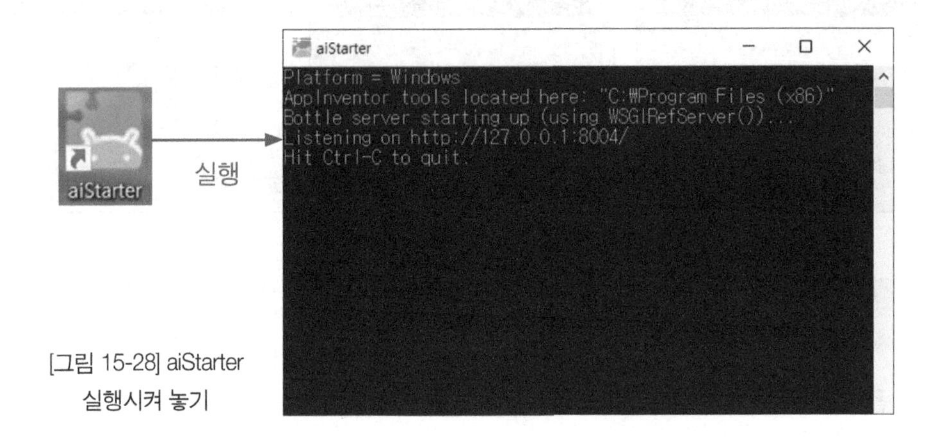

[그림 15-28] aiStarter 실행시켜 놓기

만약, 이 프로그램이 설치되어 있지 않다면, 위 [그림 15-20]부터 읽어 가면서 설치해 주어야 한다.

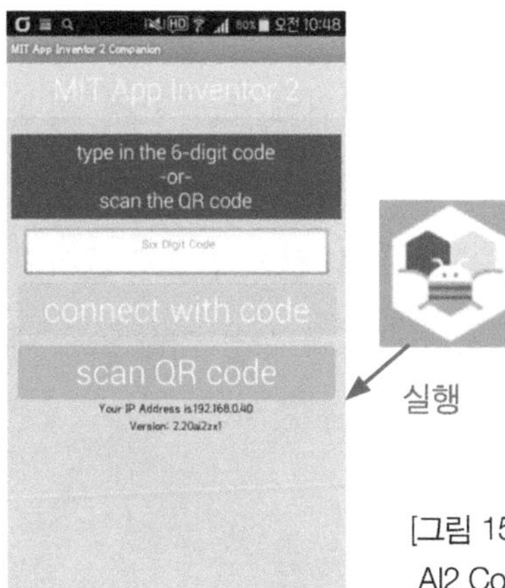

(2) MIT AI2 Companion 앱을 스마트폰에 설치하기

만약, 스마트폰에 이 앱이 설치되어 있지 않다면, [그림 15-14]부터 이후로 따라 하면서 설치해 놓아야 한다.

[그림 15-29] 장치(스마트폰)에 AI2 Companion 설치해 놓기

(3) 장치에서 "USB Debugging"을 사용으로 설정한다.

안드로이드 버전이 3.2 이전의 경우에는 환경설정(Settings)→응용 프로그램(Applications)→개발자 옵션(Development)에서 설정을 하고, 버전 4.0 이상에서는 환경 설정→개발자 옵션에 있는 USB 디버깅을 체크(V)해 주어야 한다. 자세한 설정 방법은 장치의 사용자 매뉴얼을 참조하기 바란다.

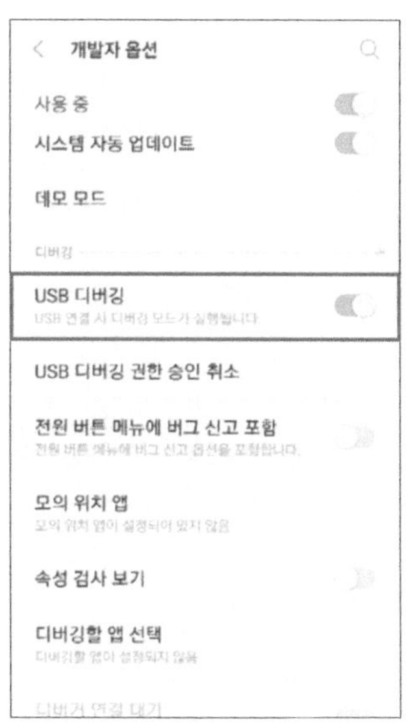

[그림 15-30] 장치에서 USB 디버깅 활성화하기

지속적으로 안드로이드 OS의 버전이 버전업되어 4.2.2 이상의 사용자들의 경우에는 개발자 옵션이 숨겨져 있다. 따라서 활성화하기 위해서는 환경 설정(Settings) → 폰(Phone) → 빌드(Build)에서 이 빌드 부분을 7번 터치(암호 해제)해 주어야 된다. 7번 터치를 하면 해제되었다는 메시지가 보이고, 전 화면으로 돌아와서 보면 개발자 옵션이 나타나 있다. 여기에서 'USB 디버깅'을 사용 가능으로 세팅해 준다.

(4) 장치의 USB 드라이버 설치하기

안드로이드 장치를 PC에 연결할 때, PC의 장치 관리자에서 무엇으로 인식되는지를 확인해야 한다. 작업 화면으로 돌아가 상단 메뉴 항목 중 "Connect"를 누른 후 "USB"를 누른다.

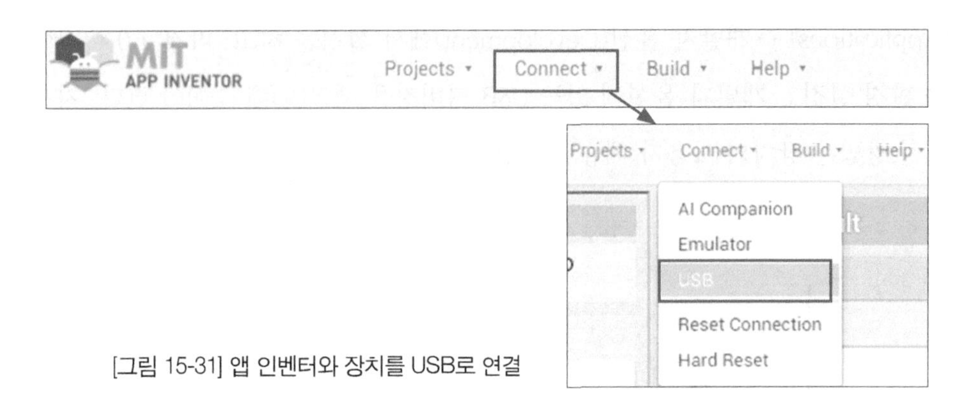

[그림 15-31] 앱 인벤터와 장치를 USB로 연결

작업 화면에 팝업으로 [그림 15-32]처럼 연결을 시도할 것이다.

[그림 15-32] 앱 인벤터와 장치를 USB로 연결 시도

그러나 USB 장치가 제대로 인식이 되지 않으면 다음과 같은 메시지가 출력된다.

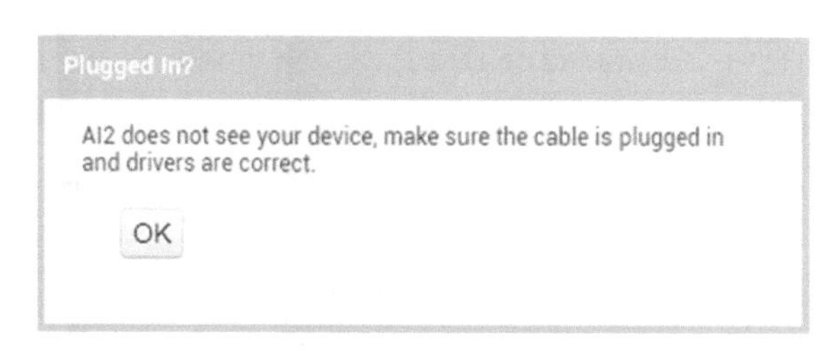

[그림 15-33] 앱 인벤터와 USB 장치 인식 실패

이 경우가 발생할 경우 장치의 USB 드라이버가 설치되지 않은 경우로 설치해 주어야 한다. 설치 프로그램은 장치의 매뉴얼을 참조하기 바란다.

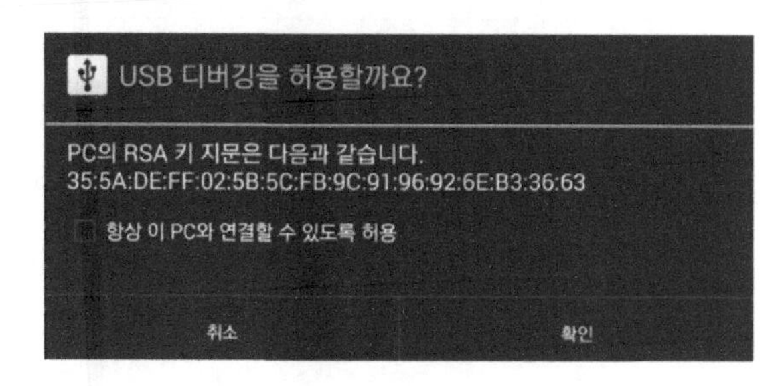

[그림 15-34] 연결 허용을 묻는 장치 화면 메시지

장치의 드라이버를 설치하고, 제대로 인식이 되면 [그림 15-31]와 같이 연결을 재시도해 본다. PC에서 장치로 [그림 15-34]와 같이 물어오면, 확인 버튼을 눌러 연결을 허용해 준다. (안드로이드 버전 4.2.2 이상에서 나타나는 메시지임)

(5) USB 연결 확인하기

마지막으로 앱 인벤터와 장치와의 연결이 USB로 되었는지를 확인하는 방법에 대한 설명이다. 위 내용까지 모든 준비가 되었으면 [그림 15-13]의 Option Three의 instructions을 클릭하여 다음 [그림 15-35]의 내용을 찾아보자.

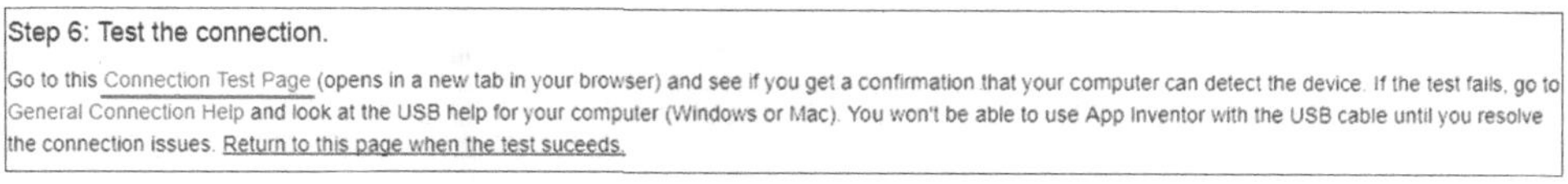

Step 6: Test the connection.

Go to this Connection Test Page (opens in a new tab in your browser) and see if you get a confirmation that your computer can detect the device. If the test fails, go to General Connection Help and look at the USB help for your computer (Windows or Mac). You won't be able to use App Inventor with the USB cable until you resolve the connection issues. Return to this page when the test suceeds.

[그림 15-35] 최종 연결 확인하기

[그림 15-35]와 같이 "Connection Test Page"를 클릭하면 잠시 후 정상적인 연결일 경우에 다음의 [그림 15-36]와 같은 메시지를 출력한다.

[그림 15-36] 연결 확인 테스트하기

위 내용을 보면, aiStarter가 사용되고 있음을 알 수 있고, 장치의 USB 연결이 문제가 없음을 보여주고 있다. 이제 장치 등에서 최종적으로 개발 중인 앱 화면이 출력됨을 확인할 수 있고, 이는 MIT AI2 Companion 앱의 지원으로 이루어진 결과이다.

Tip) 에뮬레이터의 경우에는 aiStrater가 필요하고, USB 연결을 통한 방법일 경우에는 aiStarter와 장치의 AI companion 앱이 동시에 사용된다.

PART 16

LEARN CODING WITH ARDUINO

앱으로 아두이노 제어하기

앱으로 아두이노 제어하기

들어가기에 앞서

앞서 3가지의 앱 인벤터를 장치들과의 연결하는 방법에 대해 알아보았다. 앱 인벤터를 사용하는 환경에 따라 적절한 방법을 선택해야 한다. Wi-Fi가 사용 가능하다면 가장 좋은 선택이 될 것이고, USB 케이블이 항상 준비될 수 있다면 그다음일 것이다.

장치에 직접 업로드하면서 확인하는 방법을 추천한다. 왜냐하면, 아두이노에서 우리는 우노 보드에 직접 업로드를 하고, 동작 상태를 직접 부품들을 가지고 확인하지 않았는가? 하지만 본 교재에서는 최종 작성 앱을 보여줘야 하기 때문에 불가피하게 에뮬레이터를 사용하여 설명한다.

그리고 이 장에서는 간단하게 LED를 ON/OFF 하는 수준의 내용이지만, 이를 활용한 로봇의 제어까지 할 수 있다. 관련 소스(aia)는 출판사나 저자의 카페 등에서 다운받아 확인할 수 있다.

1 첫 번째 앱의 작성

앱의 이름을 만들고, 블록 명령으로 코드를 작성하고 업로드해 보자.

1) 먼저, 앱 인벤터(http://appinventor.mit.edu) 사이트에 접속해, Create apps!를 클릭한다.

[그림 16-1] 앱 작업 화면 시작하기 버튼

2) Project 탭에서 'Start new project…'를 클릭한다. 새로운 프로젝트 생성 화면에서 작성할 프로젝트의 이름(앱 이름)을 기입하고 'OK' 버튼을 클릭한다.

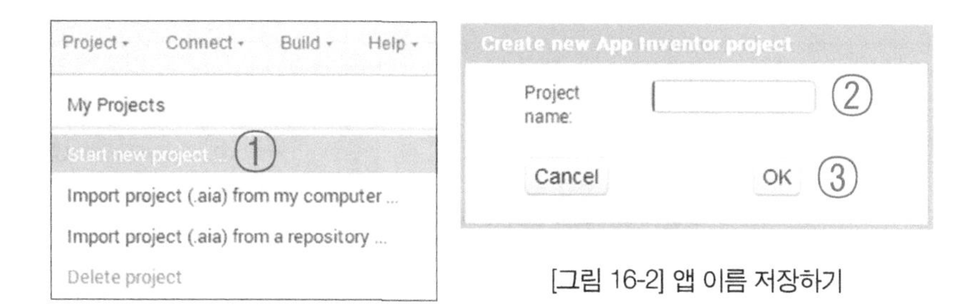

[그림 16-2] 앱 이름 저장하기

[그림 16-2]의 번호를 따라서 진행을 하고, 앱 이름은 영문으로 작성하기를 권장한다. 앱 이름을 FirstApp이라고 칸에 입력한다.

3) 앱의 작업 화면을 구성하는 디자이너(Designer) 화면이 나타난다.

[그림 16-3] 디자이너 화면

[그림 16-3]을 보면, 좌측 상단(①)에 [그림 16-2]에서 정한 앱의 이름이 출력되어 있고, 현재의 창 상태는 디자이너 화면(②) 상태이다. 앱 인벤터의 디자인 화면 구성을 살펴보자. 아이콘 ②번의 내용은 2개의 아이콘으로 구성된다.

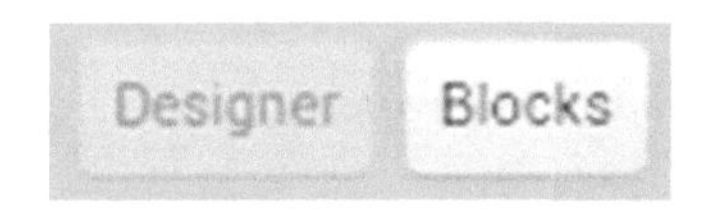

[그림 16-4] 디자이너 or 블록 선택 아이콘

디자이너 아이콘은 현재 보여지는 [그림 16-3]과 같은 상태를 보여주고, 블록 아이콘을 클릭하면 화면이 바뀌면서 실제 코드를 작성하는 화면이 나타난다.

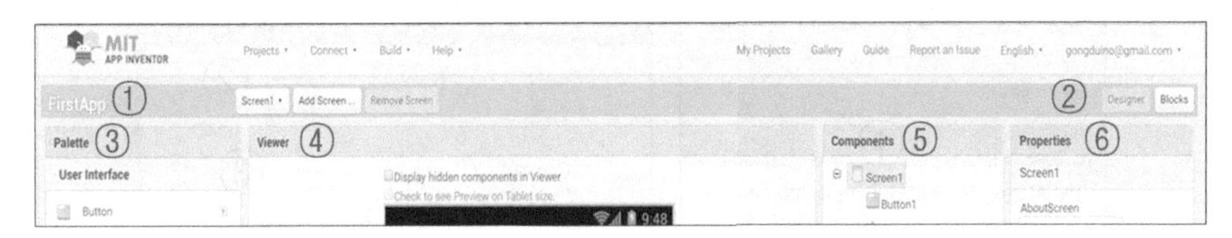

[그림 16-5] 디자이너 화면의 주요 항목들

[그림 16-5]는 [그림 16-3]의 디자이너 화면의 주요 항목들을 보여주고 있다. 디자인 화면은 파렛트(Palette, ③), 뷰어(Viewer, ④), 컴포넌트(Components, ⑤), 속성(Properties, ⑥), 미디어(Media, ⑦)의 항목들로 이루어진다.

뷰어(④)는 마치 스마트폰등의 화면 액정처럼 보이는데, 여기에 구성한 디자인이 실제 스마트폰의 화면 구성이 된다고 생각하면 된다. 이 뷰어 영역에 좌측의 파렛트(③)에서 각종 컴포넌트 등을 드래그(Drag)&드롭(Drop)(혹은 클릭)하여 가져다 놓고, 오른쪽의 속성(⑥)에서 컴포넌트의 특징을 결정한다. 이 뷰어에 사용된 컴포넌트들 및 디자인 계층 구조를 컴포넌트(⑤)라는 항목에서 확인할 수 있다.

[그림 16-5]의 번호를 확인하면서, 아래 요약한 내용을 살펴보자.

① 앱 이름: 프로젝트에서 저장한 앱 이름이 출력된다.

② 화면 전환: 디자이너 화면과 블록 화면을 선택할 수 있다.

③ 파렛트: 뷰어에 배치할 수 있는 객체(컴포넌트)들이 모여 있다.

④ 뷰어: 실제 스마트폰에 나타날 작업 화면이다.

⑤ 컴포넌트: 뷰어에 사용된 컴포넌트의 목록 및 레이어(Layer)의 계층 구조를 확인할 수 있고, 컴포넌트를 삭제하거나 이름을 변경할 수 있다.

⑥ 속성: 파렛트에서 선택된 컴포넌트의 특징을 결정한다.

⑦ 미디어: 사진이나 소리 등을 적용할 수 있다.

디자이너 화면에서의 작업 순서는 뷰어에 컴포넌트 배치→속성 결정→레이어 확인하면서 수정하기의 순서이다.

4) 버튼을 누르면 텍스트의 색이 바뀌는 앱을 만들어 보자.

(1) 뷰어에 컴포넌트 배치하기

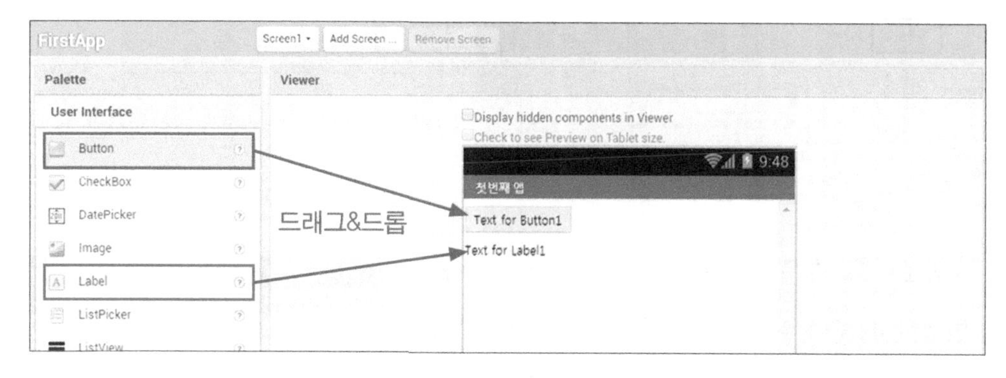

[그림 16-6] 파렛트의 컴포넌트를 뷰어로 이동시키기

파렛트의 User Interface 항목에서 [그림 16-6]과 같이 2개의 컴포넌트를 뷰어로 가져온다. 가져온 순서대로 배치가 되며, 각 컴포넌트의 이름은 없는 상태이다.

(2) 컴포넌트 목록 및 속성 결정하기

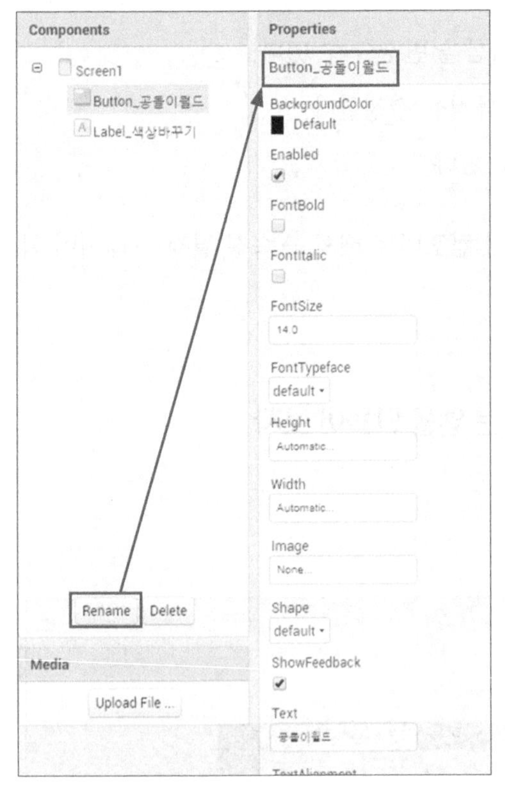

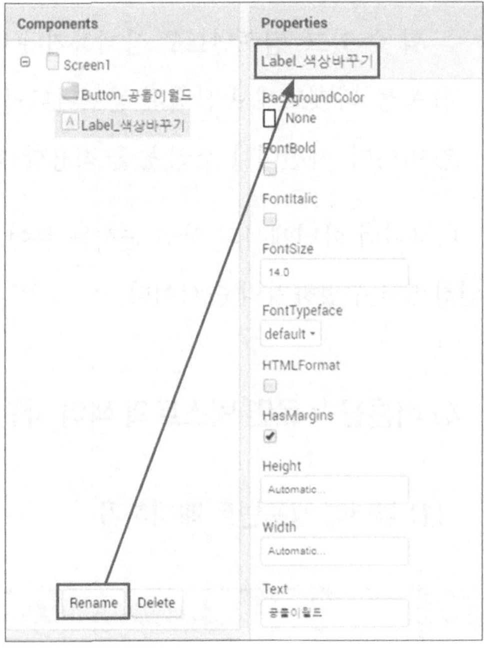

[그림 16-7] 컴포넌트 이름과 속성 변경하기

컴포넌트 항목의 Rename을 클릭해 이름을 변경하고, 속성의 Text에서 [그림 16-7]과 같이 변경해 보자. Rename한 후 속성창의 각 컴포넌트의 이름이 변경되었다.

[그림 16-8]과 같이 뷰어를 통해 디자인 완성된 결과를 볼 수 있다.

[그림 16-8] 디자인 완료된 뷰어

(3) 블록 화면에서 코딩하기

앱의 디자인을 끝낸 후 [그림 16-9]의 작업 화면 오른쪽 상단의 블록 버튼을 클릭하면 'Blocks 작업 화면'으로 전환된다.

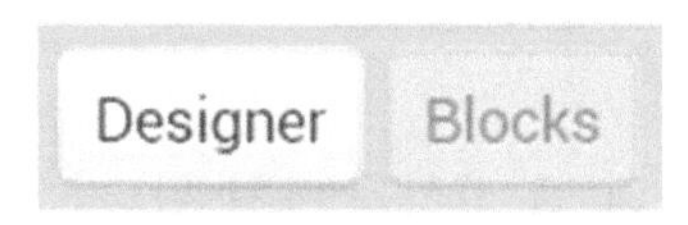

[그림 16-9] 블록 선택 아이콘

이제 블록 코딩을 해보자. 왼쪽의 Blocks 항목에서 Screen1의 하부 컴포넌트 이름을 클릭해 보면, 버튼 및 라벨과 관련된 명령어들이 나타난다. 이 중에서 하나를 드래그&드롭(혹은 클릭)하여 'Viewer'에 붙이는 방식으로 블록을 조립해 나간다.

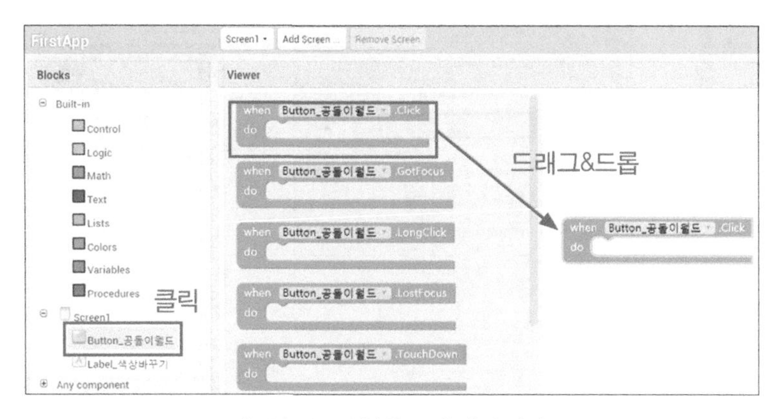

[그림 16-10] 블록 코딩 작업 화면

블록 종류	컴포넌트 항목	동작 설명
when Button1 .Click do	Button	버튼1이 클릭될 때 do 명령을 실행
set Label1 . TextColor	Label	Label1의 글자색(TextColor)을 to 이하의 색으로 지정
	Colors	색깔의 종류 선택

[그림 16-11] 블록 코딩 완성하기(글자 색 변경)

위 표에서 컴포너트 항목을 확인하면서 해당 블록 명령어를 찾아야 한다. 각 블록의 Button1과 Label1은 사용된 컴포넌트를 가리키며, 해당 컴포넌트와 관련된 명령어임을 말한다.

(4) 에뮬레이터로 결과 확인하기

디자인과 블록 코팅을 통해 앱 작성을 마친 뒤, 가상의 애뮬레이터를 이용해 앱을 실행시켜 보자.

먼저 PC에는 [그림 16-12]처럼 'aiStarter' 프로그램이 실행되고 있어야 한다. 백그라운드에서 'aiStarter'가 실행된 상태로 'Emulator'를 누르면 잠시 후에 에뮬레이터가 나타나고, 마우스로 장치의 버튼을 클릭하면 명령이 실행된다.

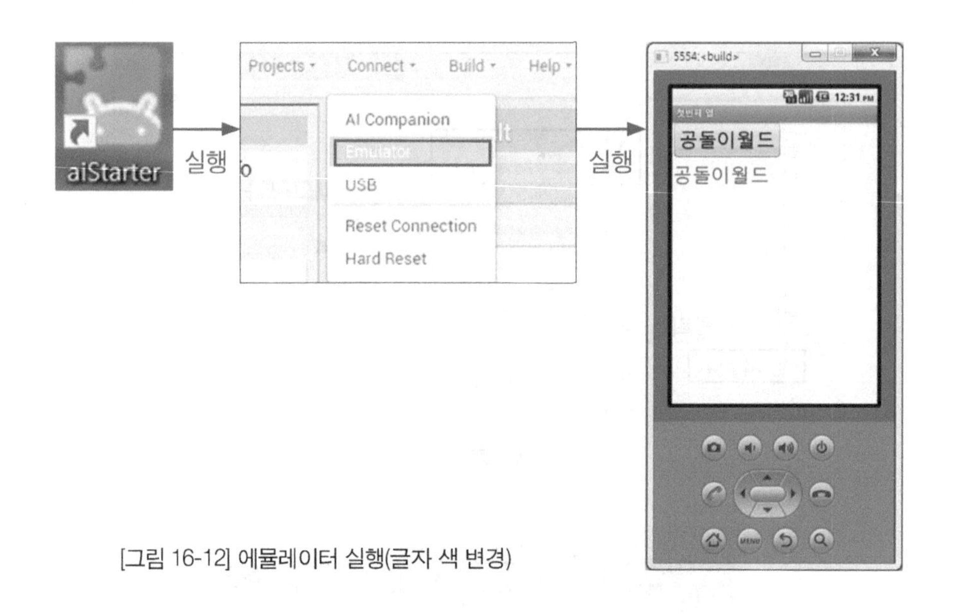

[그림 16-12] 에뮬레이터 실행(글자 색 변경)

에뮬레이터가 정상 동작하면, 글자 색이나 크기 등을 바꿔 보고 실시간으로 액정에서 바뀌는지를 확인해 보자. 에뮬레이터는 코드를 수정하는 동안 계속 PC 화면에 띄어 놓자.

2 앱과 소스 코드 공유

작성 완료된 앱(확장자 apk)을 최종적으로 스마트폰에 다운로드하기 위해서는 [그림 16-13]과 같이 ① QR code를 이용한 방법과 ② Apk 파일을 PC에 저장하는 방법이 있다. Apk 파일을 장치에 다운받아 실행시킬 수 있고, 다른 사람에게 배포를 원한다면 이 두 가지 방법으로 장치나 PC에 저장시킨 뒤 이메일 등으로 전송해 배포한다.

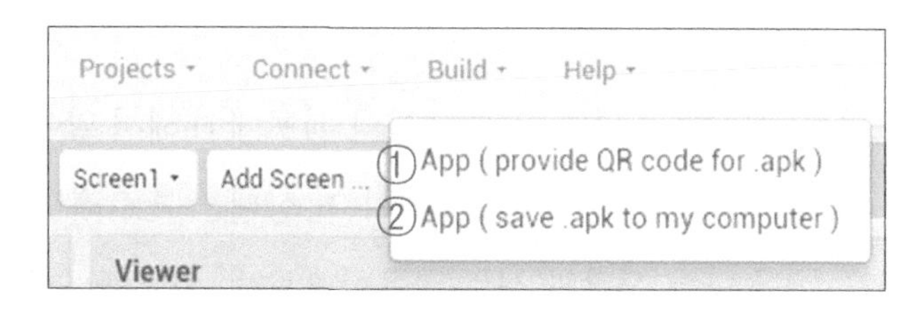

[그림 16-13] 앱을 스마트폰에 저장하기

각각의 사용법에 대해서 알아보자.

1) QR 코드를 이용한 apk 파일 설치

[그림 16-13]의 해당 목록(①)을 클릭한다.

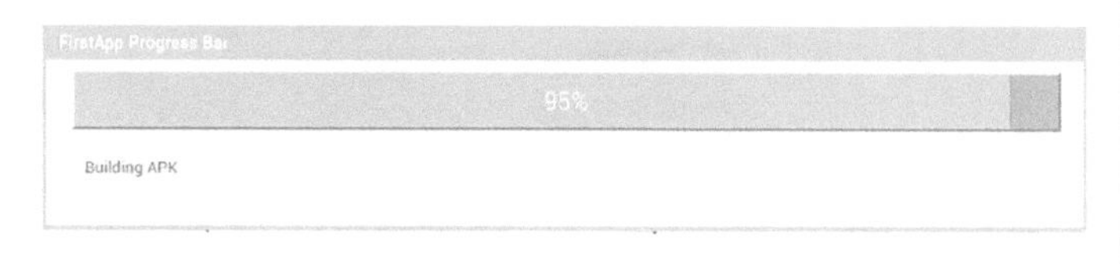

[그림 16-14] apk 파일 생성 진행 바(Progress Bar)와 QR 코드

[그림 16-14]의 좌측 그림은 FirstApp이라는 이름을 가진 코드의 최종 apk 파일 생성 진행 과정을 보여주고 있고, 이 과정이 끝나면 우측 그림과 같은 QR 코드가 팝업된다. 이 QR 코드를 리더기(Companion 앱도 가능)로 읽으면 스마트폰에 다운이 된다.

이 기능은 마치 시뮬레이터를 사용하지 않고, 앱 제작 과정에서 잠시 결과를 보고 싶을 때 사용해도 무리는 없을 듯하다. 왜냐면 생성 시간이 그리 길지 않기 때문이다.

2) apk 파일을 PC에 다운로드 후 배포하기

[그림 16-13]의 두 번째 해당 목록(②)을 클릭하면, [그림 16-14]의 진행 바가 팝업되고, 완료되면 PC의 다운로드 폴더에 저장된다.

최종 FirstApp.apk가 배포용 실행 파일이다. 이 파일을 다른 사람들에게 이메일 등으로 전송하고, 전송받은 사람은 스마트폰 등에 파일을 저장한 후 실행하면 사용 가능하다. 최종 apk 파일을 구글 플레이(Google Play)에 등록하여 배포할 수 있지만, 등록 과정은 생략한다.

다음은 실행 파일이 아닌, 소스 코드 상태에서의 배포에 대해서 알아보자.

앱 인벤터에서 apk로 최종 실행 파일을 만들기 전 상태는 프로젝트이며, 확장자는 aia이다. 프로젝트(aia)를 다른 사람과 서로 공유함으로써, 코드를 수정 및 활용이 가능하다. apk 실행 파일 상태에서는 코드 수정이 불가능하다.

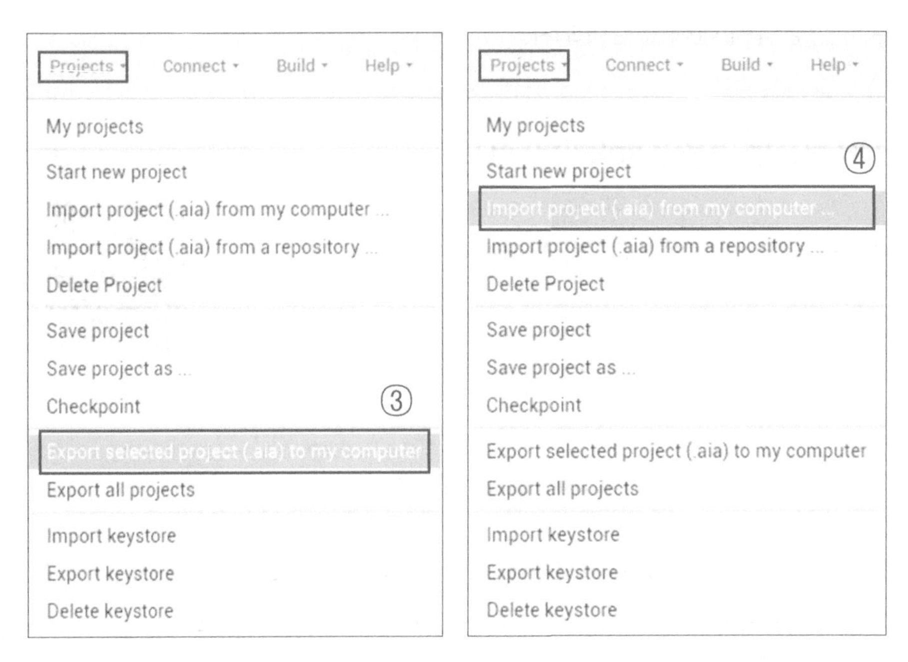

[그림 16-15] aia 파일 내보내기(③)와 가져오기(④)

[그림 16-15]의 Projects 메뉴에서 aia 파일 내보내기(Export)를 클릭하면, PC의 다운로드 폴더에 FirstApp.aia 파일이 저장된다. 마찬가지로, Projects 메뉴에서 aia 파일

가져오기(Import)를 클릭하면, 다음의 팝업창이 뜬다.

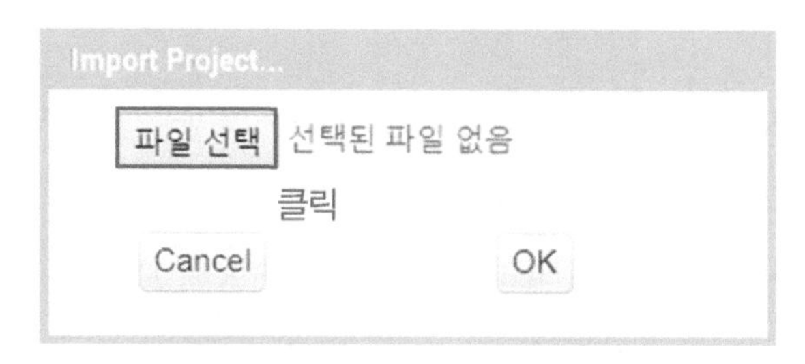

[그림 16-16] aia 파일 가져오기(④)에서 파일 선택하기

[그림 16-16]과 같이 파일 선택 아이콘을 클릭하고, 가져오기 위한 aia 파일을 선택하면 [그림 16-17]과 같이 선택된 파일명이 표시된다. 여기에서는 내보내기에서 다루었던 FirstApp.aia를 다시 읽어 들여 보았다.

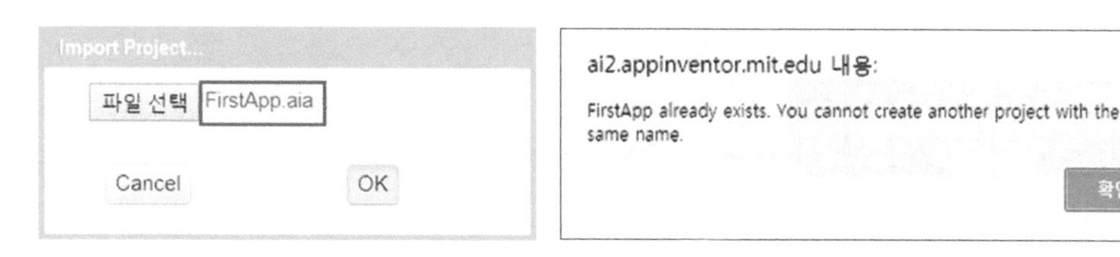

[그림 16-17] aia 파일 가져오기(④)에서 선택된 파일과 에러 메시지

예상 했듯이, 동일한 이름이 'My Projects'에 있다는 알림 메시지가 팝업 되며 경고한다. 상대가 보낸 파일명을 확인해서 이름이 중복되지 않도록 한다.

마지막으로 [그림 16-18]처럼 Projects 메뉴의 하단 메뉴인 'My projects'를 클릭하면 자신이 제작한 모든 프로젝트 파일들의 리스트가 나온다. 또한, 가져오기 해서 받은 aia 파일도 확인할 수 있다.

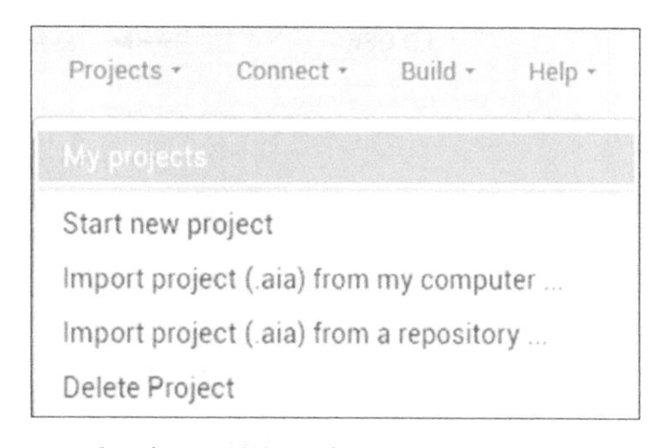

[그림 16-18] 프로젝트 파일들 목록 보기

Tip) 앱 인벤터를 사용 후에는 반드시 계정 로그아웃을 해야 한다.

3 블루투스 적용 앱 제작: 디자이너

앱 인벤터로 스마트폰과 아두이노 우노를 블루투스 통신으로 연결하는 앱을 제작해 보자. 앱에서 1Byte의 숫자를 보내 LED를 ON/OFF 제어하는 방법을 배워 본다. 앱의 제작 순서는 아래의 설명에 따라 순차적으로 진행해 보기 바란다.

1) UI를 디자인해 보자

UI(User Interface)란 사용자와 컴퓨터 시스템 혹은 프로그램과의 상호 작용을 의미한다. 좋은 UI는 사용자가 장치를 사용할 때, 직관적이고 효율적으로 사용하여 만족한 결과를 얻을 수 있도록 도와주는 입・출력 환경을 제공하는 것이라 할 수 있다.

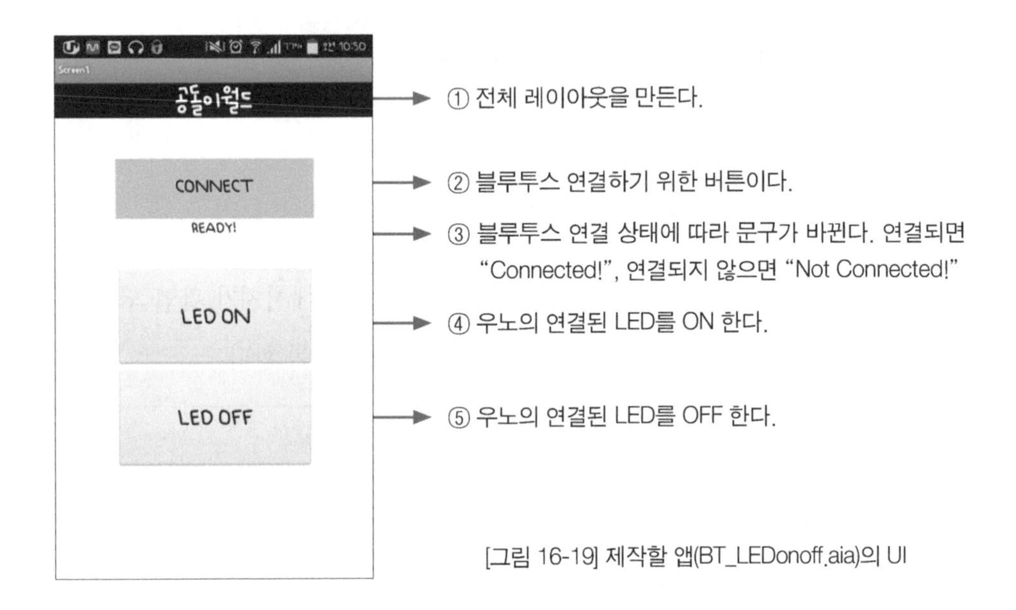

[그림 16-19] 제작할 앱(BT_LEDonoff.aia)의 UI

[그림 16-19]와 같이 UI에 대한 디자인과 기능에 대한 검토가 먼저 이루어져야 한다. 위 원 문자의 순서에 따라 앱을 제작해 보자.

2) 순서도를 작성해 보자

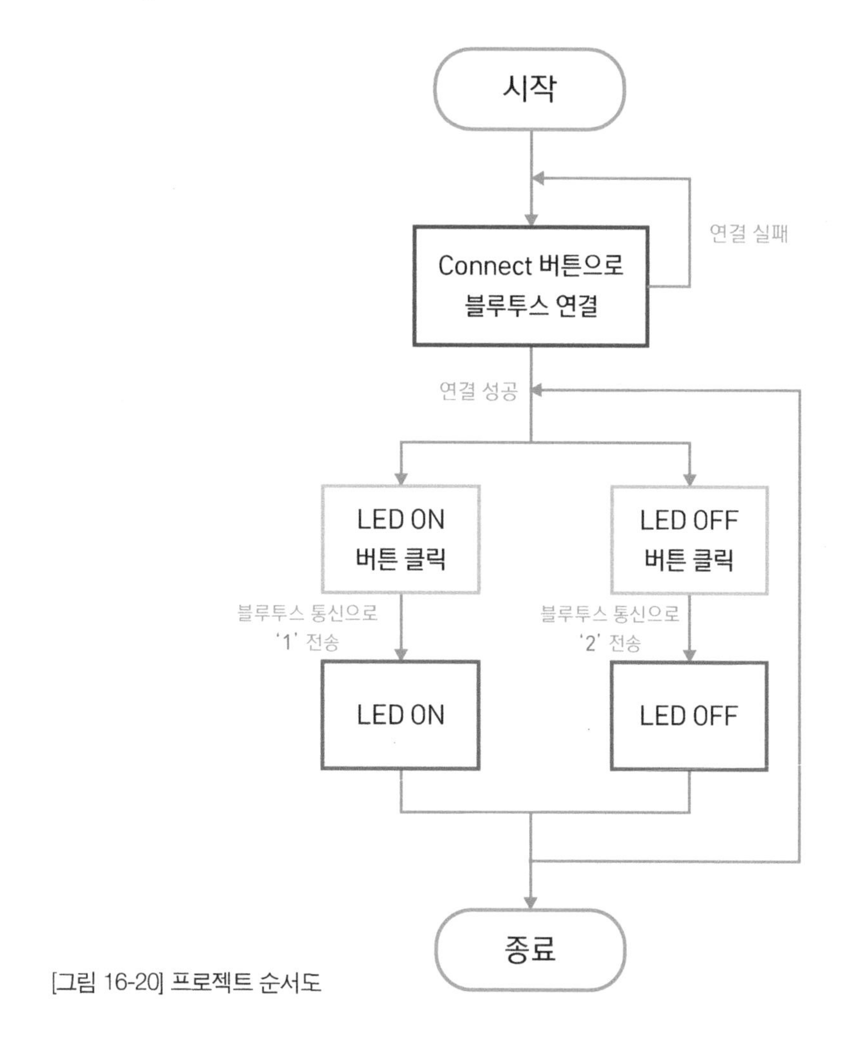

[그림 16-20] 프로젝트 순서도

[그림 16-20]은 앱의 전체적인 순서도(플로우 차트, flow-chart)이다. 우노에 연결된 블루투스와 연결을 한 후에 앱의 버튼을 클릭하면 우노로 상수 1과 2를 전송하여 연결된 LED를 ON/OFF 제어하는 앱을 제작할 것이다.

순서도의 형식은 크게 중요하지 않으며, 다른 사람들이 보았을 때 이해가 가는 정도로 부담 없이 작성하고, 매번 앱을 제작할 때 스케치하듯이 순서도를 작성하는 과정을 빠뜨려서는 안 된다. 많은 연습을 하면서 자신만의 순서도 작성법을 터득하기를 기대해 본다.

3) 레이아웃 제작하기

[그림 16-19]의 원문자 ①에 해당하는 내용이다. 1절에서 다룬 첫 번째 앱 제작 과정을 참고하고, 중복되는 부분은 간략하게 설명한다.

앱 인벤터 메뉴 중 Projects→Start new project 클릭→파일명은 "BT_LEDonoff"로 저장한다.

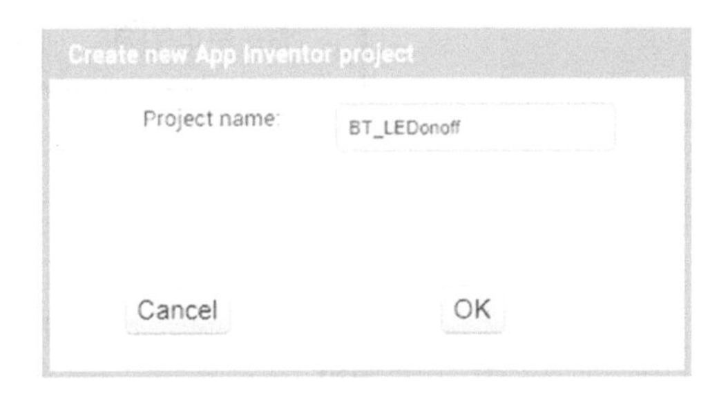

[그림 16-21] BT_LEDonoff 프로젝트 이름 저장

파렛트의 Layout에서 필요한 컴포넌트를 클릭하여 viewer에 배치한다.

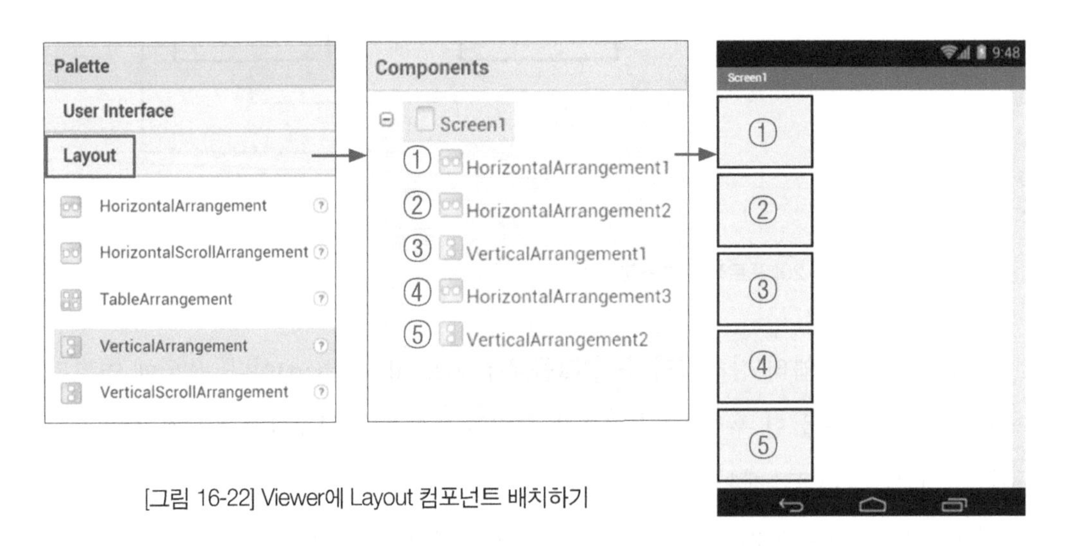

[그림 16-22] Viewer에 Layout 컴포넌트 배치하기

[그림 16-22]처럼 Layout 파렛트에서 Viewer에 컴포넌트 5개를 순서대로 가져다 놓는다. 순서가 뒤바뀌면 Viewer에서 네모 박스를 드래그&드롭하여 변경할 수 있다.

이 두 가지 레이아웃 컴포넌트(Horizontal/Vertical Arrangement)의 특징은 각각 수

평으로 다른 컴포넌트 배열시킴/수직으로 컴포넌트를 배열한다. 또한, 5개의 각 컴포넌트를 클릭해 보면, Components창에서도 선택됨을 알 수 있다.

다음은 Viewer 안의 레이아웃 컴포넌트를 가운데로 정렬하고 크기도 화면에 꽉 채워 보자.

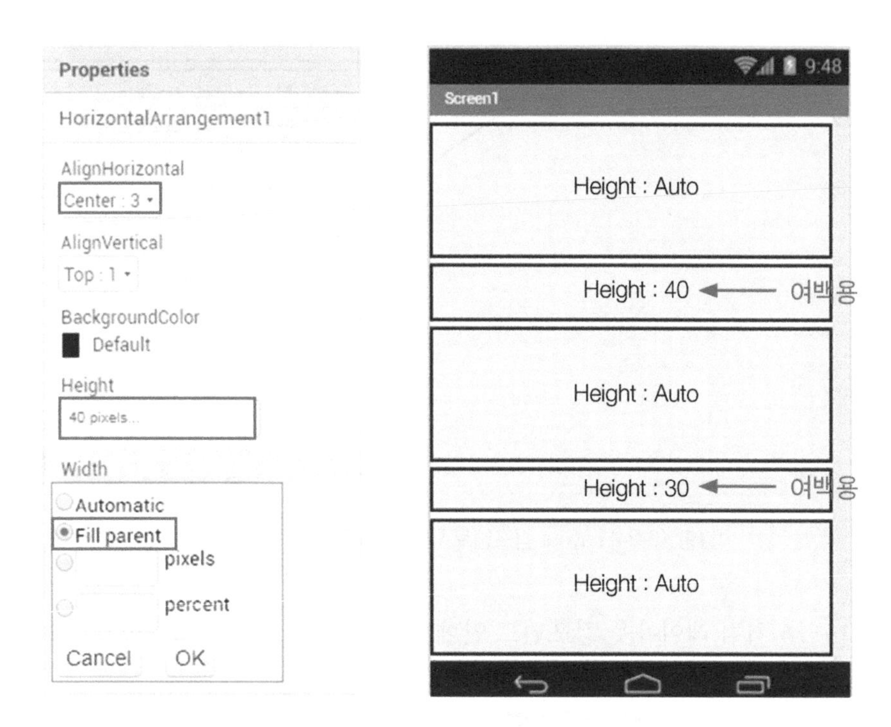

[그림 16-23] Layout 컴포넌트 속성 변경하기

[그림 16-23]처럼 각 5개의 컴포넌트를 클릭하고, 속성창에서 체크한 세 곳의 값을 그림처럼 수정해 가면서 우측 그림처럼 완성해 보자. Height로 박스의 높이를 조절하였다. 다음은 레이아웃 컴포넌트 안에 다른 컴포넌트를 끼워 넣어 보자.

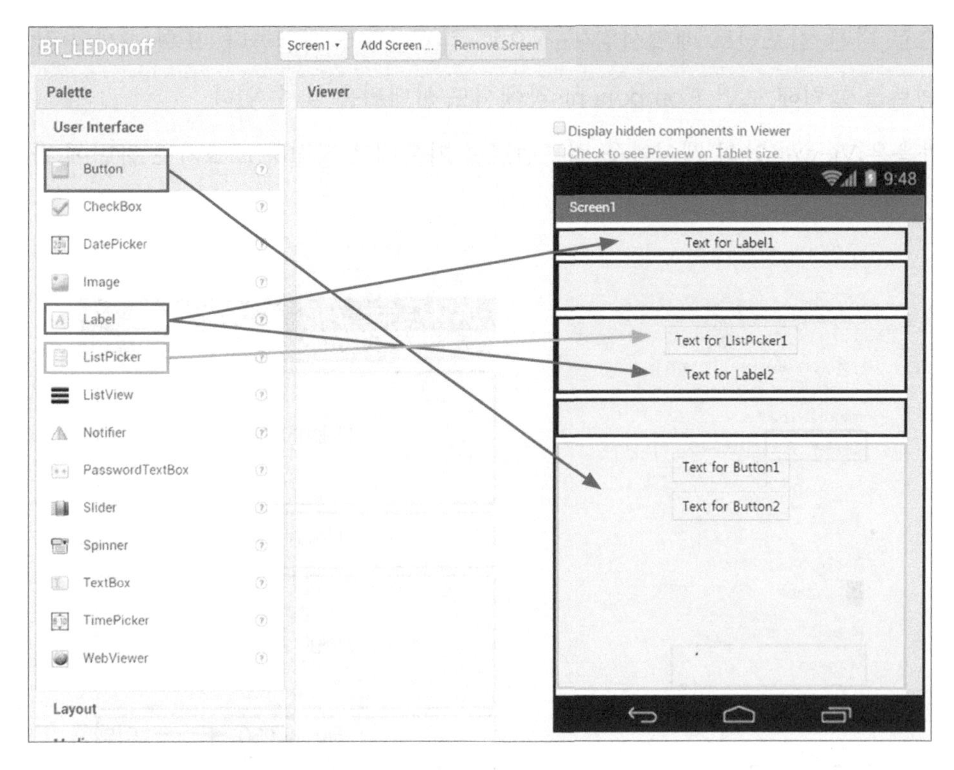

[그림 16-24] Layout 컴포넌트 안에 다른 컴포넌트 끼워 넣기

[그림 16-24]처럼 레이아웃 컴포넌트 안에 Button, Label, ListPicker를 넣어 보자.

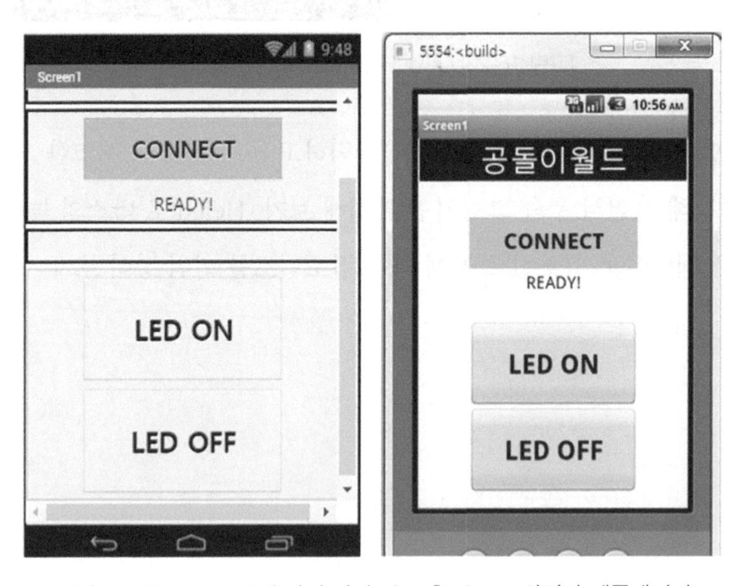

[그림 16-25] Layout 안에 끼워 넣기 완료 후 Viewer 화면과 에뮬레이터

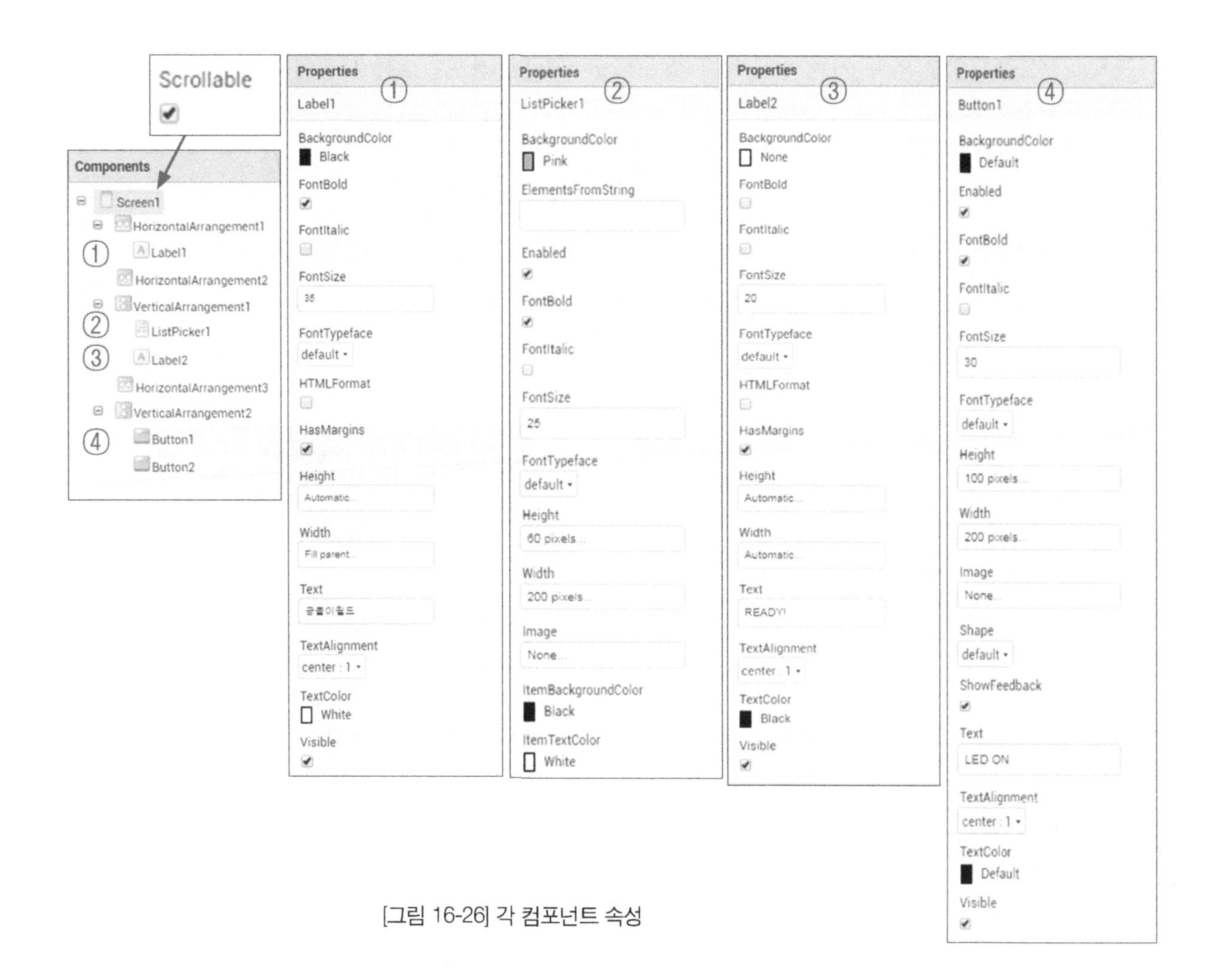

[그림 16-26] 각 컴포넌트 속성

[그림 16-26]은 컴포넌트 원문자의 종류에 따른 속성을 보여주고 있다. 특히 Viewer 화면이 감춰질 때는 Screen1에서 속성 중 Scrollable을 체크해 주면 된다. 총 5개의 컴포넌트가 사용되었고, ListPicker는 화면을 새로 띄워 여러 항목을 디스플레이해 주는 기능을 한다. 이 앱에서는 블루투스 장치 목록들을 출력해 주기 위해 사용되었다. 특히, [그림 16-25]처럼 에뮬레이터를 PC 화면에 띄워 놓은 상태에서 코딩을 하면 수정 사항을 바로 확인해 가면서 작업할 수 있다.

다음은 블루투스 연결과 공지 사항 등 Viewer에는 나타나지 않지만, 이 앱에 필요한 컴포넌트들에 대해 알아보자.

[그림 16-27]은 두 가지의 보이지 않는(Non-visible) 컴포넌트를 사용하였다.

- Notifier: 공지 메시지라고 하고, 화면에 공지 사항을 잠시 동안만 띄워 주는 목적으로 사용한다. 파렛트의 User Interface 내의 컴포넌트이다.
- BluetoothClient: 블루투스 클라이언트라고 하고, 앱에서 스마트폰(Client) 등의 장치로의 연결(Paring)을 위해 사용한다. 파렛트의 Connectivity 내의 컴포넌트이다.

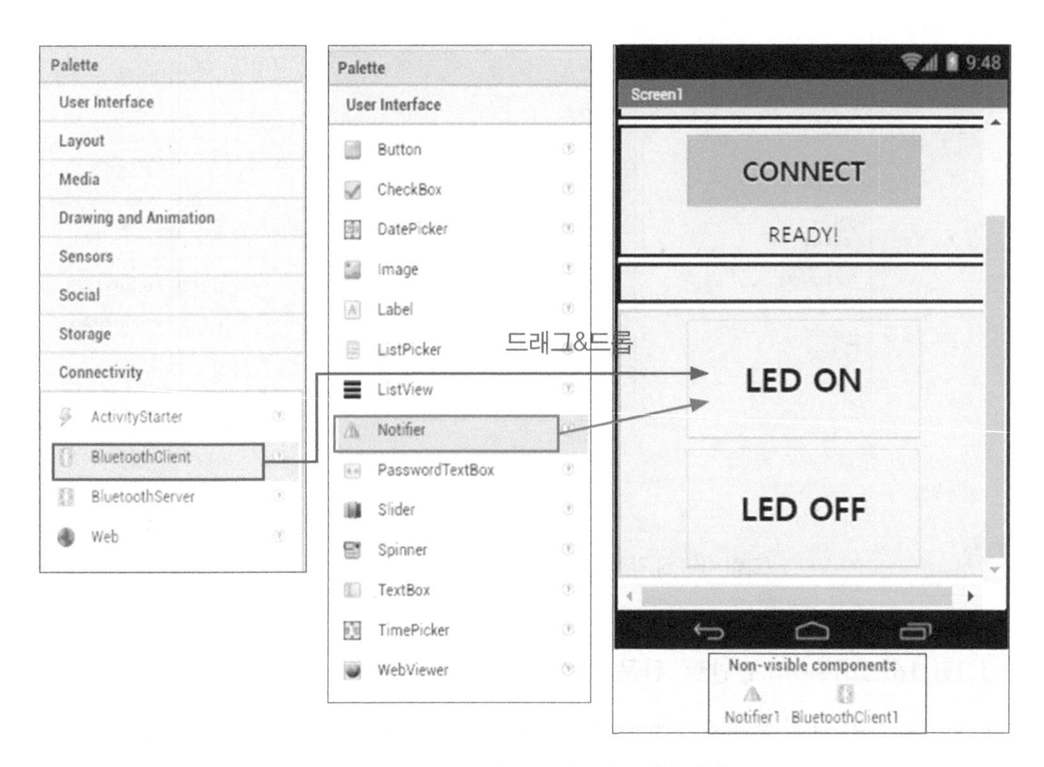

[그림 16-27] 보이지 않는 컴포넌트 사용하기

[그림 16-27]처럼 각 파렛트에서 항목들을 Viewer에 드래그&드롭 하면, Viewer 하단에 각각의 컴포넌트가 위치하는 것을 볼 수 있다.

BT_LEDonoff.aia 프로젝트 디자인의 마지막 단계로 항목들의 이름을 재설정해 보자([그림 16-28]의 Rename 버튼 이용). 블록 코드 작성 시 이해를 돕기 위한 것이다.

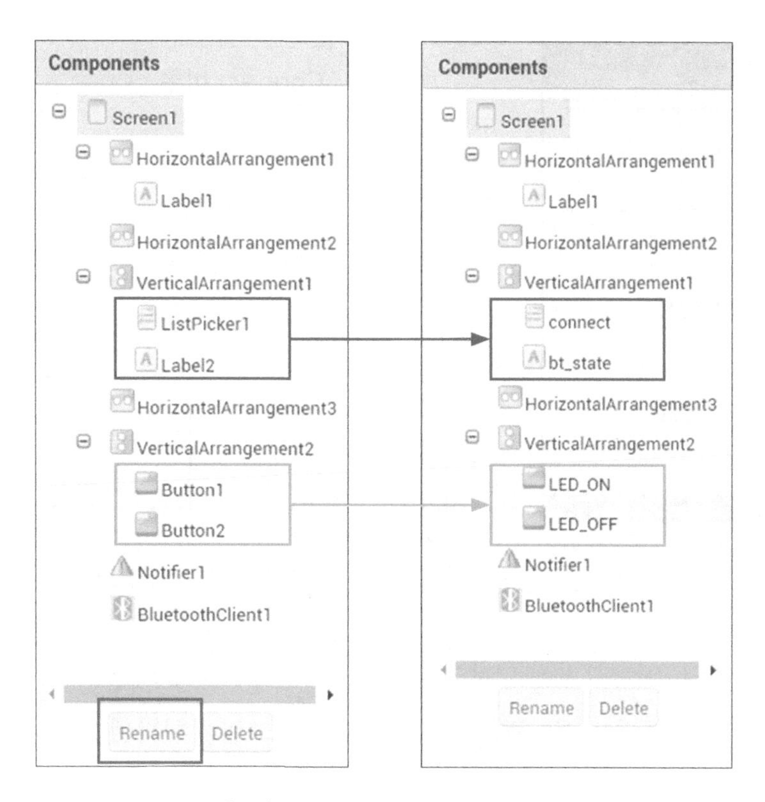

[그림 16-28] 컴포넌트 이름 바꾸기

4 블루투스 적용 앱 제작: 블록

지금까지 BT_LEDonoff 프로젝트의 디자이너 화면에서 디자인을 마쳤다.

지금부터는 [그림 16-19]의 원문자 ②와 ③에 해당하는 블루투스 연결과 관련한 블록 코드를 작성해 보자.

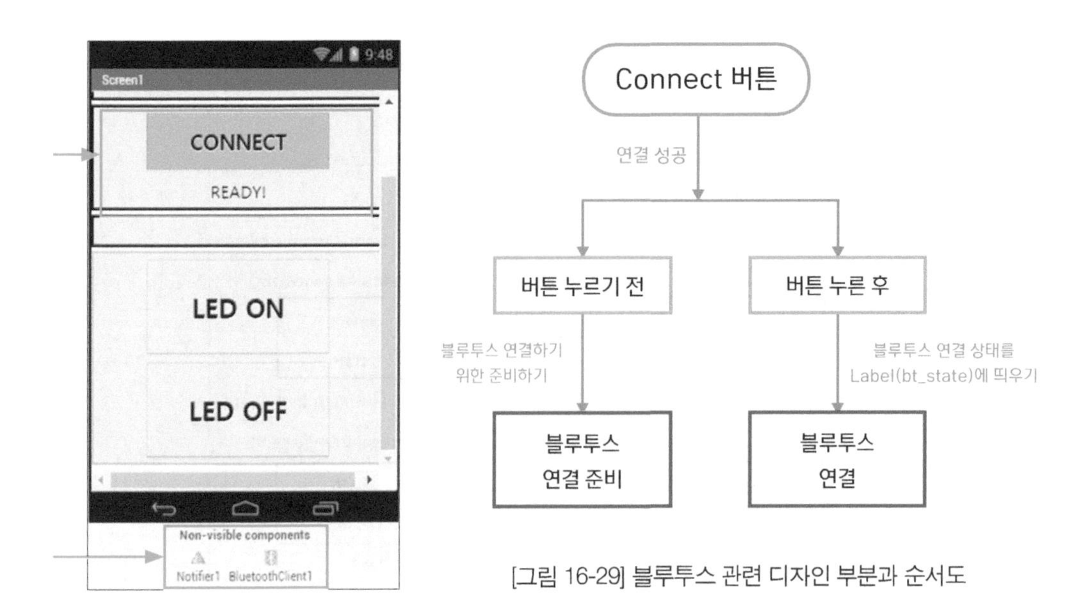

[그림 16-29] 블루투스 관련 디자인 부분과 순서도

[그림 16-29]의 좌측 그림은 디자인을 마친 Viewer의 출력 모습이고, 그중에서 블루투스 관련(파란색 박스 안) 동작 순서도를 오른쪽 그림에 나타냈다. 순서도를 참고하면서 블록 코드로 작성해 보자.

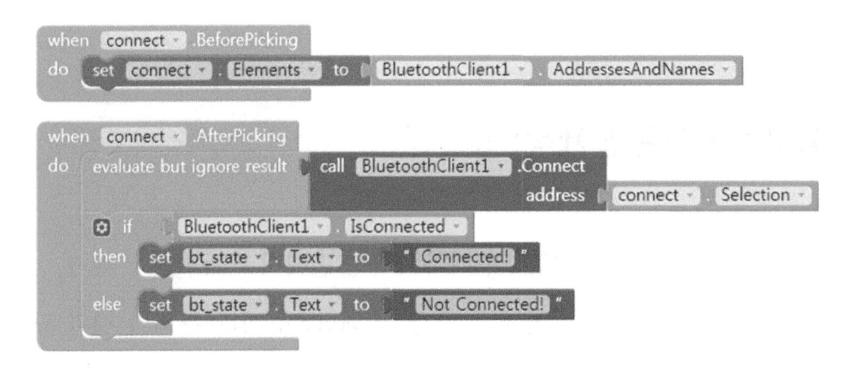

[그림 16-30] 블루투스 관련 블록 코드

블록 코드를 작성하기 위해 [그림 16-9]의 작업 화면 오른쪽 상단의 블록 버튼을 클릭해 'Blocks 작업 화면'으로 전환한다.

when connect .BeforePicking
do set connect . Elements to BluetoothClient1 . AddressesAndNames

[그림 16-31] 'CONNECT' 버튼 클릭 전 관련 블록

아래 [표 16-1]은 블록의 종류별 설명과 해당 블록의 소속 및 사용 예를 설명한다.

블록 종류	블록 설명	컴포넌트 항목	사용 예
 when connect . BeforePicking do	ListPicker 클릭 전의 이벤트	connect (ListPicker)	장치에 등록된 블루투스 목록을 가져와 출력 전 상태임(클릭되면 출력함)
 set connect . Elements to	화면에 출력할 리스트 항목 저장	connect (ListPicker)	장치에 등록된 블루투스 목록을 저장하는 기능의 블록
 BluetoothClient1 . AddressesAndNames	장치들의 주소와 이름들	Bluetoothclient1	연결 가능한 장치들의 목록들을 가리키는 블록

[표 16-1] 그림 16-31의 코드 분석

[그림 16-31]은 디자인에서 만든 'CONNECT'라는 이름의 ListPicker로 만들어진 버튼을 클릭하기 전의 코드이다. LiskPicker는 새로운 창을 띄워서 리스틀 출력시키는 명령어인데, 위 코드는 리스트 출력 전의 준비 내용들이다. 즉 앱을 실행하면 위 코드가 실행이 되면서, 장치에 등록된 블루투스 장치 목록을 가져오고, 출력 대기 상태를 유지한다. 만약 'CONNECT' 버튼을 클릭하면, 스마트폰 화면에 블루투스 장치 목록을 출력한다.

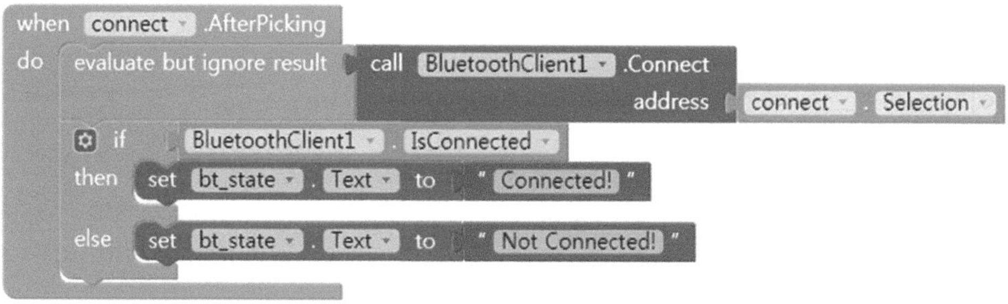

```
when connect .AfterPicking
do  evaluate but ignore result  call BluetoothClient1 .Connect
                                                address  connect . Selection
    if    BluetoothClient1 . IsConnected
    then  set bt_state . Text to " Connected! "
    else  set bt_state . Text to " Not Connected! "
```

[그림 16-32] 'CONNECT' 버튼 클릭 후 실행될 블록들

다음 [표 16-2]는 블록의 종류별 설명과 해당 블록의 소속 및 사용 예를 설명한다.

블록 종류	블록 설명	컴포넌트 항목	사용 예
when connect AfterPicking do	ListPicker 클릭 후의 이벤트	connect (ListPicker)	connect 누른 후에 추가될 블록들의 속성에 따라 실행함
evaluate but ignore result	실행은 하지만 반환은 없다.	Built in-Control	옆에 붙는 블록을 속성에 따라 처리하고 완료하는 역할을 함
if then else	If-then-else의 조건문 블록	Built in-Control	블루투스 연결 상태를 Label (bt_state)에 띄움
call BluetoothClient1 .Connect address	블루투스로 연결 가능한 장치의 주소를 받아들이는 블록	Bluetooth-client1	장치에 연결된 블루투스 목록 중에서 하나의 장치만의 주소를 요청하는 명령이다.
connect . Selection	목록 중 하나를 선택하는 블록	connect (ListPicker)	여러 목록 중에서 터치로 단 한 개의 목록을 선택할 때 사용한다.
BluetoothClient1 . IsConnected	스마트폰과 Client의 pairing 여부를 확인	Bluetooth-client1	스마트폰과 블루투스 모듈의 연결(Pairing)을 확인한다.
set bt_state . Text to	라벨에 문자를 출력하기 위한 블록	Label	라벨에 연결 완료 상태를 알려주기 위한 문자 출력용이다.
" "	문자 출력용 블록	Built in-Text	화면에 문자 등을 출력시킬 수 있다.

[표 16-2] 그림 16-32의 코드 분석

여기까지 코드를 마쳤으면, 시뮬레이터를 활용해서 살펴보자. 물론 Wi-Fi를 사용하고 있다면 편리하겠지만, 장치(스마트폰)의 블루투스 목록을 표시해야 하기 때문에 [그림 16-14]와 같이 QR 코드를 인식하여 apk 파일을 다운로드하여 실행시켜 보고 확인해 보자.

Tip) **if-then-else 만드는 방법**

기존의 if-then 블록을 꺼내 놓고, 옆 그림의 ㅁ을 클릭한 후 else를 끼워 넣는다.

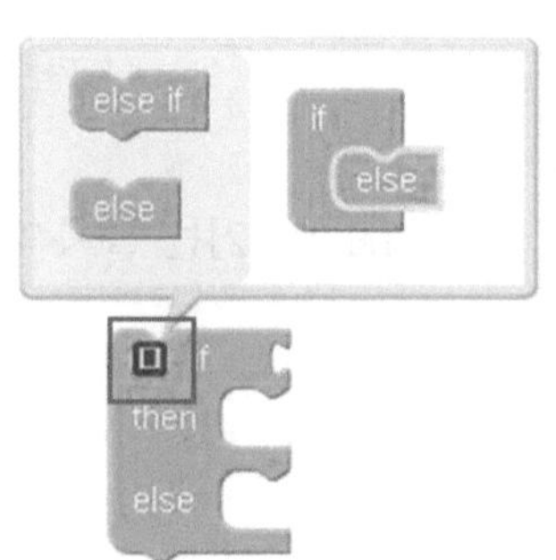

블록에 대한 자세한 설명을 보고 싶으면 해당 블록을 클릭하고 마우스 오른쪽 버튼을 클릭하고 'Help'를 선택한다.

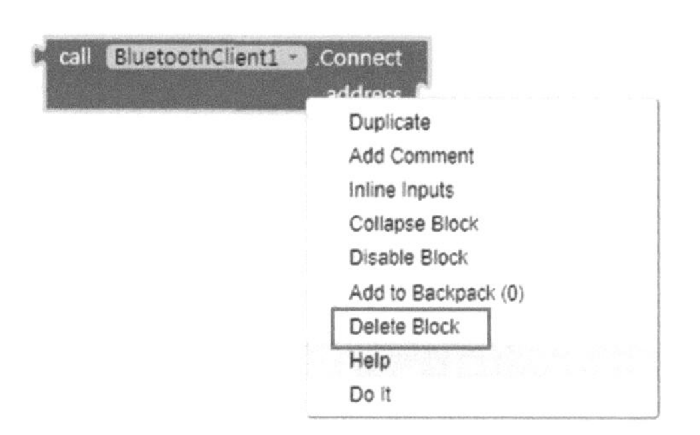

참고로, Duplicate는 복사 기능이고, Disable Block는 마치 아두이노에서 주석과 같이 해당 블록들이 없는 것과 동일한 효과이고, 이를 다시 복원하려면 Enable Bolck을 선택한다. 우 클릭해서 사용하는 방법을 잘 익혀두자.

이제 LED ON/OFF 버튼에 관한 블록 코드를 살펴보자. 이와 관련 순서도는 [그림 16-20]를 참조하기 바란다.

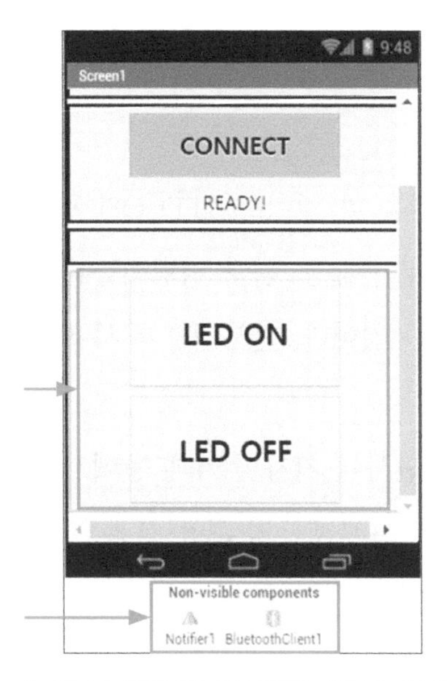

[그림 16-33] LED ON/OFF 버튼 관련 부분

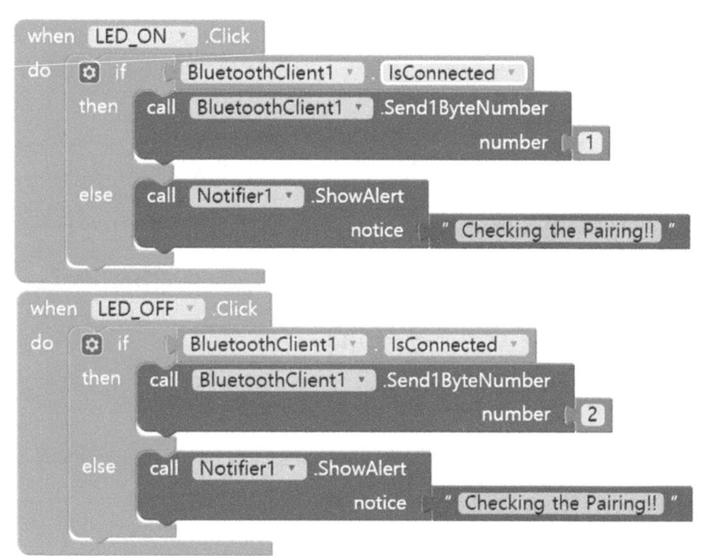

[그림 16-34] LED ON/OFF 관련 블록 코드

[그림 16-34]는 완성된 블록 코드이다. 반복적인 구조를 가지고 있기 때문에 쉽게 작성할 수 있다. 복제(Duplicate)하기를 해서 작성해도 된다.

블록 종류	블록 설명	컴포넌트 항목	사용 예
when LED_ON .Click do	버튼을 클릭하면 do 안의 블록이 실행	LED_ON (Button)	LED_ON 버튼을 클릭 시 생기는 이벤트를 추가할 수 있는 블록
if then else	If-then-else의 조건문 블록	Built in-Control	1Byte의 숫자를 블루투스 통신으로 전송하기 위한 조건 블록
BluetoothClient1 IsConnected	스마트폰과 Client의 pairing 여부를 확인	Bluetooth-client1	스마트폰과 블루투스 모듈의 연결(Pairing)을 확인한다.
call BluetoothClient1 .Send1ByteNumber number	설정한 1Byte의 숫자를 전송하는 블록	Bluetooth-client1	앱에서 우노에게 1Byte짜리 숫자를 전송한다.
call Notifier1 .ShowAlert notice	화면에 알림을 잠깐 띄어주는 블록	Notifier1	원하는 문자열 알림을 몇 초 동안 띄어 주는 블록
0	숫자 저장용 블록	Built in-Math	기입한 숫자를 저장한다.
" "	문자 출력용 블록	Built in-Text	화면에 문자 등을 출력시킬 수 있다.

[표 16-3] 그림 16-34의 코드 분석

위 [표 16-3]은 LED_ON 버튼과 관련한 처리 코드 분석을 한 것이고, LED_OFF에 대한 내용도 비슷하기 때문에 설명을 생략했다. Built in(추가 제공) 블록 명령어들은 사용된 컴포넌트에서 제공하지 않는 명령어들을 그룹화한 것이다. 반복적으로 사용하다 보면 익숙해질 것이다.

본 교재에서 설명되지 않은 로봇 제어 관련된 앱은 출판사나 저자의 카페 등에서 다운받아서 사용한다. 다음 페이지에는 BT_LEDonoff.aia 프로젝트의 최종 블록 코드([그림 16-35])를 나타냈다.

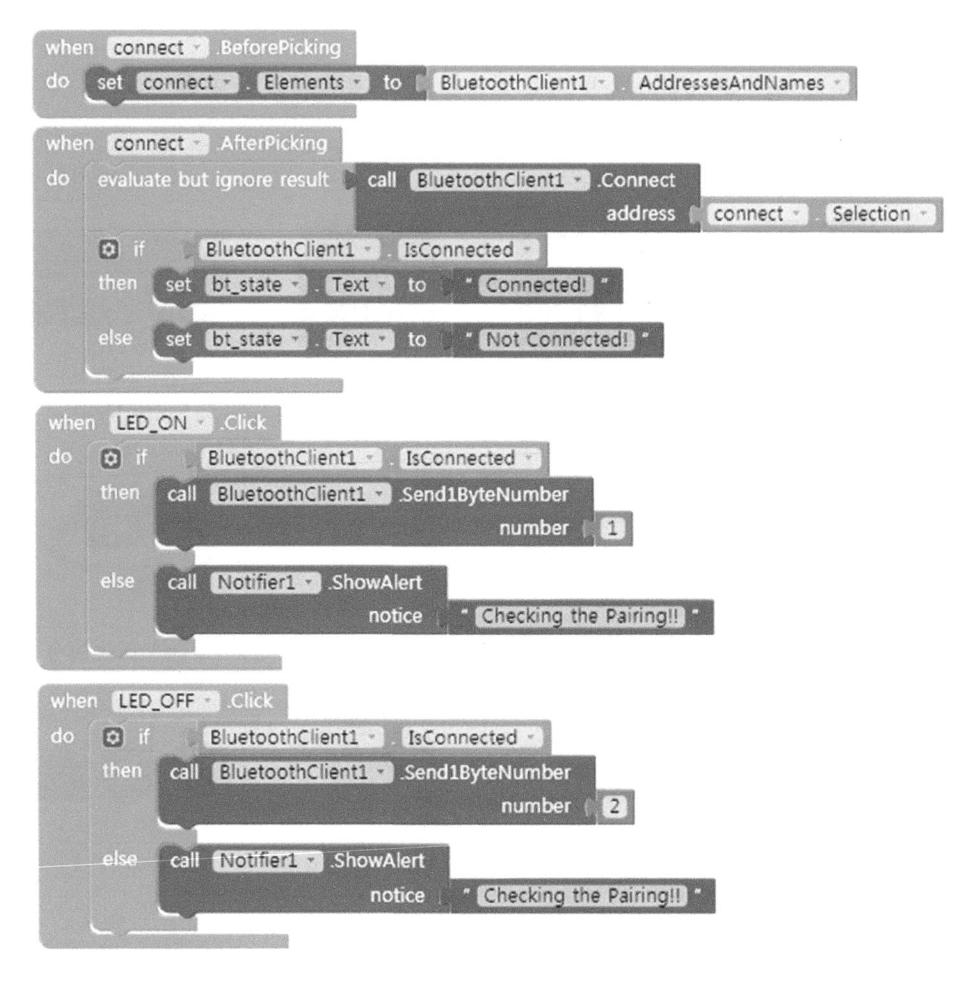

[그림 16-35] BT_LEDonoff.aia 프로젝트 최종 블록 코드

■ 교재에서 사용되는 교육용 키트 구성품

키트(A) - 특징: 공두이노 베이스보드로 실습할 때 사용(로봇키트 포함)

UNO 호환보드	베이스 보드	모터 쉴드	초음파센서

저항 3종(30개), LED 3종(15개)	블루투스 모듈	브레드보드	서보모터
	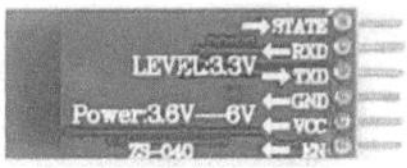	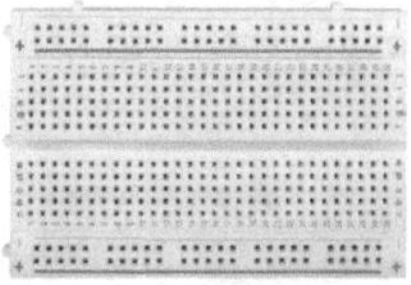	
점퍼케이블	적외선 센서(3개)	부저	서보모터 브라켓

DC모터(2개)	모터모듈	스텝모터(모듈포함)	캐릭터LCD
	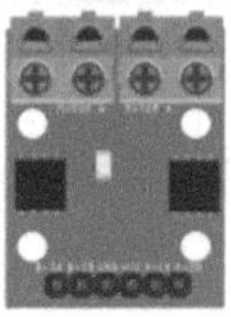	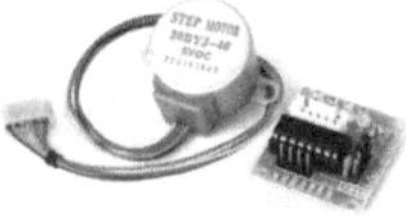	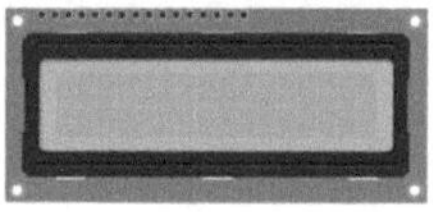
미니 브레드보드	점퍼선	배터리 AA(4개)	보관 케이스
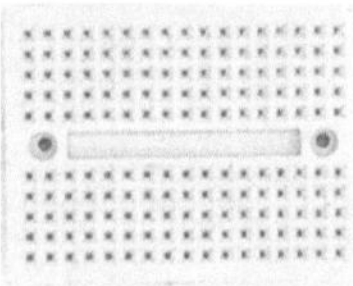			
로봇플랫폼 일체			
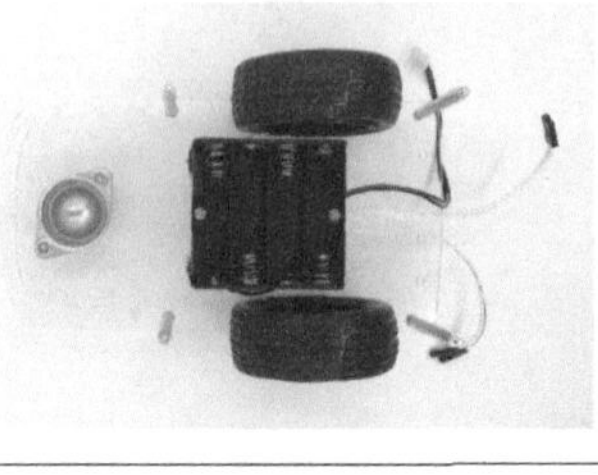			

키트(B) - 특징: 브레드보드로 실습할 때 사용(로봇키트 별도 문의)

UNO 호환보드 	점퍼케이블 	초음파센서 	브레드보드 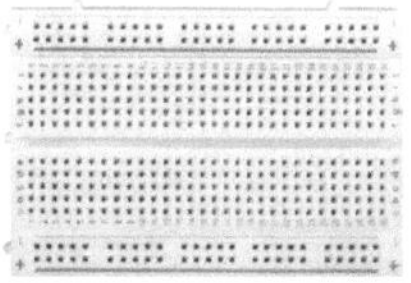
서보모터 	적외선 센서(3개) 	가변저항10KΩ(2개) 	CdS센서 
서보모터 브라켓 	저항 3종(30개), LED 3종(15개) 	택트스위치(7개) 	FND 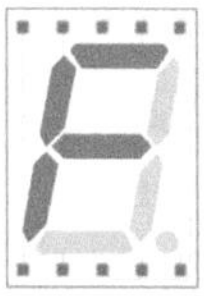
DC모터(2개) 	모터모듈 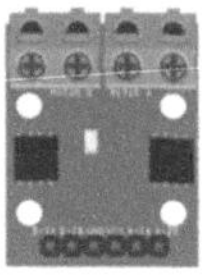	부저 1개 	캐릭터LCD 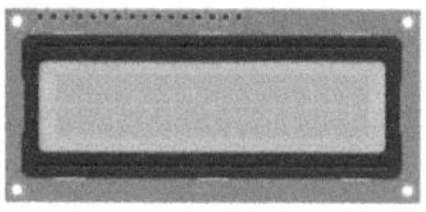
블루투스 모듈 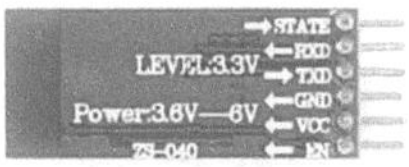	스텝모터(모듈포함) 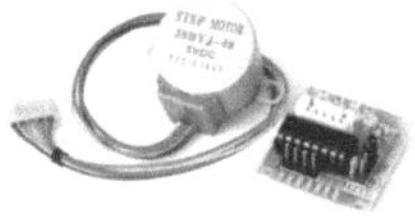	점퍼선 	배터리 AA(4개) 
미니 브레드보드 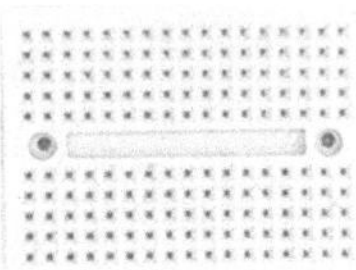	보관 케이스		

구매 및 학습지원 문의처

컴퓨팅적 사고를 키우는 교육기자재 전문회사 글로벌이링크

아두이노 S4A 앱인벤터

공돌이월드 - 저자가 운영하는 네이버 카페에서 문의 바랍니다.
(http://cafe.naver.com/gongdoriworld)
링크된 쇼핑몰 등에서 직접 구매도 가능합니다. 네이버에서 "공돌이월드"로 검색해 보세요.

E-mail: jwlee27@naver.com
Phone: 031-433-4076

실험 KIT로 쉽게 배우는
아두이노로 코딩배우기

2018년 2월 23일 1판 1쇄 인 쇄
2018년 2월 28일 1판 1쇄 발 행

지 은 이 : 이진우 · 이지공
펴 낸 이 : 박정태

펴 낸 곳 : **광 문 각**

10881
경기도 파주시 파주출판문화도시 광인사길 161
광문각 B/D 4층
등 록 : 1991. 5. 31 제12 - 484호
전 화(代) : 031-955-8787
팩 스 : 031-955-3730
E - mail : kwangmk7@hanmail.net
홈페이지 : www.kwangmoonkag.co.kr

ISBN : 978-89-7093-878-3 93560

값 : 23,000원

한국과학기술출판협회회원